江湖关系新形势下
岳阳洞庭湖区
水安全保障研究

岳阳市长江洞庭湖水利事务中心　组编

中国水利水电出版社
www.waterpub.com.cn
·北京·

内 容 提 要

三峡及上游水利工程的运行，极大地改变了长江中下游河湖水沙情势。如今，三峡工程已运行超20年，长江中下游的江湖关系呈现出新格局。本书系统梳理了三峡工程运行前后洞庭湖水沙的定量变化，以岳阳地区为研究对象，在明晰区域水情工程状况的基础上，深入剖析了江湖关系变化给岳阳市洞庭湖区防洪、水资源以及水生态环境等水安全形势带来的影响。同时，总结了岳阳市在防洪、水资源管理、水生态环境保护等水安全保障方面的实践经验，识别出新形势下水安全保障存在的短板，并提出了新时期全面提升岳阳市洞庭湖区水安全保障能力的对策措施。

本书可作为水利研究管理人员、基层水利和生态环境工作人员的重要参考资料，为其提供水安全领域丰富的理论知识与翔实的实践案例，助力相关工作的开展与提升。

图书在版编目（CIP）数据

江湖关系新形势下岳阳洞庭湖区水安全保障研究 / 岳阳市长江洞庭湖水利事务中心组编. -- 北京 : 中国水利水电出版社, 2025. 1. -- ISBN 978-7-5226-2655-0

I. TV213.4

中国国家版本馆CIP数据核字第20242NB061号

书　　名	**江湖关系新形势下岳阳洞庭湖区水安全保障研究** JIANG-HU GUANXI XINXINGSHI XIA YUEYANG DONGTING HUQU SHUI'ANQUAN BAOZHANG YANJIU
作　　者	岳阳市长江洞庭湖水利事务中心　组编
出版发行	中国水利水电出版社 （北京市海淀区玉渊潭南路1号D座　100038） 网址：www.waterpub.com.cn E-mail: sales@mwr.gov.cn 电话：（010）68545888（营销中心）
经　　售	北京科水图书销售有限公司 电话：（010）68545874、63202643 全国各地新华书店和相关出版物销售网点
排　　版	中国水利水电出版社微机排版中心
印　　刷	天津嘉恒印务有限公司
规　　格	170mm×240mm　16开本　18.5印张　294千字
版　　次	2025年1月第1版　2025年1月第1次印刷
印　　数	0001—2000册
定　　价	128.00元

凡购买我社图书，如有缺页、倒页、脱页的，本社营销中心负责调换

版权所有·侵权必究

本书编委会

顾　　问　何　晖　刘固华

主　　编　林　荡

副 主 编　胡红亮　陈益民　彭文胜　张　昆

参编人员　阳甜甜　郑　保　任　萍　冯　伟
　　　　　　方　涛　姚尉迟　曹载宏　赵　超
　　　　　　王文裕　雷　鸣　袁　波　贺胜男
　　　　　　孙　宇　牛得草　伍　玥　袁　泉
　　　　　　黄振国　张国华　李子豪　余松谚
　　　　　　陈思源　陈世文　蒋　帅　黄菊梅
　　　　　　申亚兰　肖少怀　肖　平　周璐露
　　　　　　罗文胜　周耀武　易志刚　张晓波
　　　　　　黄　检　曹　滔　陈卫星　赵敏智
　　　　　　王　萌　袁灿梅　周广平　廖　云
　　　　　　徐振宇　蔡砥柱　彭飞宇　许馨仪

序

史前时代，自然力是江湖关系变化的主导力量。进入人类文明社会后，人类开展了一系列征服自然、改造自然的行为，筑坝拦蓄、修堤防洪、整修河道等，人力成为江湖关系变化的主导力量。随着人力的提高，江湖关系的改变愈来愈剧烈，最终改变了江湖关系。如何把握江湖关系演变特点，兴水利、除水患，增强水安全保障能力，实现江湖安澜和水资源的可持续利用，成为摆在水利人面前的一道重要课题。

"求木之长者，必固其根本；欲流之远者，必浚其泉源。"岳阳作为长江流域和洞庭湖区防汛抗洪的主战场和决胜地，在一场场与洪水惊心动魄的较量中，积累了许多宝贵的防汛抗旱工作经验，全市已兴建各类水利工程13万处，建成较完善的水利工程体系，防汛抗旱减灾能力明显增强，先后成功战胜了1996年、1998年、1999年、2002年、2017年、2020年大洪水、2022年特大干旱等洪涝旱灾，为全市经济社会发展提供了坚实的水安全保障。在总结归纳应对江湖关系变化、防汛抗灾工作经验的基础上，岳阳市长江洞庭湖水利事务中心历时两年，精心编写了这本《江湖关系新形势下岳阳洞庭湖区水安全保障研究》，立足岳阳实际，阐述了长江洞庭湖关系的新变化及对水安全形势的影响，从完善流域防洪减灾工程体系、优化配置水资源、保护治理水生态等方面提出了新江湖关系下水安全保障策略，为加快推进水利治理体系和治理能力现代化提供了行动指南。

民生为上，治水为要。一代又一代水利人为了实现"江湖安澜、人水和谐"，披荆斩棘，栉风沐雨，执着信念绘就人定胜天的壮丽画卷。希望广大一线水利工作者，能够抽出时间认真研读这本书，丰富业务知识，提高动手能力，走好水安全有效保障、水资源优化配置、水生态明显改善的高质量发展之路，为经济社会发展作出积极贡献！

杨　昆

前言

"洞庭八百里,壮阔在岳阳。"岳阳市作为湖南省唯一临江口岸城市,是长江经济带和洞庭湖生态经济区的重要节点,也是省域副中心城市。岳阳市依水而建、因水而兴,拥有湖南省全部163km的长江岸线、二分之一的洞庭湖水面、二分之一的湖南全省的蓄洪任务、三分之一的湖区堤长、四分之一的堤垸面积以及十分之一的水库数量。岳阳市洞庭湖区面积占岳阳市总面积的73%,是洞庭湖粮食生产基地的重要组成部分。由于其独特的地理区位,岳阳不仅是调控江湖的枢纽、全省乃至长江流域防洪保安的要塞,也是维系我国乃至全球生物多样性的重要区域。"治水安邦、兴水利民"是岳阳水利人的责任与使命,洞庭湖也是岳阳人无法绕开的核心话题。

洞庭湖作为我国第二大淡水湖,汇集四水、吞吐长江,是长江最重要的调蓄湖泊和国际重要湿地。经由岳阳城陵矶汇入长江的水量占长江中游总径流量的46%，岳阳湿地面积达 2122.8km^2，占洞庭湖湿地总面积的三分之一。随着城市化进程的深入推进，岳阳市经济社会已进入生态文明建设和高质量发展的新阶段时期，防洪减灾的要求更高，人民群众对优质水资源的需求更加强烈，破解城乡、区域、行业之间用水矛盾的呼声更加迫切，水生态环境保护与修复的任务也更加繁重。然而，受气候变化及三峡等长江上游水库群调度运行的影响，2003年以来，洞庭湖与长江的江湖水文情势发生了显著变化，出现了长江干流荆江河段冲刷加剧、洞庭湖枯水期提前、枯期水位下降、水面面积缩减等新问题，洞庭湖区水文水动力呈现新特征。同时，洞庭湖还面临着超额洪量消纳、水资源分布变化、水环境容量减少、湿地面积缩减、生物栖息地受损等水生态问题，这些变化对洞庭湖区特别是岳阳市的水安全形势产生了深远影响。

三峡水利枢纽工程运行20多年以来，已经受多次洪旱考验，长江与洞庭湖的关系发生了较大变化，洞庭湖区的水安全保障能力也得到了显著提升。本书立足江湖关系新形势，以岳阳地区为研究对象，深入分析新江湖关系下水安全形势的变化，在现有工程保障的基础上识别面临的新问题，并提出新时期全面提升水安全保障能力的对策措施。

本书由岳阳市长江洞庭湖水利事务中心组织，岳阳市水旱灾害防御事务中心、湖南水利水电职业技术学院、岳阳市水文局、岳阳市气象局、岳阳市水利水电规划勘测设计院有限公司等多家单位合作编写。全书共7章，第1、2章主要介绍岳阳市的水情工情；第3、4章详细探讨了江湖关系的新变化及其对湖区水安全形势的影响；第5章聚焦于水安全保障的实践经验；第6章提出了应对江湖关系变化的水安全保障的策略；第7章展望了江湖关系持续变化下洞庭湖研究及湖区水安全保障的系统治理方向。本书编写参考了大量文献和公开出版物，承蒙许多水利专家和一线工作者提出的宝贵建议，在此表示衷心的感谢。同时，也欢迎广大读者对本书提出宝贵的意见。

如无特殊说明，本书中水位均采用吴淞高程系统，堤防高程采用黄海高程系统。

编者

2025 年 1 月

目录

序

前言

1 概述 ·· 1
 1.1 区位概况 ·· 3
 1.2 洞庭湖在长江流域水安全保障中的作用 ············· 4
 1.3 岳阳市水利基本情况 ·· 6
 1.4 研究的必要性与目标 ·· 7

2 区域水情工情 ··· 9
 2.1 气象与水文 ·· 11
 2.2 河流水系 ·· 18
 2.3 区域水利工程情况 ·· 47
 2.4 历史水旱灾情及洪旱规律 ······································ 67

3 江湖关系新变化 ·· 87
 3.1 江湖关系结构变化 ·· 89
 3.2 水沙变化 ·· 93
 3.3 冲淤与河势变化 ·· 105
 3.4 三峡及上游水库群优化调度对洞庭湖区水位的
   影响 ··· 114

3.5　江湖关系新形势下洞庭湖水情变化综述 ………………………… 123

4　江湖关系新变化对湖区水安全保障的影响 …………………………… 127
　　4.1　防洪排涝形势变化 ……………………………………………… 129
　　4.2　水资源保障形势变化 …………………………………………… 135
　　4.3　生态环境变化 …………………………………………………… 138
　　4.4　江湖关系变化对湖区水安全影响综述 ………………………… 144

5　水安全保障实践 …………………………………………………………… 147
　　5.1　防洪保障 ………………………………………………………… 149
　　5.2　水资源保障 ……………………………………………………… 175
　　5.3　水生态环境保障 ………………………………………………… 183
　　5.4　河湖管理 ………………………………………………………… 188
　　5.5　水安全保障能力与现存问题 …………………………………… 190

6　新时期水安全保障策略 …………………………………………………… 197
　　6.1　防洪安全保障能力强化 ………………………………………… 200
　　6.2　水资源保障措施优化 …………………………………………… 207
　　6.3　水生态环境修复 ………………………………………………… 217
　　6.4　水利服务能力提升 ……………………………………………… 226

7　展望 ………………………………………………………………………… 233

附录1　岳阳市防汛抢险典型案例 ……………………………………… 237
附录2　岳阳市湖区重点堤垸基本情况明细表 ………………………… 249
附录3　岳阳市湖区蓄洪堤垸基本情况明细表 ………………………… 250
附录4　岳阳市湖区一般堤垸基本情况明细表 ………………………… 252
附录5　岳阳市湖区单退堤垸基本情况明细表 ………………………… 254
附录6　岳阳市大中型水库基本情况汇总表 …………………………… 256
附录7　岳阳市大中型灌区基本情况统计表 …………………………… 258
附录8　岳阳市大中型水利灌排泵站基本情况表 ……………………… 266
附录9　岳阳市大中型水闸基本情况表 ………………………………… 275
附录10　岳阳市防汛预警响应条件及响应行动 ………………………… 278

参考文献 ………………………………………………………………………… 282

1
概 述

1.1 区位概况

洞庭湖区是指荆江河段以南，湘、资、沅、澧四水尾闾控制站以下，高程在 50m 以下跨湘、鄂两省的广大平原、湖泊水网区，湖区总面积 19195km²。洞庭湖区涉及湖南省岳阳、常德、益阳、长沙、湘潭、株洲 6 市和湖北省荆州市，共涉及 7 个地级市 43 个县（市、区）。其中，湖南 6 市涉及 38 个县（市、区），面积 15243km²，约占湖区总面积的 79%。湖南省洞庭湖区范围统计见表 1.1-1。

表 1.1-1　　　　　　　　　湖南省洞庭湖区范围统计表

省	地级市	县（市、区）数量	县（市、区）
湖南省 [6 市 38 县 （市、区）]	长沙	8	芙蓉区、天心区、岳麓区、开福区、雨花区、望城区、长沙县、宁乡市
	株洲	5	荷塘区、芦淞区、石峰区、天元区、渌口区
	湘潭	3	雨湖区、岳塘区、湘潭县
	岳阳	8	岳阳楼区、云溪区、君山区、岳阳县、华容县、湘阴县、临湘市、汨罗市
	常德	9	武陵区、鼎城区、汉寿县、安乡县、澧县、津市市、桃源县、临澧县、石门县
	益阳	5	赫山区、资阳区、沅江市、南县、桃江县

2022 年，湖南省洞庭湖区现有人口约 2460 万人，耕地 1049 万亩，人口约占全省总人口的 35%，地区生产总值占全省的 3/4，是我国重要农产品生产基地，也是湖南省融入长江经济带发展的前沿阵地。

岳阳，古称"巴陵"，又名"岳州"，是一座有着 2500 多年悠久历史的文化名城。岳阳市位于湖南省东北部，北枕长江、南依洞庭，纳三湘四水，江湖交汇，素称"湘北门户"。岳阳是湖南省重要工业基地和唯一的长江对外口岸，是国家区域性中心城市和现代化省域副中心城市，是中国（湖南）自由贸易试验区、环洞庭湖生态经济圈、长江经济带的重要组成部分。

岳阳市辖平江县、岳阳县、华容县、湘阴县、汨罗市、临湘市6县（市），以及岳阳楼区、云溪区、君山区、屈原管理区、岳阳经开区、南湖新区6区。境内地貌类型多样（东部山丘区、中部丘岗区、西部平原区），丘岗与盆地相穿插，地势东高西低，呈阶梯状向洞庭湖盆地倾斜。岳阳市总面积14858km^2，地势分布有山丘区（山地、丘陵、岗地）、平原区、水域。东部有药菇山、大云山、幕阜山、连云山，海拔在1500m左右；山丘区从华容县桃花山，经临湘市、岳阳县、平江县东部、汨罗市南部至湘阴县东南部的青山庵，呈弯月形分布着山地与丘陵，岳阳县中南部、平江县、汨罗市、湘阴县东部也有部分山丘区，从东向西由高岗地向低岗地逐渐过渡，海拔50～100m；平原区位于滨湖沿江地带，西北为滨湖平原，西南为江湖平原，海拔50m以下，地势平坦开阔。

岳阳市的洞庭湖区（以下简称"湖区"）是指与洞庭湖相邻的滨湖堤垸地区及受洞庭湖影响需要堤垸保护的环洞庭湖其他地区。岳阳市除平江县外，其余各县（市、区）都属于洞庭湖区，面积1.1万 km^2，约占岳阳市总面积的73%。湖区耕地面积459.5万亩，占全市总耕地面积的86%，以水田为主，是洞庭湖粮仓的重要构成部分。

1.2 洞庭湖在长江流域水安全保障中的作用

洞庭湖是我国第二大淡水湖，约占全国湖泊淡水资源总量的1/10，也是湖南的母亲湖。洞庭湖出入湖径流量为全国淡水湖泊之首，是长江重要的调蓄湖泊和国际重要湿地，素有"鱼米之乡"和"天下粮仓"的美誉，对保障长江中下游地区的防洪安全、用水安全、饮水安全和生态环境安全具有不可替代的作用，是长江流域水安全的重要组成部分。

1.2.1 洞庭湖是长江洪水的重要调蓄场所

洞庭湖吞吐长江，承泄湘、资、沅、澧四水，承接经松滋、太平、藕池、调弦（1958年冬封堵）三口分泄的长江洪水，是全世界为数不多的大型吞吐型湖泊。洞庭湖多年平均入湖径流总量约3018亿 m^3，其中2842亿 m^{3}为出湖径流，其吞吐径流为中国第一大淡水湖鄱阳湖的2倍，与世界第一大吞吐型湖泊群北美五大湖相当。洞庭湖天然湖泊面积 $2625km^2$，现有外湖总容积 167 亿 m^3，调蓄长江流域超 30% 水量，是长江中下游防洪体系的重要组成。

长江中下游共设置 44 个国家蓄滞洪区，总蓄洪容积 591 亿 m^3。城陵矶附近（含湖北）共有 27 处蓄滞洪区，蓄洪容积 345 亿 m^3。洞庭湖区（湖南）划定 24 个蓄洪垸，蓄洪面积 $3100km^2$，容积 163 亿 m^3。蓄滞洪区面积占长江中下游规划蓄滞洪量占 27.6%。汛期洞庭湖多年平均削减洪峰 30% 以上，分蓄洪能力比三峡水库防洪库容 221.5 亿 m^3 多出百亿立方米。综上，洞庭湖分流与调蓄能力关系着长江中游地区防洪安全。

1.2.2 洞庭湖是国家水网的关键节点

洞庭湖位于长江黄金水道与京广交通动脉交会处，"一湖四水"辐射湖南全境，是构建国家水网主骨架和大动脉的枢纽节点。洞庭湖区是长江中游城市群的重要腹地，环洞庭湖区社会经济活跃，水资源是区域社会经济发展的基础。拥有八千年农耕文明的洞庭湖区是湖南省重要的水稻集中产区，是全国九大商品粮生产基地之一，年提供商品粮超过 1000 万 t，是国家粮食安全的重要承载地。洞庭湖为区域社会经济发展提供重要水资源保障。

1.2.3 洞庭湖是长江生态系统的重要屏障

洞庭湖长期吞吐长江水，形成规律性的水文节律，水位涨落幅度大，其出口城陵矶水位最大变幅近 17m，由此形成复合型湿地生态系统，生态功能显著。洞庭湖区域列为国际重要湿地 4 个，国家级重要湿地 2 个，省级重要湿地 5 个，总面积达 50 多万 hm^2；国家级自然保护区 4 个，省级自然保护区 7 个，县级自然保护区 6 个，总面积达 56 多万 hm^2；国家级湿地公园 11 个，总面积达 48 多万 hm^2，是全球重要的鸟类保护区、长江江豚栖息地之一。洞庭湖湿地作为我国重要的淡水湖泊湿地，具有相对完整的湿地景观系统和生态系统结构，在调节气候、涵养水源、净化水质、维护物种多样性等方面发挥极其重要的作用，是长江流域生态安全的重要屏障。

鉴于洞庭湖在长江流域水安全保障中的重要作用，洞庭湖是湖南水利工作的重点工作之一。而受历史泥沙淤积、以三峡为代表的控制性工程运用等人类活动等因素影响，洞庭湖调蓄能力日渐衰退，水资源、水生态保障能力发生剧烈变化。在这种变化下，长江-洞庭湖的关系是长江大保护中最重要的一对关系，如何处理好江湖关系对于长江中下游防洪、洞庭湖地区人民生产生活和长江生态系统保护有着重要的意义，需要认真研究。

1.3 岳阳市水利基本情况

岳阳市河湖水系发达，分属于长江干流水系和洞庭湖水系，境内有河长 5km 以上的河流 273 条，其中流域面积 3000km² 以上的河流 2 条，流域面积 200～3000km² 的中小河流 25 条。境内主要河流包括湘江、汨罗江、新墙河、华容河、华洪运河等。境内湖泊包括东洞庭湖、南洞庭湖，以及黄盖湖、东湖、南湖、芭蕉湖、冶湖等 165 个内湖、哑河。岳阳市水域面积占总国土面积的 17.2%，水系以洞庭湖为中心，四口水系交错、四水汇聚，是名副其实的"江湖之城"。

岳阳市位于长江与洞庭湖出口交会处，市内水情工情概括为"一二三四十"："一"是长江湖南段全部位于岳阳境内。长江流经湖南 163km，干堤长 142km，全部位于岳阳市境内。"二"是岳阳辖二分之一的洞庭湖面积。洞庭湖有天然湖泊面积 2625km²（容积约 167 亿 m³），岳阳市洞庭湖区为 1312km²（容积约 100 亿 m³），占 1/2。"三"是岳阳有全省三分之一的湖区堤长。全省有湖区一线防洪大堤 3471km，岳阳市有 1068km，堤防长度约占 1/3。"四"是岳阳有全省四分之一的堤垸面积。岳阳市有大小堤垸 58 个，其中重点垸 7 个、一般垸 15 个、单退垸 18 个、蓄洪垸 18 个，保护面积 3409km²，占全省（1.24 万 km²）的 1/4。"十"是岳阳有全省十分之一的水库。岳阳市有水库 1348 座，占全省的 1/10，其中大型 1 座、中型 23 座、小（1）型 145 座、小（2）型 1179 座。岳阳市为湖南全省水利建设重点投入地，每年投资额约占全省的 1/10。岳阳市已兴建各类水利工程 13 万处，构建了较完善的水利工程体系。

长江、洞庭湖的保护与治理是岳阳水利事务的重中之重。为理顺管理机制、整合多家涉水事业单位的资源、提升水利支撑服务能力，2021年5月成立岳阳市长江洞庭湖水利事务中心，主要负责长江湖南段、市洞庭湖区、市级河道湖泊相关规划编制及保护治理重大项目的前期工作和建设、运行管理，负责河道砂石资源的规划编制、开采权有偿出让，水利经济、水利风景区建设与管理等事务性工作。

1.4 研究的必要性与目标

洞庭湖纳湘、资、沅、澧四水，吞吐长江水，是湖南省的抗洪主战场。近330亿 m^3 的调蓄容积是长江中下游防洪体系的重要组成部分，牵系着长江中下游乃至全国的抗洪大局。洞庭湖丰沛的水资源为洞庭湖生态经济区发展和国家粮仓的发展提供了充足的水资源保障。洞庭湖湿地资源为长江经济带、长江中游城市群以及中部地区提供了重要的生态安全屏障。

长江与洞庭湖之间的水沙关系变化会直接引起江湖复合生态系统的变化，对长江中下游防洪格局、水资源利用、湿地生态系统的稳定性等方面产生重大影响。受自然演变、人类活动的影响，历史上江湖关系一直缓慢变化。而2003年以三峡为代表的长江上游控制性工程运行以来，长江中下游水沙情势发生剧烈变化，形成了江湖关系新格局。新江湖关系下，防洪、水资源、河湖生态水安全形势也相应变化。

岳阳市辖洞庭湖水面面积的1/2，湿地面积的1/3，被誉为"中国观鸟之都"和"拯救世界濒危物种的重要希望地"。岳阳"因水而生、因水而美、因水而兴"，既享水之利，又受水之害，以往的水利事务以水旱灾害防御为核心。而在总体国家安全观背景下，水资源作为重要的资源、生态和环境要素，是资源安全、生态安全的基石，同时事关经济安全、社会安全等领域，是总体国家安全观中的重要保障任务之一。因此，新时期水利事务需要站在水安全的角度提供系统解决方案。

因此，岳阳市长江洞庭湖水利事务中心基于长江-洞庭湖区整体视角并立足岳阳地区水安全保障工作实际，总结以三峡为代表的上游控制性水库运行后对江湖关系变化影响研究成果，研究新江湖关系对岳阳洞庭湖区水安全形势的影响，分析面临的新问题。本书总结前期建设成果，提出全面提升新时期水安全保障能力的对策和建议。通过人为调节，反向作用于江湖关系，做到江湖两利，为洞庭湖区防洪减灾综合体系建设、江-河-湖系统综合治理与保护、生态系统保护与修复等水安全保障能力提供依据，为长江经济带高质量发展等国家战略的实施提供水利支撑。

2
区域水情工情

2.1 气象与水文

岳阳市地处东亚季风气候区,气候带上具有中亚热带向北亚热带过渡性质,属湿润的大陆性季风气候,其主要特征为:温暖湿润,四季分明;热量充足,雨水集中,雨热同期,降水年际变化大;春温多变,夏秋多旱;严寒期短,暑热期长。湖区气候均一,山地气候悬殊。降水总体趋势是山区大于丘陵区,丘陵区大于平原区,岳阳市湖区属于湖南省降水低值区。据1956—2020年降水资料统计,湖南省多年平均降水量为1450mm,洞庭湖平原区为1374mm。受全球气候变化影响,1910—2020年,湖南省平均气温上升1.0℃,略低于全国同期升温幅度;极端天气事件呈增多趋势,洪旱灾害有更极端、更频繁的趋势。

2.1.1 降水特征

2.1.1.1 洞庭湖流域年降水变化

根据1960—2020年降水观测资料分析,洞庭湖流域降水量年际变化见图2.1-1。洞庭湖流域多年平均降水量1400mm,洞庭湖区的降水集中在4—6月。1960—2020年,长江中游年平均降水总体呈增加趋势,但2003—2018年,长江上游遭遇水量偏枯的水文周期,降水量偏少(2001—2010年的降雨量均值最小),且年际变化明显增大。

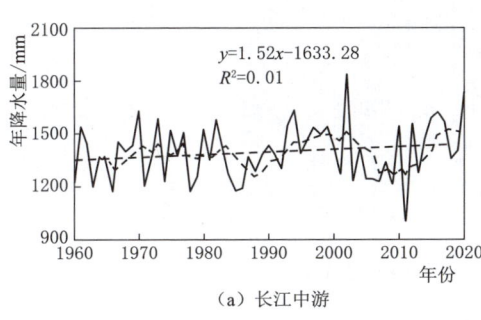
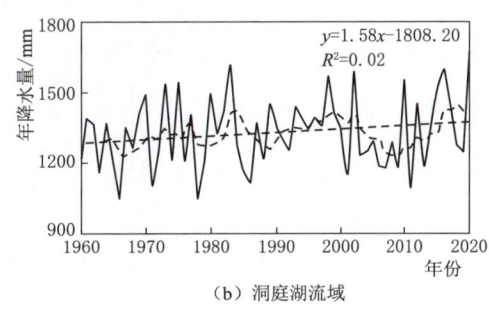

(a) 长江中游　　　　　　　(b) 洞庭湖流域

图2.1-1　洞庭湖流域降水量年际变化图

从年际均值的趋势来看,洞庭湖降水量在1960—2002年呈现增长趋势,在2003—2020年降水量变化较平稳略有增加,部分年份(如2011年)出现极端最低降水量。从总体趋势来看，近 30 年洞庭湖的降水量年际变幅加大，年降水量最大值与最小值的差达到 813mm，而 2000 年前的 50 年时间内年降水量最大值与最小值的差值仅 511mm。受此影响，近 30 年洞庭湖的极端水文事件频率增大，极枯水文年以及城陵矶超历史洪水都在这一时期出现。

2.1.1.2 岳阳市多年平均降水情况

1952—2020 年岳阳市多年平均降水量为 1462mm，呈春夏多、秋冬少，东部多、西部少的格局，春夏（3—8 月）雨量占全年的 70% 左右，岳阳市多年平均降水统计见图 2.1-2，多年平均月降雨量统计见表 2.1-1。降雨年际和区域分布不均，最多达 2353.9mm（2002 年，临湘站），降雨少的年份只有 806.7mm（2011 年，湘阴站）。年平均气温为 16.5～17.2℃，极端最高气温为 39.3～40.8℃，极端最低气温为 −11.4～−18.1℃。城区年平均气温偏高，为 17.0℃。年日照时数为 1590.2～1722.3h，呈北部比南部多、西部比东部多的格局。年无霜期 256～282 天。市境主导风向为北风和东北偏北风，年平均风速为 2.0～2.7m/s。湖区气候均一，山地气候差异大；生长季中光热水充足，农业气候条件较好。

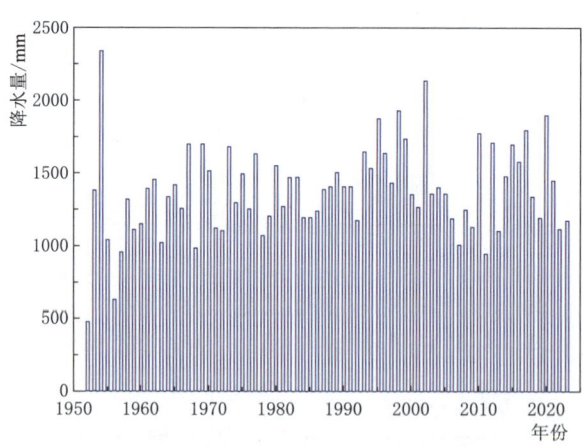

图 2.1-2　岳阳市多年平均降水量统计

表 2.1-1　　　　　岳阳市多年平均月降雨量统计表

月份	1月	2月	3月	4月	5月	6月	7月	8月	9月	10月	11月	12月	小计
降雨量/mm	72	82	133	178	196	220	190	128	74	71	74	44	1462

2.1.1.3 岳阳市降雨特点

岳阳市属湘东暴雨中心地区，雨量充沛，多年平均降雨量为1300～1500mm，平江黄金洞地区年降雨量在1700mm以上，临湘城关站1954年降雨量高达2791mm。

岳阳市降雨具有三个特点：一是降雨强度大，频次高。1998年6月15日至16日平江、汨罗两地普降暴雨，局部地区降特大暴雨。6月15日晚至6月16日8时，平江县降雨量达240～515mm，汨罗市长乐降雨234.2mm。1999年5月16日，岳阳市汨罗江流域普降大暴雨，局部地区遭受特大暴雨袭击。8小时内，平江城关降雨119.1mm，汨罗弼时降雨232mm，湘阴全县境内48小时内平均降雨超过200mm。由于暴雨短时强度大，江河水位陡涨，汨罗江水位24小时内上涨6.83m，超警戒水位4.03m。7月17日，汨罗江流域普遍降雨100mm，山区各地再次暴发山洪。二是时空分不均。从年内降水量看，降雨主要集中在汛期，每年4—7月，期间降雨量占全年总量的60%以上，且随地形呈梯级分布。1999年4—7月岳阳市平均降雨1079.3mm，占岳阳市多年平均年降雨量的79%。三是降水年际变化大。有历史记录以来，岳阳市年平均累计降雨量最大发生于1954年，为2337.9mm；最少发生于1952年，为475.6mm，年平均累计降雨量最大值为最小值的4.9倍。岳阳市1952年以来典型年年平均降水分布见图2.1-3。

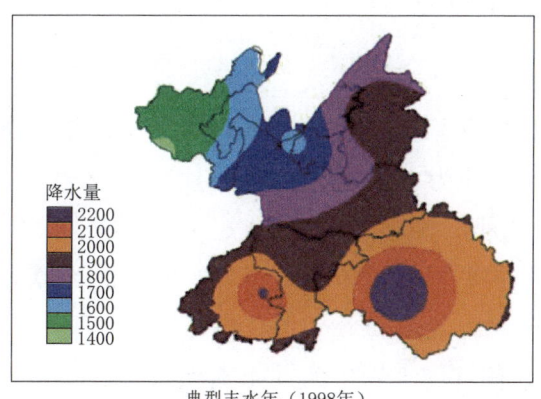

典型丰水年（1998年）

图2.1-3（一） 岳阳市典型年年平均降水分布图（单位：mm）

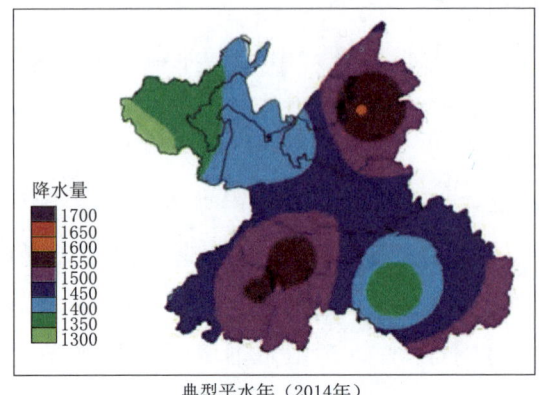

典型平水年（2014年）

典型枯水年（2022年）

图 2.1-3（二） 岳阳市典型年年平均降水分布图（单位：mm）

2.1.2 洪涝与干旱特征

2.1.2.1 洪涝特征

洞庭湖洪涝灾害频繁，以夏季暴雨洪涝为主。按任意10天累积降水量不小于200mm统计为一次暴雨洪涝，洞庭湖区春、夏、秋各季平均暴雨洪涝频次分别为0.22次、0.49次、0.02次。96.2%的年份有暴雨洪涝出现，20世纪90年代中后期至21世纪初为暴雨洪涝多发、重发期。

1961年以来，洞庭湖区发生的9个典型大涝年有6个发生在1990年代中后期至21世纪初，分别是1996年、1998年、1999年、2002年、2017年、2020年。

2.1.2.2 干旱特征

洞庭湖区具有以夏秋干旱为主的特点。洞庭湖区气象干旱以8—10月发生频次最高，冬末春初发生频次最低。1961年以来，洞庭湖区年平均气象干旱日数为11~166天。1971—1974年、1984—1992年、2003—2013年，各干旱多发期的持续时间呈明显的攀升态势。1961年以来洞庭湖区12个旱灾年份中，发生在1990年以后的有7年，分别是1992年、2003年、2006年、2009年、2011年、2013年、2022年，对洞庭湖区生产生活、生态用水安全形成了巨大的威胁。以2022年为例，自2022年7月上旬开始，岳阳市遭遇长时间、大范围、高强度晴热高温天气，平均气温之高、降雨之少均为1961年以来之最；岳阳市大部分地区呈现干旱现象，严重时市内大部分地区干旱程度达到了重度甚至特大水文干旱，至10月1日，岳阳市流域面积$50km^2$以上的河流共8条，总断流河长167.3km（其中华容县藕池河断流长度97.2km）。

2.1.3 洞庭湖区旱涝加剧气象成因

2.1.3.1 我国主雨带位置变化的影响

我国主雨带位置的年代际变化直接影响洞庭湖区雨水资源的丰枯变化，进而影响旱涝趋势的变化。在洞庭湖区气候显著增暖的背景下，旱涝灾害呈现加剧之势。1961年以来我国主雨带经历了先自北向南再自南向北移动的变化过程：20世纪60—80年代，主要雨带位于长江以北地区，洞庭湖区少雨，为干旱多发期；20世纪90年代，主要雨带位于长江及以南地区，洞庭湖区多雨，为洪涝多发期；2000年以来雨带又逐渐向北移，洞庭湖区再度少雨，又成为干旱多发期。在洪涝多发期内易发生特大洪涝灾害（1996年、1998年），干旱多发期内易发生极端干旱（2003年、2009年、2011年、2022年）。

2.1.3.2 东亚夏季风、赤道中东太平洋地区海表温度异常的影响

东亚夏季风、赤道中东太平洋地区海表温度异常导致了我国主雨带位置的变化，进而影响了洞庭湖区水资源的丰枯。强夏季风年，雨带北进速度较快，中国主雨带容易停滞在北方，而出现北涝南旱的局面；反之，弱夏季风年，雨带容易长时间停留在长江流域或者长江以南，南方多雨，容

易发生洪涝。20世纪70—80年代东亚夏季风强度强，雨带位置偏北，洞庭湖区少雨；20世纪90年代，东亚夏季风强度弱，雨带位置偏南，洞庭湖区多雨；进入21世纪以来夏季风强度偏强，雨带北移，洞庭湖区再度进入少雨阶段。

厄尔尼诺事件的发生、发展会导致东亚夏季风减弱，拉尼娜事件的发生、发展会导致东亚夏季风增强，进而影响到我国主雨带的位置。20世纪60—80年代，拉尼娜年多于厄尔尼诺年，我国主雨带位置偏北，洞庭湖区少雨；20世纪90年代，厄尔尼诺年多于拉尼娜年，我国主雨带位置偏南，洞庭湖区多雨。

2.1.3.3　气候变暖背景下洞庭湖各流域雨水资源向丰枯同步转变的影响

气候变暖背景下洞庭湖各流域雨水资源向丰枯同步转变，易使洞庭湖洪水形成顶托之势或水资源来源枯竭，导致旱涝灾害加重。洞庭湖各流域枯水季节雨水资源减少加剧洞庭湖区枯水季节缺水程度。20世纪90年代之前，洞庭湖区与湘江、资江流域降水丰枯同步，但与长江上游地区、沅水流域、澧水流域降水丰枯变化不同步；20世纪90年代开始，各流域与洞庭湖区降水丰枯变化一致性显著增强，20世纪90年代至21世纪初，除澧水流域外其他各流域降水同步偏丰，2003年以来一致性偏枯。

2.1.3.4　枯水季节雨水资源减少加重洞庭湖区枯水季节缺水程度的影响

受雨水资源的变化和人类活动的影响，20世纪90年代以来，洞庭湖区旱、涝灾害加剧。1961年以来长江上游地区秋季降水量显著减少，湘江、资江、沅水、澧水流域秋季降水也有不同程度减少，影响洞庭湖区少雨季节上游来水量；而洞庭湖区8—12月降水量、降水日数均呈减少趋势，出现少雨季节雨更少的状况。

2.1.4　气候变化趋势预测

基于洞庭湖区1960—2018年逐日降水量，分析极端降水和暴雨的气候分布特征、年际、年代际变化以及趋势变化特征，强降水事件的降水量和发生频次均增加。洞庭湖区极端降水阈值低值区位于北部和中部的湖区，高值区位于东北部和西南部的山区，极端阈值的分布与当地所处的地形地貌有关。极端降水发生频率分布整体呈北高南低，低值区位于南部，高值区位于西北部、北部和中部。暴雨发生频率分布呈中部向西南和东部辐射增加，低值区位于中部至北部地带，高值区分别为西南部和东北部岳阳地区。年降水量、极端降水日数、暴雨日数均呈略微增加趋势，但增加趋势均不显著。年降水、极端降水日数、暴雨日数年际具有同步阶段性变化的特点。洞庭湖区暴雨对降水的贡献大于极端降水对降水的贡献。极端降水和暴雨的发生频率在 20 世纪 70 年代均出现最低值，20 世纪 90 年代发生频率都为最高。

洞庭湖区 24 小时极端降水分布见图 2.1-4。

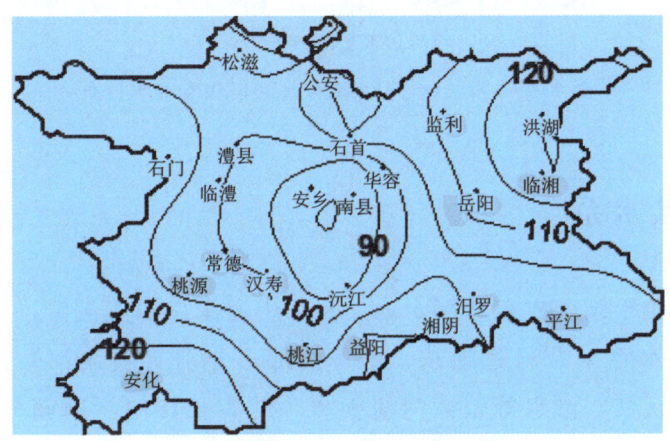

(a) 洞庭湖区 24 小时极端降水阈值分布

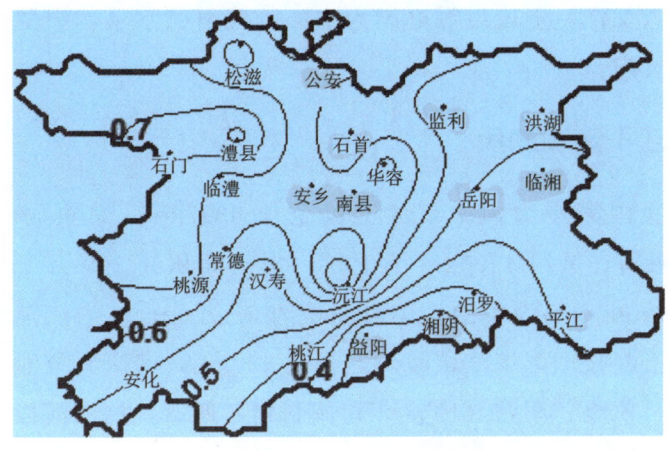

(b) 洞庭湖区 24 小时极端降水发生频率

图 2.1-4（一） 洞庭湖区 24 小时极端降水分布

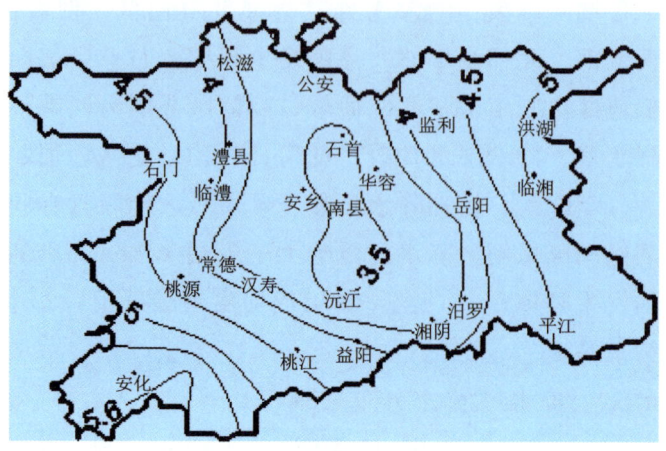

(c）暴雨发生频率的分布

图 2.1-4（二） 洞庭湖区 24 小时极端降水分布

2.2 河流水系

岳阳市位于湖南省东北部，地处长江中游南岸洞庭湖畔，主要属长江流域洞庭湖水系。沿洞庭湖东、南、西部，分别有新墙河、汨罗江、湘江、资水、沅江、澧水等较大河流汇入，北有长江向洞庭湖分流的三口。洞庭湖接纳"三口"、"四水"及汨罗江、新墙河来水（俗称九龙闹洞庭），于城陵矶汇入长江，形成以洞庭湖为中心的辐射状水系，汨罗江和新墙河贯穿岳阳市境内。

2.2.1 长江干流湖南段

长江是我国第一大河。长江干流全长 6397km，总集雨面积 180 万 km²，从江源到宜昌约 4500km 为上游，集雨面积约 100 万 km²；宜昌至九江湖口长约 955km 为中游，集雨面积约 68 万 km²。荆江是长江中游的一个河段，上起枝城，下至城陵矶，全长 339km，南岸有分泄长江水流的松滋、太平、藕池、调弦（1958 年建闸封堵）四口，荆江河段以藕池口为界分为上下荆江，上荆江长 175.5km，下荆江长 163.5km。

流经湖南省的长江干流河道，均在岳阳市境内，上起湖北石首与湖南华容交界的五马口，经城陵矶汇洞庭湖水，下抵与湖北赤壁接壤的临湘市铁山咀，全长163km，以城陵矶为界河道分成上下两段，城陵矶以上属下荆江河段，长95km，城陵矶以下属岳阳河段，长68km。长江湖南段与荆江的相对位置及河势图见图2.2－1。长江湖南段多年平均流量为20400m³/s，最大流量为7.88万 m³/s，塔市驿最高水位为38.26m，城陵矶最高水位为35.94m（1998年）。长江湖南段是长江中游河床最深（荆江门汛期最大水深达63m）、流速最快（最大流速达4.27m/s）、弯道最多、最急（平均约10km一个弯道，荆江门弯道弯曲半径为1350m），崩岸线比例最大（占62%）的地区。

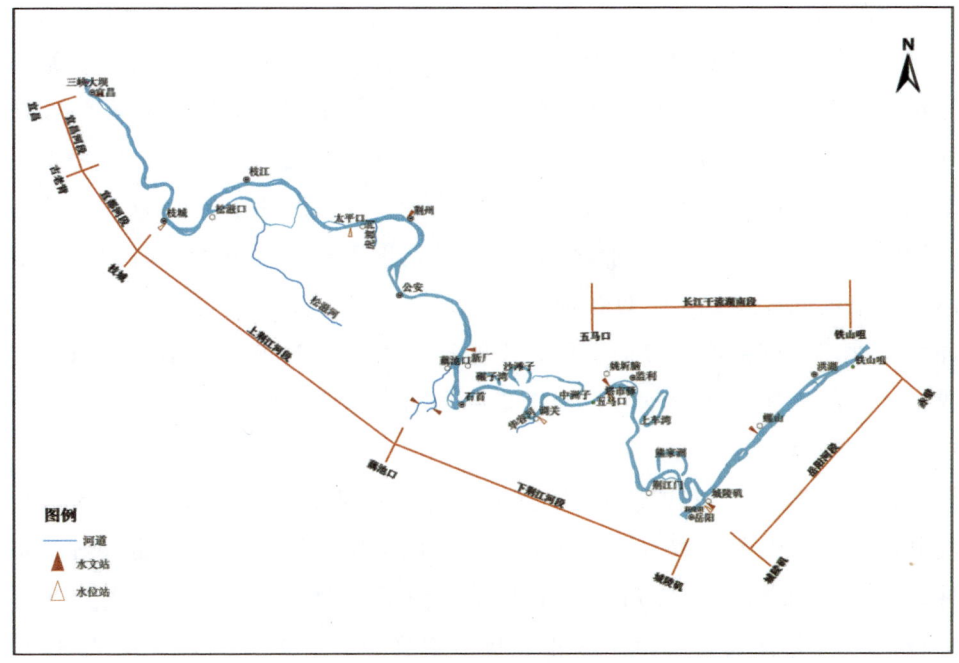

图2.2－1 长江干流湖南段位置及河势图

2.2.1.1 下荆江河段

"万里长江险在荆江。"下荆江上起藕池口，下迄城陵矶，现由石首、沙滩子、调关、中洲子、监利、上车湾、荆江门、熊家洲、七弓岭、观音洲共10个弯曲段和弯曲段间的过渡段组成，全长约163.5km，属于典型的蜿蜒型河道。河床均为沙质，河岸多由疏松沉积物组成，河床与河岸抗冲能力弱，历史上平面形态变化频繁剧烈，河曲发育，自然裁弯、切滩和撇湾频繁发生，下荆江湖南段由五马口至洞庭湖口城陵矶有新沙洲、天字一号、洪水港、荆江门、七弓岭5处崩岸险工段。19世纪末以来，古长堤（1887年）、尺八口（1909年）、河口（1910年）、碾子湾（1949年）等处发生自然裁弯。20世纪60年代末至70年代初，下荆江经历了中洲子（1967年）、上车湾（1969年）两处人工裁弯以及沙滩子（1972年）自然裁弯，裁弯前有12个弯曲段，河道曲率2.83，裁弯后减少为10个弯曲段，曲率减少到1.93，下荆江河长缩短了约78km。20世纪80年代开始，下荆江两岸逐步系统建设了以控制河势和保护堤防与城镇安全为主要目标的护岸工程，下荆江由自然条件下的蠕动性蜿蜒型河道，被改造为限制性弯曲型河道。

三峡工程蓄水运用及上游水库群实行联合调度以来，长江上游干流径流量变化不大，但输沙量呈显著降低态势；长江中游干流在历年来已实施的护岸工程控制作用下，总体河势仍将维持基本稳定，各河段仍保持原有的河道演变规律。但由于三峡水库群拦截了上游来沙的91.8%以上，长江中游输沙量显著减少，下荆江河段河势呈现以下特点：发生长时间、长范围、大幅度的冲刷调整；近岸河床迎流顶冲段冲深幅度明显大于河段平均冲深幅度，弯道顶冲点普遍下移、岸坡普遍变陡，对现有护岸工程稳定构成极大威胁；新增崩岸较多，崩岸频度和崩岸强度有所增加。

1. 下荆江裁弯段

1960年长江流域规划办公室提出下荆江系统裁弯方案，旨在人为调整控制河势、扩大泄洪能力、降低荆江洪水位、保障堤防安全和改善航运条件。1967年和1969年先后实施了湖北中洲子和湖南上车湾两处人工裁弯工程，1972年又发生了湖北沙滩子自然裁弯取直。上述三处系统裁弯后，下荆江共缩短流程78km，在同一洪水位下石首段扩大泄量11700m³/s。下荆江系统裁弯工程及河势控制工程分布见图2.2-2。

（1）中洲子人工裁弯段。

1967年实施的中洲子人工裁弯段上起调关，下迄塔市驿，长约26km。该段河势变化过程可分为三个阶段。

第一阶段：1967—1980年，裁弯新河上游调关至连心垸弯道段近岸河床冲刷、岸线崩退，河势变化剧烈，老河故道淤积。

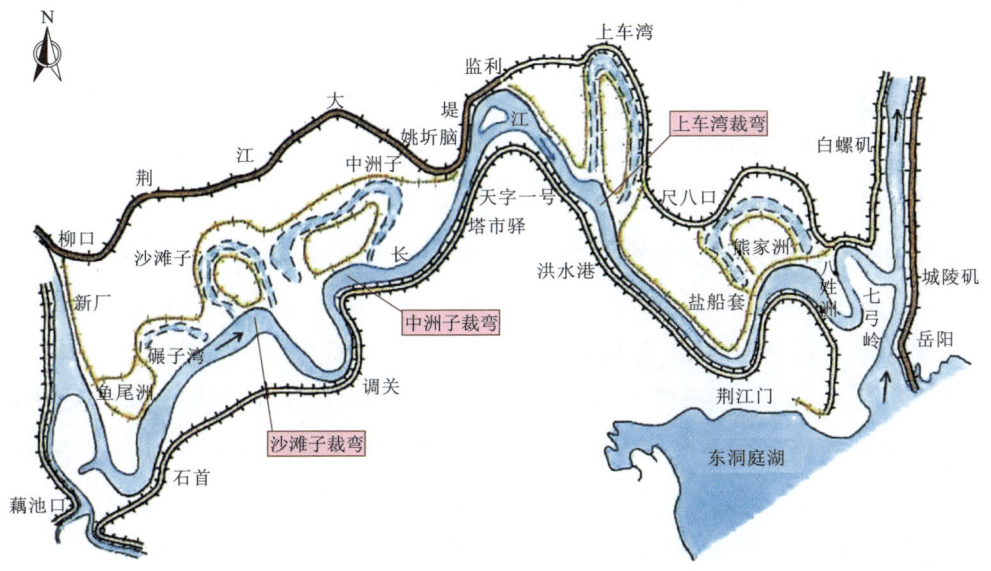

图 2.2-2　下荆江系统裁弯工程及河势控制工程分布图

第二阶段：1980—1998 年，河势变化较为剧烈。1980 年以后调关至芦席湾主流稳定，1980—1998 年中洲子新河段顶冲点下移、其尾部以下主流左移，弯道下游贴流段增长，下弯道鹅公凸、茅草岭一带冲刷加剧，章华港处原守护薄弱段及空白段发生崩塌，新沙洲段边滩淤积呈现"冲槽淤滩"现象。

第三阶段：1998—2016 年，为河势调整阶段。1998 年以后实施的护岸工程基本遏制了河势的剧烈变化。2006 年以来，调关中下段、中洲子下段和鹅公凸上段近岸河床冲刷调整较为剧烈，调关下段局部地段护岸工程出现滑挫现象，中洲子下段滩岸线出现一定程度的崩塌、中洲子河湾的凸岸边滩（桃花洲边滩）出现较明显的切滩现象。2008 年、2013—2014 年枯水期，长江航道局相继对中洲子上段护岸工程进行加固、对中洲子下段崩塌岸线进行守护、对桃花洲边滩实施护滩工程，这些举措对该河段河势长期稳定起到了巩固作用。

（2）上车湾人工裁弯段。

上车湾人工裁弯段上起塔市驿，下迄洪水港，长约 38km，由姚圻脑过渡段、监利河弯、上车湾裁弯后新河段组成，流经湖南段有新沙洲（位于姚圲脑过渡段与监利河弯间)、天字一号(系上车湾裁弯后新河)2个崩岸险工段。

1)新沙洲段。

新沙洲段上起华容县塔市驿,经监利河弯,下至东山镇洪山头友谊闸天字一号上段。受上游沙滩子自然裁弯段、中洲子人工裁弯段和下游上车湾人工裁弯段河势变化影响较大,自1965年开始实施河势控制工程。

河道上游段,1967年实施中洲子人工裁弯段上起调关,下迄塔市驿,1968年裁弯通新河,老河故道淤积,至1998年前新沙洲上段近岸河床冲刷、岸线崩退,河势变化剧烈,有记录发生崩岸险情61次(总长14600m)条崩险情,崩失面积5999亩,新沙洲下段边滩淤积呈现"冲槽淤滩"现象。

1998—2016年为河势调整阶段。2003年三峡工程蓄水运行以来,下游监利河弯乌龟洲洲头冲刷后退、右缘大幅度崩塌,新沙洲边滩因清水下泄所引起的"沙源短缺",汛期多数情况下,新沙洲边滩不淤反而被冲刷切滩,2002年汛后至2011年汛后新沙洲上游段12.6km河段,近岸河床坡脚最大冲深5.58m,乌龟洲右汊呈现宽浅化的演变特点。2008年11月荆江水位接近平滩水位,乌龟洲右汊道出现多股主流并存现象,其中一股主流撇弯切滩(新沙洲边滩),引起新沙洲近岸河床出现一定程度冲刷,至2016年有记录发生崩岸险情76次(总长9840m)窝崩险情,崩失面积13.85亩。多年来主流在塔市驿至新沙洲偏靠右岸,摆幅300余m,主流年内有低水上提、高水下挫的规律,年际间变化较大,随清水下泄影响,此段河势尚在调整变化中,需加强河势观测。

2)姚圲脑过渡段。

姚圲脑过渡段多年来主流在塔市驿至新沙洲偏靠右岸,摆幅300余m,主流年内有低水上提、高水下挫的规律,年际间变化较大。姚圲脑边滩位于塔市驿至监利河湾段之间,其浅滩过渡段位置不稳定,1980—1998年姚圲脑边滩逐渐淤长,整个边滩向下游发展,滩首由洋沟子下延至姚圲脑附近,延长约2000m。1998—2006年姚圲脑边滩最大滩宽处下移约2300m,其最大滩宽由1998年的690m增至2006年的1400m,至2008年该边滩又有所淤长外延。年内变化表现为:涨水时边滩淤积展宽下延,高水位时淤积最快，汛后随水位的下降边滩冲刷下移或切割，滩尾最下时可与乌龟洲洲头相连，至枯水时边滩基本消失，年内呈"涨淤落冲"的变化。姚圻脑边滩近几年以淤长为主，下延过渡监利河湾段。

3）监利河湾。

监利河湾上接姚圻脑过渡段下延新河天字一号段，监利河湾河势变化较大，此段河道平面形态为弯曲分汊型，江中有一平均高程约为 31m 的乌龟洲，分水流为两汊，1995 年之前的近 40 年来左汊大多年份为主汊；1995 年，监利河弯再次主、支汊易位，中枯水期右汊主流靠近乌龟洲左缘，汛期则趋中走直。2003 年 6 月三峡工程蓄水运用以来，乌龟洲洲头冲刷后退、右缘大幅度崩塌，2008 年 11 月荆江水位接近平滩水位，乌龟洲右汊道出现多股主流并存，引起新沙洲近岸河床出现一定程度冲刷，汛期使得其下游天字一号、洪水港微弯段弯道顶冲点下移，并引起天字一号下段已护岸段岸线出现多处崩岸。2016—2018 年对乌龟洲右缘守护、对天字一号上段护岸工程加固并对其下段护坡守护，岸线崩退受到一定控制，但是，监利微弯分汊段主支汊兴衰、主泓摆动、主流顶冲部位的变化，可能导致河弯段下游新的河势调整变化。

4）天字一号段。

天字一号段位于上车湾新河段，上起华容县东山镇洪山头友谊闸，下至风波岭，是湖南省 20 世纪 60 年代最大的长江水患治理工程。1968 年 11 月长江流域规划办公室批复《下荆江上车湾裁弯工程规划报告》。1968 年 12 月上旬至 1969 年 6 月 3 日，一期工程由人工挖成一条长 3.5km、面宽 80~100m、底宽 10~30m、深 5~25m 的引河；1969 年春节后，长江航道局组织 3 艘吸扬式挖泥船进入下游施工，组织 1 艘链斗式挖泥船进入上游施工；1969 年 11 月至 1971 年 5 月，二期工程由人工开挖 630m、爆破 6 次、挖泥船疏挖，两期工程移除土方 260 万 m³，其中人工开挖 184.8 万 m³，时年 7 月裁弯通新河，流程缩短 28.9km。江右岸线为天字一号段，长 11.65km，是长江湖南段下荆江河段重要险工段之一；左岸为集城垸岸线（1998 年洪水后平垸），长 6.35km。上车湾人工裁弯后形成新河道，其流程缩短、水流比降增大、流速加快、河床刷深、深泓内移，江岸迅速崩退，河势演变剧烈，致防汛抢险难度加大，得名"万里长江险在荆江，千里荆江险在洪山头"。1998年长江流域特大洪水期间，此河段抢筑最高2m的"中华第一子堤"抗御洪水，居长江子堤之首。1972—2003年间有记录发生崩退险情35次，崩岸长6.7km线，崩失面积1418亩。2003年三峡工程运行以来，清水持续下泄，河床再刷深加剧，江岸崩塌严重，2003—2006年3月有记录发生崩退险情15次，崩岸线长4km，崩失面积89.2亩。各级党委、政府高度重视长江河势控制工作，自1969年对此河段实施河势控制工程以来，共守护治理左右岸线15.72km，其中2016年起实施"三峡后续长江湖南段河道整治工程"项目，对长10.78km岸线进行了整治。受监利微弯分汊段主支汊兴衰、主泓摆动，天字一号河段主流顶冲部位发生下移变化，已护工程段27+000以下迎流顶冲、深泓贴岸、河床冲深，2018年11月至2023年11月，27+000～28+000段河床平均冲深6.1m，最大冲深9.4m，2023年11月发生2处长350m的严重崩岸险情，岳阳市长江洞庭湖水利事务中心及时实施了应急抢险工程，完成水下抛石9.46万m^3，此河段河势变化调整趋势明显，亟须展开针对性研究。

2. 洪水港至荆江门段

洪水港至荆江门段上接上车湾裁弯天字一号新河段，经建新段下至广兴洲镇壕子口，有岸线长19.64km，河道顺直，主流线左右摆幅较大，主流贴岸区段变化较大且影响范围较广。

此河段自1965年开始实施河势控制工程，1969年上车湾人工裁弯，1971年7月天字一号通新河，此段干流河道流程缩短、水流比降增大、流速加快、河床刷深，盐船套顺直段尾端的崩退，过渡段下移，洪水港段水流顶冲点的大幅度下移，江岸迅速崩退，河势演变剧烈。1949—2021年间有记录12.5km岸线发生崩退险情34次，崩失面积1.25万亩，有长7.65km江堤退挽了10次。为稳定岸线，采取了下游抛矶、抛石固脚、岸坡护砌多种方式，岸线守护也逐步从2015年前主要采取的"守点固矶"方式过渡到"平顺护岸"守护，1998年开始对洪水港、团结闸地段岸线进行了系统的治理守护，2001年完工，基本上稳定控制了该地段河岸线。2013—2015年枯水期，长江航道局相继对盐船套部分未护岸段岸线进行守护、对广兴洲边滩实施护滩工程；2016年起岳阳市长江修防中心组织对长9.2km岸线进行了整治；2018—2019年枯水期，长江荆州河道管理局对韩家档、盐船套部分未护段进行守护，控制了洪水港至荆江门段的中部边界。经持续治理，洪水港河段重点崩岸险情得到有效遏制，至今崩岸岸线已全部守护，促进该长顺直段河势向稳定方向发展。而随着上游持续"清水下泄"，此河段河势仍在变化，要加强河势观测。

3. 荆江门段

荆江门段上接广兴洲镇壕子口，下至张家墩出口后洲汊河弯道，河道全长13.66km。此河段自1965年开始实施河势控制工程，先后经历了守点固线（1967—1985年）、削矶平护（1986—1988年）、塑护试验及维修加固（1989—1997年）、综合治理（1998—2023年）共四个阶段，整治岸线长18.66km（含汊河左岸5km）。

1969年上车湾人工裁弯，1971年7月天字一号通新河，此段干流河道流程缩短、水流比降增大、流速加快、河床刷深。为稳定岸线，1967—1972年在荆江门弯道凹岸共建了12个护岸矶头，河湾的自然崩退受到抑制，随着上游盐船套顺直段尾端的崩退，引起荆江门河湾段弯道顶冲点大幅下移，1969年顶冲一矶附近，1974年下移至二矶，至1990年顶冲四矶附近，累计下移约1.5km。上深槽淤积、下深槽冲刷下移，尾部十一矶日益突出江中，干流主流坐弯贴岸，近岸深槽冲刷，弯道的深槽均位于弯道凹岸中下段近岸河床，最深点高程-10～-20m，使荆江门河弯成为一弯曲半径不到1500m的急弯河段。1952—2022年间有记录发生崩退险情68次，崩岸线长57.58km，崩失面积20.73万亩。1999年春至2000年5月完成对荆江门十一矶的削矶改造，上段顶冲段回淤，主流趋直使熊家洲弯道的弯道顶冲点出现了近1000m幅度的下移；荆江门河湾下游二洲子（张家墩）边滩上部冲刷、与后洲（天心洲）间形成汊河，下游张家墩汊河段水流撇弯切滩，过流量逐年加大，崩岸加剧，河床持续冲深展宽，汊河最深点高程由2002年的21.0m冲深到2009年的13.7m，河宽由52m展宽到216m，汊河与长江干堤最近距离仅70m宽。2020年9月，荆江门河段铁铺航道与海事码头处（桩号4+060～4+185）发生岸坡崩塌险情，崩岸共长205m，最大崩退岸线43m，距长江干堤堤脚约380m。高中水期汊河冲刷，出流交干流主流，影响八姓洲狭颈段。通过几十年持续崩岸岸线整治，至今崩岸岸线已全部守护，此河段重点崩岸险情得到有效遏制，随着上游持续"清水下泄",荆江门急弯段弯道顶冲点较大幅度下移,其上深槽出现了回淤,下深槽向下游发展,此河段河势仍在变化调整。

4. 七弓岭险工段

七弓岭河段位于下荆江尾闾熊家洲-七弓岭-观音洲弯道,上接君山区瓦湾熊家洲出口,经观音洲河湾下至洞庭湖出口城陵矶,处于江湖交汇节点位置,河道长29km,平面形态呈S形,急弯处曲率半径为1400m,弯顶最窄处距洞庭湖口洪道仅隔460～800m,属典型的蜿蜒性河道,是长江湖南段重要崩岸险工段之一。

1980—1998年,熊家洲至七弓岭主流线右移,七弓岭段岸线发生强烈崩退,1980—1983年最大崩宽350m,1980—1987年弯顶大幅度崩退下移约2000m,形成弯曲半径达1400m的急弯河段,引起下游观音洲弯道顶冲点上提,2003年以前有记录长13km岸线发生崩岸险情34次,最大年崩退达116m,崩失面积2.3万亩。自1985年实施河势控制工程至今已守护崩岸线14.5km,修建导流防淤隔堤6.9km。1998—2003年6月,受荆江门十一矶进行削矶改造影响,荆江门弯道下段近岸河床和熊家洲左缘(上部)边滩冲刷,七弓岭弯道顶冲点下移,弯道近岸深槽上段淤积、下段冲刷并向下游延伸,致弯道下段守护段已出现水毁滑挫崩塌现象。

2003年6月三峡工程下闸蓄水运行以来,受长时期的清水下泄影响,上游荆江门弯道顶冲点的下移,七弓岭河段河势演变进程加速。2003—2021年有记录长2.1km岸线发生崩岸险情19次,最大崩宽40m。2008年11月荆江河段出现了历史少见的冬汛,在其下游洞庭湖水位相对较低、顶托影响相对较小和上游来流量相对较大的水情下,八姓洲发生了撇弯切滩,与此同时,七弓岭弯道上段的主流线大幅度东移,由原贴七弓岭弯道上段右岸近岸河床摆动到左岸近岸河床,并由此引起八姓洲西侧岸线的崩塌,七弓岭弯道顶冲点逐步下移,河湾在此发生自然裁弯可能性增大。若发生八姓洲穿七弓岭下段的自然裁弯,引起局部河势发生剧烈变化,会致江湖关系发生重大改变,将对长江和整个洞庭湖区防洪安全形势带来重大影响。2016—2017年汛前,荆州河道管理局对张家墩出口八姓洲西侧岸线进行了护岸守护,2018年冬岳阳长江修防中心对七弓岭下段进行了护岸加固守护;2019—2020年枯水期,荆州河道管理局又对后洲(部分)、孙良洲、八姓洲下段、观音洲等崩岸段进行守护。经过多年持续治理，七弓岭河段剧烈崩岸险情基本得到遏制，河势基本稳定。2020年冬汛后七弓岭弯道淤积和弯道凸岸八姓洲东侧淤积、弯道顶冲点下移2000m，已护岸段贴岸冲刷，弯道出口岸线崩塌，局部河势变化进程加速，需进一步加强观测。

综上所述，2003年以来，下荆江河道平面形态基本稳定，总体河势基本稳定。受上游来沙量大幅减少、长时期的清水下泄的影响，河床冲刷加剧，以纵向下切为主，将引起部分分汊河段主支汊的兴衰和部分弯道段、长顺直段及过渡段主泓的摆动，从而引起主流顶冲部位的变化，局部河段如天字一号、荆江门、七弓岭等河势有所调整，部分河段出现"凸岸崩退"现象，如天字一号下段发生崩塌、荆江门段凸岸反咀发生崩退；七弓岭凸岸发生切滩、凹岸发生淤积、顶冲点下移、下段冲刷、弯道出口发生崩退，影响河势稳定和堤防安全，将进一步加大河道整治的难度。

2.2.1.2　岳阳河段

岳阳河段上起城陵矶，下至铁山咀，全长约68km，是长江干流洪水（包含松滋河、虎渡河、藕池河洪水）汇合洞庭湖水系湘、资、沅、澧四水的洪水通道。河道宽窄相间、呈藕节状，为左支右主的双分汊顺直河道，江心洲发育完整，崩岸线长，左岸为监利市、洪湖市，右岸为岳阳楼区、云溪区、临湘市。

沿江两岸自上而下有城陵矶、白螺矶-道人矶、杨林山-龙头山、螺山-鸭栏、赤壁等三对半天然对峙节点，分为城螺河段（城陵矶-螺山）、界牌河段（螺山-石码头）、石码头-赤壁段，自上而下沿程分布有仙峰洲、南阳洲、新淤洲、南门洲等江心洲，受长江河道冲淤、主流摆动、分叉水流变化影响，有城螺、界牌（含儒溪、鸭栏和黄盖湖）2处崩岸险工段。

1. 城螺河段

城螺河段上起城陵矶，下至螺山，全长28km，左岸为湖北监利市，右岸为岳阳市云溪区，两岸地面高程为26.0～32.0m（黄海高程），下荆江来水汇合洞庭湖出流下泄受阻节点螺山卡口位于其间，是长江洞庭湖防汛、江湖关系变化主要控制节点之一。本河段是典型的多节点藕状顺直分汊河道，上、下节点间展宽，洲滩多而不稳，深泓摆动频繁，迎流顶冲位置不定，致崩岸线长；仙峰洲主要以边滩形式依附在白螺矶-道仁矶对峙节点（幅宽 1800m）上游左岸，其变化主要表现为沙尾的上提下移。南阳洲上接白螺矶-道仁矶对峙节点，下至杨林山-龙头山对峙节点（幅宽 1100m，最窄处），尾部延伸至螺山-鸭栏对峙节点（幅宽 1800m），多年以来平面形态稳定，平均高程约为 26m。分水流为左右两汊，汊道兴衰直接影响下游界牌河段进口段主流的走向，多数年份右汊为主汊：主流居右汊时，经龙头山挑流过渡至右岸；主流居左汊时，汊道水流汇合后经杨林山-龙头山对峙节点挑流或靠右岸下行至鸭栏，或沿河道中心进入下游界牌河段。

20 世纪 50 年代中叶以后，主泓逐渐右移，主泓线右移达 20～50m，导致右岸河段开始崩岸。至 20 世纪 80 年代末，崩岸以冲坑为主，记录年最大崩宽 123m、崩岸线长 2150m。至 2003 年三峡工程蓄水运行以前，河床冲淤交替，总体以冲为主，记录崩岸 15 次、崩岸线长 12.95km、崩失面积 740 亩。

2003 年 6 月三峡工程蓄水运行，岳阳河段河道因上游冲刷泥沙落淤河床抬高，2008 年后转为冲刷为主。据统计，2001—2016 年，该河段 20m、15m、10m、5m 累积冲刷量分别为 12941 万 m^3、14380 万 m^3、12205 万 m^3 和 2319 万 m^3，主要冲刷部位位于 5～15m 之间河槽。受上游来沙量大幅减少、长时期的清水下泄的影响，该河段崩岸以条崩为多，2003—2021 年记录崩岸 17 次、崩岸线长 14.16km、崩失面积 270 亩，年最大崩宽 121m、崩岸线长 2720m，大部分岸段逼近长江干堤堤脚，擂鼓台段迎流当冲。经过持续多年治理后，大部分崩岸险情得到控制。

但由于来水来沙条件、江湖关系变化等影响河床演变的自然因素长期存在。2023 年上游三峡水库群联合调度及城陵矶-龙头山岸线开发利用等人为因素的影响，局部河段河势仍会发生一定程度的调整，总体河势趋于稳定。在下荆江尾闾河势稳定情况下，下荆江与洞庭湖汇流后深泓交点平面位置上伸或下移的幅度较小，城陵矶至白螺矶-道仁矶对峙节点主流继续偏靠右岸；南阳洲维持右汊主导，杨林山-龙头山卡口对上游来水束缚，龙头山挑流作用对下游河道主流摆向影响更为明显，螺山-鸭栏节点以上左右岸边滩交替发育，多数年份主流居左，右岸儒溪边滩依附并缓慢下移（伴随边滩的上冲下淤）。

2. 螺山卡口

螺山卡口位于长江岳阳河段云溪区城螺段（河段上起洞庭湖出口城陵矶，下至云溪区儒溪，长28km，属典型的多节点藕状顺直分汊河道），上距城陵矶30.5km，集水面积130万km²，占长江大通以上170万km²的76%，是长江和洞庭湖洪水顺利下泄的关键控制节点，由上游至下游的3对半洪水阻口组成。上游城陵矶河道（幅宽1800m）往下，左右岸矶头对峙，左岸白螺矶-右岸道仁矶（幅宽1800m）、左岸杨林山-右岸寡妇矶（幅宽1100m，最窄处）、左岸螺山-右岸鸭栏（幅宽1800m）形成连续3个洪水宣泄阻口，统称螺山卡口。受江湖关系、河段冲淤、螺山卡口组合影响，螺山站泄流能力减少，高洪水位时，长江干流螺山段严重阻水，具有明显的瓶颈效应，城陵矶莲花塘站水位34.40m时螺山站泄流能力仅61000m³/s；1954年最高水位33.17m时流量为78800m³/s（历史最大流量）；1998年最高水位34.95m时（历史最高水位），流量仅为67800m³/s。主汛期顶托洞庭湖湖口出流，水位壅高，再遇下荆江洪水下泄呈上压下顶态势，导致洞庭湖高洪水位抬升维持，流域超额洪量严重集中在城陵矶附近，对长江、洞庭湖防汛均构成重大影响。螺山站警戒水位32.00m，保证水位34.01m，螺山卡口在长江-洞庭湖防洪中备受关注。

3. 界牌河段

界牌河段上起螺山-鸭栏节点，下止石码头，长32km，为一长顺直分汊河道。上段（龙头山至新洲脑段）河道顺直单一，多数年份以先中后左平面形态过渡至螺山-鸭栏节点，此节点以上河道展宽，左右岸边滩交替发育，右岸儒溪边滩长期依附并缓慢下移，主流经上游杨林山-龙头山卡口束缚，受龙头山挑流作用主流多数年份居左，下延至界牌过渡段，由江心洲（新淤洲、南门洲）分为两汊，两汊于石码头处汇合。

螺山-鸭栏节点至蔡家庄为过渡段，过渡段河势演变主要表现在受龙头山挑流作用和螺山-鸭栏节点影响。20世纪50年代，过渡段上下移动形成不同类型的浅滩，以交错型为主，散乱、复式、正常形态滩型均有出现，过渡段及以下河道主流左右摆幅较大、上提下挫、滩槽交替变化，致河道浅窄、岸线崩退险情频发。自1954年以来有记录崩岸线长27.83km，至2003年发生条崩为主的崩岸险情52次，最大崩宽400m（黄盖湖），崩失面积5.3万亩，历史上因崩岸被迫移挽长江干堤26次。界牌河段自1962年冬至1994年前主要是采取散抛块石护脚方式应急整治，1994—1998年界牌河段实施了护岸（滩）丁坝工程（陈家墩至谷花洲分筑11道低水丁坝）、1998—2005年实施了长江干堤加固护岸工程、航道整治工程和界牌综合整治工程（含新淤洲头低水鱼咀、新淤洲及南门洲之间的低水锁坝），稳定了河道两岸边界，新洲脑以上河段主流大多数年份居左且摆动幅度减小，航道通航条件逐步改善；新洲脑以下河道逐渐展宽，由江心洲（新淤洲、南门洲）分为两汊，一般情况下左汊（新堤夹）为支汊，右汊为主汊，两汊于石码头处汇合，呈双分汊的河势格局。

2003年6月三峡工程蓄水运用，经"三口"入洞庭湖径流量减少，下荆江交洞庭湖段河势基本稳定。受清水下泄影响，界牌及上下游河段河势发生变化，至2021年发生崩岸险情33次，崩岸线长8.64km，最大崩宽12m（儒溪），崩失面积78亩。界牌河段河势变化形式：上游右岸儒溪边滩长期依附并缓慢下移，螺山边滩上提下移形成以交错型为主的浅滩；陈家墩至新洲脑段主流贴岸，边滩融合丁坝发育并逐步下移，丁坝前沿被水流切割；边滩中下段受横向水流冲刷缩窄，左深泓上复粮洲至叶家墩段冲深拓宽，已成为主航道，右岸深泓新洲脑至大清江段主流贴岸，10m等高线基本表现为冲刷后退、岸坡变陡、有980m岸段滩宽为0～30m，近岸岸坡变陡直接影响岳阳长江干堤的防洪安全；左右深泓汇合于新淤洲前沿，鱼咀遭受主流强烈顶冲，右岸新洲脑至谷花洲和新淤洲及南门洲之间的锁坝有所损毁。预测界牌河段新洲脑上游边滩维持缓慢下移、新淤洲前沿左右双泓格局将继续保持，新堤夹将持续萎缩，新淤洲右汊将持续发展，潭子湾以下近期河型已由单一段转化为分汊段，有可能内槽淤积、江心洲并岸形成单一微弯河道。

2.2.2 洞庭湖

洞庭湖地处长江中游南岸，1860年和1870年长江大水，藕池、松滋先后决口，形成了以荆南四口分流入湖为标志的近代江湖格局。此后，南汇湘、资、沅、澧"四水"，北纳长江松滋、太平、藕池、调弦（1958年

2.2 河流水系

已建闸控制)"四口",东接汨罗江和新墙河,由城陵矶注入长江,洞庭湖主要入湖水系构成见图 2.2-3。

水系	长度/km
松滋河	401.8
虎渡河	136.1
藕池河	332.8
华容河	73
湘江	948
资水	667
沅江	1053
澧水	388
汨罗江	253
新墙河	101

图 2.2-3 洞庭湖水系组成及分区示意图

洞庭湖流域面积 26.28 万 km^2(不含长江分流入湖的集水面积),湖南省 96.7%的国土面积属洞庭湖水系。洞庭湖水系流域面积约占长江流域总面积的 14%,若加上长江三口分流入湖的流域面积,洞庭湖水系流域面积达 130 万 km^2,占中国国土面积的 1/7。

根据 1995 年施测的 1:10000 地形图,洞庭湖面积 $2625km^2$,总容积 167 亿 m^3。根据长江水利委员会水文局 1997 年《洞庭湖区湖泊面积、容积量算及成果分析》,洞庭湖湖泊面积特指东洞庭湖、南洞庭湖、西洞庭湖(目平湖、七里湖)3 个湖泊区 4 个湖泊面积之和。东洞庭湖范围为:湖口以七里山水文站为界,在汨罗市磊石山与南洞庭湖分界,藕池河以华容县新洲农场丁堤为界。南洞庭湖范围为:湘江上以湘阴县斗米咀为界,下以汨罗市磊石山与东洞庭湖分界,资水以湘阴县杨柳潭为界,甘溪港以保民垸出湖口为界,以南咀水文站和小河咀水文站与西洞庭湖为界。目平湖(西洞庭湖)范围为:澧水以安乡县四分局、汉寿县三角堤为界,沅江以汉寿县坡头、新堤拐为界,以南咀水文站和小河咀水文站与南洞庭湖为界。七里湖范围为：澧水上至澧县小渡口，下至石龟山水文站，以汇口水位站与五里河为界。洞庭湖湖泊面积为 2625km² 时，东洞庭湖面积 1312km²，占 50%；西洞庭湖面积 407km²，占 15%；南洞庭湖面积 905km²，占 35%。东洞庭湖是洞庭湖湖泊群落中最大、保存最完好的天然季节性湖泊，冬夏平均水位落差达 13m。水位 33.1m 时，东洞庭湖容量约 93.472 亿 m³，占洞庭湖总容量的 56%。洞庭湖水位-面积-容积关系见表 2.2-1。

表 2.2-1　　洞庭湖天然湖泊水位、面积、容积统计（2003 年）

七里山水位/m（吴淞高程）	东洞庭湖		洞庭湖合计	
	面积/km²	容积/亿 m³	面积/km²	容积/亿 m³
23	91.525		91.525	
24	195.302	1.402	265.223	1.402
25	361.350	4.144	490.150	5.134
26	535.379	8.628	772.129	11.444
27	788.736	15.249	1206.76	21.276
28	1042.466	24.405	1699.927	35.775
29	1203.400	35.634	2106.998	54.798
30	1265.161	47.977	2348.067	77.531
31	1296.403	60.785	2499.171	101.757
32	1308.970	73.812	2574.34	127.109
33	1311.193	86.912	2602.725	152.942
33.5	1311.938	93.472	2609.054	166.957
34	1312.682	100.032	2615.382	178.972
35	1312.704	113.159	2621.449	205.094
36	1312.802	126.287	2624.92	231.266

注　此表水位容积关系为 2003 年全湖勘测结果。习惯上水利部门通用说法：当洞庭湖七里山水位为 33.5m 时，洞庭湖面积为 2625km²，容积为 167 亿 m³，与实际情况有少量偏差。

洞庭湖是我国吞吐水量最大的淡水湖泊，多年年均吞吐水量 2842 亿 m³，入出湖洪峰削减比达 30%，是长江中游最重要的集水湖盆与调洪湖泊。洞庭湖河道包括：天然湖泊（七里湖、目平湖、南洞庭湖、东洞庭湖）、四水河口以下洪道［湘江濠河口、资水甘溪港、沅江德山（柱水口）、澧水小渡口］、长江四口在湖南境内洪道（松滋河、虎渡河、藕池河、华容河）及草尾河。

长江多年平均入湖径流量为 850 亿 m^3，占长江中游径流量的 46%。由于水资源年内分配不均，湖面面积变化大，呈现"枯水一条线，汛期一大片"，2020 年 8 月 5 日，外湖水域面积近 $2368km^2$，至 2022 年 9 月 29 日，水域面积萎缩至 $436km^2$，不到汛期的 1/5。洞庭湖湖面丰枯对比见图 2.2-4。

（a）2020年8月　　　　　　　　（b）2022年3月

图 2.2-4　洞庭湖湖面面积丰枯对比图

内湖是指湖区堤垸内的湖泊，其主要特征是与堤垸外的江河无直接水文联系，湖泊出入流受到人为阻隔或控制。洞庭湖内湖不仅可以汛期调蓄洪水、枯水期供水，还起到水产养殖、生态调节的重要作用。洞庭湖内湖主要分布于历史时期洞庭湖大湖面范围内、长江四口河道之间，以及湖区周边的山脚前缘地带。洞庭湖区有内湖 1000 多个，面积超 $1700km^2$，主要洪道面积超 $1200km^2$。岳阳市境内洞庭湖面积 $1312km^2$，其中东洞庭湖 $920km^2$，南洞庭湖 $392km^2$。境内现有水面面积大于 $10km^2$ 的内湖有黄盖湖、冶湖、华容河、东湖、南湖、芭蕉湖、平江河及平费湖 8 个。

2.2.3　荆南四口水系

荆南四口水系是指长江向洞庭湖分流的河道，由松滋河、虎渡河、藕池河和华容河组成，其中流经岳阳市的主要是藕池河和华容河，涉及岳阳市华容县和君山区。松滋河是由松滋口分流入湖的洪道，虎渡河是由太平口（又称虎渡口）分流入湖的洪道，藕池河是由荆江藕池口分流入湖的洪道，华容河是由调弦口分流入湖的洪道。四口水系不是自古有之，也非一成不变，而是在江湖演变中发展形成的。由于以三峡（2003年蓄水）为代表的长江干流控制性水利枢纽的建设，四口河道、水沙正在经历由大到小的急剧演变。值得注意的是，由于华容河的人工建闸控制已于1958年开始失去长江分流功能，因此荆南四口现实际为荆南三口。

（1）松滋河。松滋口是荆江三口的第一个分流通道，是"荆南四口"之首，于1870年长江溃口所形成。松滋口分流入洞庭湖又分东、西两条水道，东支经沙道观，西支经新江口。松滋口到大口河段长度22.7km；松滋河在大口分为东西二支，西支在湖北省内自大口经新江口、狮子口到杨家垱，长约82.9km；西支从杨家垱进入湖南省后在青龙窖分为官垸河和自治局河，官垸河自青龙窖经官垸、濠口、彭家港于张九台汇入自治局河，长约36.3km；自治局河又称为松滋河中支，自青龙窖经三岔脑、自治局、张九台于小望角与东支汇合，长约33.2km。东支在湖北省境内自大口经沙道观、中河口、林家厂到新渡口进入湖南省，长约87.7km；东支在湖南省境内部分又称为大湖口河，由新渡口经大湖口、小望角在新开口汇入松虎合流段，长约49.5km。松虎合流段由新开口经小河口于肖家湾汇入澧水洪道，长约21.2km。自有实测资料记载以来，松滋口最大流量为1938年的12300 m^3/s，占宜昌洪峰流量的20.1%；年径流总量最大为1954年的750亿 m^3，占宜昌的13.03%；年最大输沙量1954年8810万t，占当年入湖总沙量的21.97%。1951—2002年多年平均径流431亿 m^3，年输沙量年平均4760万t；2003—2020年年平均径流305亿 m^3，年输沙量多年平均475万t。松滋西支未出现过断流，东支自1973年以来有断流现象，2003—2020年年平均断流180天。

（2）虎渡河。太平口原本是集山水入江的溪口，由于荆江大堤建成、荆江水位抬升，逼山水改向入湖，再演变成长江分流带山水共同入湖的河道。虎渡河自太平口经弥陀寺、黄金口至里甲口，再经黄山头（南闸）进入湖南安乡，经大杨树、陆家渡至小河口与松滋河汇合，全长136.1km，其中流经湖南安乡境内44.9km。太平口自有资料记载以来最大分流量为1938年的3280 m^3/s，占宜昌洪峰流量的5.36%；年径流总量最大为1948年300亿 m^3，占宜昌的5.63%。1951—2002年年平均径流168亿 m^3，年平均输沙量 1902 万 t，年平均断流天数 92.3 天；2003—2020 年年平均径流 89.9 亿 m³，多年平均输沙量 116 万 t，年平均断流天数 140 天。

(3) 藕池河。与松滋口相似，由于长江干流南边的洲滩围堤，在荆江大堤建成后，因水位抬升，于 1860 年溃口形成。藕池河水系全长 332.8km，其中湖南省境内 274.3km，由一条主流和三条支流组成，跨越湖北公安、石首和湖南南县、华容、安乡五县。主流即东支，自藕池口经管家铺、黄金咀、梅田湖、注滋口入东洞庭湖，全长 94.3km；西支亦称安乡河，从康家岗分出，沿荆江分洪区南堤，流经官垱、曹家铺、麻河口等地，最终在下柴市与中支汇合后于茅草街流入洞庭湖，长约 70.4km；中支由从黄金嘴（湖北省久合垸北端）分出，南流进入湖南省南县，与西支在沈家洲南端汇合后，至茅草街镇西侧汇入南洞庭湖，全长约 74.7km；另有沱江、陈家岭和鲇鱼须河分支，水系连通复杂。自有资料记载以来，藕池口年径流总量历年最大为 1954 年的 1155.9 亿 m³，占宜昌的 20.1%。1951—2002 年年平均径流 372.5 亿 m³，年平均输沙量 6661 万 t，年平均断流天数 242 天；2003—2020 年年平均径流 110.8 亿 m³，多年平均输沙量 383 万 t，年平均断流天数 272 天。

(4) 华容河，亦名调弦河，是长江四水流入洞庭湖的最短水道，自湖北省石首市境内调弦口分流长江入洞庭湖。河道总长 73km，其中湖南 62km，湖北 11km，流域面积 1680km²。华容河从调弦口流经石首市调关镇、焦山河乡，在茄务巷进入湖南省华容县境内，南行 18km 在华容县城分为南北两支，主流北支长 23.7km，南支长 24.9km，在罐头尖汇合后经岳阳市君山区钱粮湖镇于六门闸注入东洞庭湖。1958 年，经湖南、湖北两省协议，中央批准，分别在上游入口（调弦口）和下游出口（旗杆嘴）建闸控制，形成一条人工控制的内河，并逐渐失去分流功能。沿河两岸有石首陈公、华容护城、君山钱粮湖等 9 个堤垸，保护面积 714.08km²，耕地 40 万余亩，人口 40 万人，两岸堤防总长 157.72km，其中湖北 16.94km，湖南 140.78km，承担两岸的排涝、灌溉、供水和河流生态健康等重要功能。冬、春季节为自排水道，夏、秋季节为蓄水河床。2023 年在华容河出口处建成六门闸排涝工程，包括自排闸和排涝泵站，设计 6 台 1400kW 机组，总装机容量 8400kW，排涝流量 190m³/s。自排闸为开放式水闸，设 2 孔，单孔净宽

6m，高 9m，设计流量 286m³/s。六门闸泵站能有效控制华容河水位，提高华容河的防洪排涝能力，减轻洪涝灾害，为华容河沿岸地区的社会和经济可持续发展提供安全保障。六门闸各级水位时的容积见表 2.2-2、图 2.2-5。

表 2.2-2　　　　　　华容河水位-容积统计

水位/m	22.12	23.12	24.12	25.12	26.12	27.12	28.12	29.12	30.12	31.12	32.12	33.12	34.12
容积/亿 m³	0.077	0.146	0.213	0.284	0.364	0.450	0.553	0.643	0.746	0.851	0.971	1.106	1.242

注　水位采用 85 黄海高程。

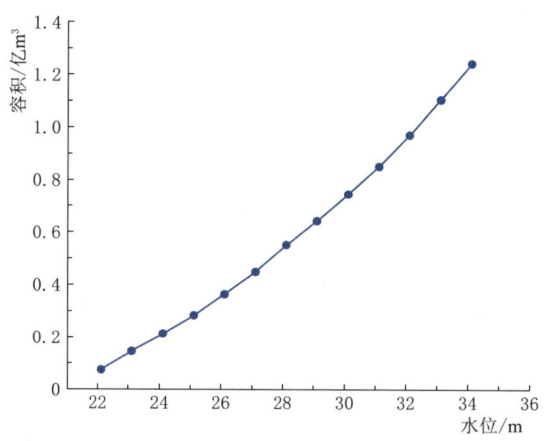

图 2.2-5　华容河水位-容积曲线图

2.2.4　湖南四水

湖南省湘、资、沅、澧干流及调度洞庭湖河道基本情况见表 2.2-3。

表 2.2-3　湖南省湘、资、沅、澧干流及调度洞庭湖河道基本情况表

序号	河名	起点	河口	河长/km	汇入河流
一	湘江干流	萍岛	濠河口	590.68	洞庭湖
二	资水干流	双江口	甘溪港	465.15	
三	沅江干流	托口镇	德山	543.5	
四	澧水干流	杉木界	小渡口	306.4	
五	洞庭湖洪道小计			944.5	
(一)	天然湖泊洪道			201.3	
1	七里湖	澧水小渡口	石龟山水文站	29.3	澧水洪道
2	目平湖	汉寿三角堤	小河咀水文站	44.2	南洞庭湖

续表

序号	河 名		起点	河口	河长/km	汇入河流
3	南洞庭湖		小河咀水文站	汨罗市磊石山	78.2	东洞庭湖
4	东洞庭湖		汨罗市磊石山	七里山水文站	49.6	长江
(二)	草尾河及四水河口以下洪道				268.1	
1	资水洪道		沅江市胜天	沅江市北闸	49.8	南洞庭湖
2	澧水洪道		石龟山水文站	汉寿县三角堤	38	目平湖
3	沅江洪道		常德市德山	汉寿县坡头	53.5	目平湖
4	资水洪道	花湖口河	益阳市甘溪港	湘阴县杨柳潭	28.6	南洞庭湖
5		甘溪德河	益阳市甘溪港	沅江市沈家湾	20.7	南洞庭湖
		毛角口河	湘阴县毛角口	湘阴县临资口	35.6	湘江西支
6	湘江洪道	东支	湘阴县濠河口	湘阴县斗米咀	21.1	南洞庭湖
7		西支	湘阴县濠河口	湘阴县古塘	20.8	南洞庭湖
(三)	长江四口以下湘境洪道				475.1	
1	松滋河	中支	澧县青龙窖	南县肖家湾	70.8	目平湖
2		西支	澧县王家汊	澧县张九台	46.5	松滋中支
3		东支	安乡县下河口	安乡县小望角	42.8	松滋中支
4	虎渡河		黄山头（南闸）	安乡县新开口	37.7	松滋中支
5	藕池河	东支	华容县殷家洲	华容县流水沟	69.4	东洞庭湖
6		鲇鱼须河	华容县殷家洲	南县九都	27.2	藕池东支
7		中支	华容县友谊村北	南县新镇洲	59.7	南洞庭湖
8		陈家岭河	南县陈家岭	南县葫芦咀	21.6	藕池中支
9		西支	安乡县新堤拐	南县下柴市	51.5	藕池中支
10	华容河		茄务巷	六门闸	47.9	东洞庭湖
合计					2850.23	

2.2.4.1 湘江

湘江又名湘水，是湖南流域面积最大的河流。湘江发源于永州市蓝山县紫良瑶族乡野狗岭南，经永州市萍岛纳湘江西源，经祁阳市纳祁水和白水、衡南县松柏纳舂陵水、衡阳市纳蒸水和耒水、衡山纳洣水、渌口纳渌水、湘潭纳涓水和涟水、长沙纳浏阳河与捞刀河，至望城区新康纳沩水，由湘阴县濠河口分东、西两支尾闾入洞庭湖。干流全长950km，流域面积94721km^2，其中湖南境内85224.7km^2。湘江在湖南境内有河长5km以上的河流2156条，以右岸汇入的支流居多，其流域面积也大，全流域呈不对称树枝状水系。湘水岸线在岳阳市湘阴县境内全长143.24km。

湘江西源入湘江河口（老埠头）以上为湘江上游，长346km，流域面积12094km²；湘江西源入湘江河口至衡阳耒河口为中游，长281km，坡降0.129‰，流域面积占全流域的33%；衡阳耒河口以下为下游，长323km，坡降0.039‰，流域面积占全流域的45%。

湘江流域一般每年4月进入汛期，9月底结束，年最大洪水多发生于每年4—8月，其中5月、6月出现次数最多。

湘江干流上设有老埠头（冷水滩）、衡阳、湘潭站等控制水文站，三站1963—2020年多年平均流量年内分配见表2.2-4。据资料统计，三站多年平均径流总量分别为203亿m³、427亿m³和654亿m³，年均悬移质输沙量分别为143万t、434万t和835万t。湘江湘潭站历年实测最大流量为2019年7月10日的26400m³/s。湘阴县境内历史最高洪水位为37.49m，于2017年7月3日出现在窑头山站。

表2.2-4　　　　湘江主要控制水文站1963—2020年
多年平均流量年内分配表　　　　单位：m³/s

月份 测站	1月	2月	3月	4月	5月	6月	7月	8月	9月	10月	11月	12月	年平均
老埠头 （冷水滩）	262	424	687	1142	1440	1315	781	537	320	266	308	241	644
占比/%	3.4	5.5	8.9	14.8	18.7	17.0	10.1	7.0	4.1	3.4	4.0	3.1	100
衡阳	695	1001	1500	2309	2671	2534	1535	1170	775	671	752	616	1353
占比/%	4.4	5.7	9.4	14.0	16.8	15.4	9.6	7.3	4.7	4.2	4.6	3.9	100
湘潭	1079	1461	2321	3523	4023	3914	2472	1763	1196	1023	1161	956	2075
占比/%	4.4	5.4	9.5	14.0	16.5	15.5	10.1	7.2	4.7	4.2	4.6	3.9	100

2.2.4.2　资水

资水，又名资江，在邵阳县双江口以上分左右两支。右支夫夷水发源于广西资源县越城岭，左支㵲水发源于湖南省城步县青界山黄马界。两河在双江口汇合，流经邵阳市和新邵、新化、安化、桃江等县，于益阳甘溪港注入洞庭湖。资水全长661km，流域面积28211km²，湖南省境内26738km²。武岗至小庙头为上游，小庙头至马迹塘为中游，马迹塘以下为下游，益阳以下称尾闾。资水桃江站历年实测最大流量为1955年8月27

日的 15300m³/s。资水主道从毛角口进入湘阴，分为东、北两支。东支左岸经 37.6km 到临资口，右岸经 38.5km 到南岸咀；北支左岸经 20.4km 到竹垸里，右岸经 28.90km 到官司潭。资水岸线在湘阴境内全长 125.4km，历史最高洪水位为 38.38m，于 1996 年 7 月 21 日出现在毛角口站。

资水流域年最高洪水位多出现在 4—8 月，主要集中在 5—7 月，其中 6 月出现次数最多。资水洪水过程多为峰高量大的双峰或多峰形式，单峰出现机会较少，其特点为峰高量少、历时短。其过程一般为 3～5 天。每次洪峰过程水位变幅较大，干流各站变幅均在 10m 以上，具有一定山区河流的特点。资水下游控制水文站桃江站 1963—2020 年实测径流、泥沙资料统计，资江多年平均径流总量为 227 亿 m³，年均悬移质输沙量为 133 万 t，实测最大流量 15300m³/s（1955 年 8 月 27 日），最小流量 15.5m³/s（1964 年 9 月 11 日），历年最大水位变幅。资江主要站点多年平均流量年内分配见表 2.2-5。

表 2.2-5　　资江主要站点多年平均流量年内分配表　　单位：m³/s

月份 测站	1月	2月	3月	4月	5月	6月	7月	8月	9月	10月	11月	12月	年平均
冷水江	194	261	370	579	712	763	578	379	262	237	242	170	396
占比/%	4.1	5.5	7.8	12.2	15	16.1	12.2	8	5.5	5	5.1	3.5	100
桃江	409	533	729	1002	1223	1272	1070	680	498	402	454	356	719
占比/%	4.7	6.2	8.4	11.6	14.2	14.7	12.4	7.9	5.8	4.7	5.3	4.1	100

2.2.4.3　沅江

沅江为湖南省第二条大河，有南北两源。南源龙头江发源于贵州省都匀市云雾山；北源重安江发源于贵州省麻江县平越大山，沿途接纳巫水、舞水、辰水、溆水、酉水等支流，于常德德山注入洞庭湖。全长 1053km，流域面积 89832km²，湖南省境内 51066km²。自河源到黔城清水江为上游，黔城到沅陵为中游，沅陵以下为下游，德山以下称尾闾。河流平均坡降 0.549‰。

沅江干流多年平均气温为 16.5～17℃，以沅陵为界，中游稍高于下游，多年平均降水量为 1294.8～1426.6mm，沅陵、桃源最大；多年平均年蒸发量为 1161.4～1317.2mm，中游大于下游；最高水位多出现在 4—8 月，占全年的 94.7%，主要集中在 5—7 月，占全年的 81.9%，其中 6 月出现次数最多，占 33.3%。沅水桃源站历年实测最大流量为 1996 年 7 月 19 日的 29100m³/s。沅江干支流河段主要建有托口、凤滩、五强溪等水库,据桃源站 1963—2020 年实测径流、泥沙资料统计,多年平均径流总量为 650 亿 m³,年均悬移质输沙量为 805 万 t。沅江主要站点多年平均流量年内分配见表 2.2-6。

表 2.2-6　　　　沅江主要站点多年平均流量年内分配表　　　　单位:m³/s

月份 测站	1月	2月	3月	4月	5月	6月	7月	8月	9月	10月	11月	12月	年平均
安江	350	433	581	1010	1514	1872	1437	813	580	488	460	343	824
占比/%	3.5	4.4	5.9	10.2	15.3	19	14.5	8.2	5.9	4.9	4.7	3.5	100
桃源	787	967	1482	2570	3799	4551	3795	1993	1549	1258	1187	752	2061
占比/%	3.2	3.9	6.0	10.4	15.4	18.4	15.4	8.1	6.3	5.1	4.8	3.0	100

2.2.4.4　澧水

澧水为"四水"中最小的河流,发源于桑植县杉木界,沿途接纳娄水、溇水、道水和涔水等支流,至津市小渡口注入洞庭湖。全长 388km,流域面积 18496km²。桑植南岔以上为上游,南岔至石门为中游,石门以下称为下游,小渡口以下称尾闾。澧水干流多年平均气温为 16.3～16.7℃,中、下游无明显差别;年平均降水量为 1254～1396.9mm,中游最大,下游最小;多年平均年蒸发量为 1119.7～1382.8mm,桑植最小;年最高洪水位多出现在 5—9 月,占全年的 97.5%,主要集中在 6—8 月,占全年的 79%;其中 6 月出现次数最多,占 38.6%。澧水石门站历年实测最大流量为 1998 年 7 月 23 日的 19900m³/s。

澧水干支流河段主要建有贺龙、鱼潭、江垭、皂市等水库。据张家界站、石门站 1963—2017 年实测径流、泥沙资料统计,澧水多年平均径流总量分别为 46.0 亿 m³ 和 147 亿 m³,年均悬移质输沙量分别为 145 万 t 和 448 万 t。澧水主要站点多年平均流量年内分配见表 2.2-7。

表 2.2-7　　　　澧水主要站点多年平均流量年内分配表　　　　单位:m³/s

月份 测站	1月	2月	3月	4月	5月	6月	7月	8月	9月	10月	11月	12月	年平均
张家界	35.7	53.7	92.5	162	243	310	323	166	124	106	84.2	44.0	146
占比/%	2.1	3.1	5.3	9.3	13.9	17.8	18.5	9.5	7.1	6.1	4.8	2.5	100
石门	138	185	304	520	751	959	1043	538	386	325	272	161	466
占比/%	2.5	3.3	5.5	9.3	13.5	17.2	18.7	9.6	6.9	5.8	4.8	2.9	100

2.2.5 市内主要河流水系

岳阳市有长 5km 以上河流 273 条，流域面积 100km² 的河流 27 条，流域面积 2000km² 以上的河流 2 条。

2.2.5.1 汨罗江

汨罗江介于东经 112°51′~114°07′、北纬 28°25′~29°06′。汨罗江流域西临东洞庭湖，东以幕阜山、连云山与鄱阳湖水系修水分野，北以幕阜山脉黄龙山、高峰殿与新墙河分界，南分别以连云山吊水尖、福寿山、龙头尖、兴龙山与湘江水系浏阳河、捞刀河分流，流域面积 5543km²。东西长约 120km，南北宽约 46km，呈长方形，地跨江西修水、湖南平江、汨罗、岳阳、长沙等 2 省 5 县（市）。汨罗江发源于湘赣边境幕阜山脉金凤山南麓江西修水县黄龙乡黄龙寺，于湖南汨罗市磊石镇注入东洞庭湖；全长 253km，总落差 249.8m，河道平均坡降 0.46‰。沿程纳 5km 以上长支流 173 条，其中流域面积大于 100km² 的支流 10 条，昌江（流域面积 670km²）最大。较大支流多自右岸汇入，呈不对称羽状水系。汨罗江流域水系见图 2.2-6。

2.2.5.2 新墙河

新墙河流域介于东经 113°03′~113°45′、北纬 28°59′~29°30 之间。南以幕阜山脉湖仙山、高峰殿与汨罗江分流，北与黄盖湖水系毗连；东以湘鄂边界幕阜山脉大药姑、眉毛尖与洪泽湖水系陆水相邻；西临东洞庭湖。新墙河流域似桑叶状，东西长约 62km，南北宽 53km，地跨湖南临湘、岳阳、平江、湖北通城 4 县（市），总流域面积 2347km²，其中岳阳县约占 67%。新墙河有南北二源：南源沙港河为主流，发源于平江县板江乡，北源称游港河，发源于临湘市羊楼司镇，两源于岳阳县筻口镇的三港咀汇合后始称新墙河，由此向西流经新墙、荣家湾，于岳阳县鹿角镇大毛家湖垸建新注入东洞庭湖，全长 101km，河道平均坡降 0.718‰。沿程纳 5km 以上长支流 51 条。其中流域面积大于 100km² 的支流有 6 条，游港河最大，呈羽状水系。新墙河流域水系见图 2.2-7。

2 区域水情工情

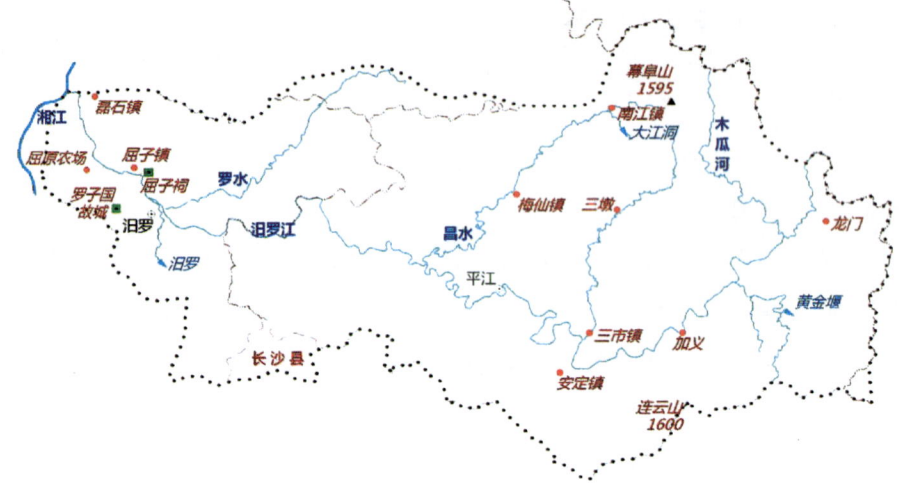

图 2.2-6 汨罗江流域水系图

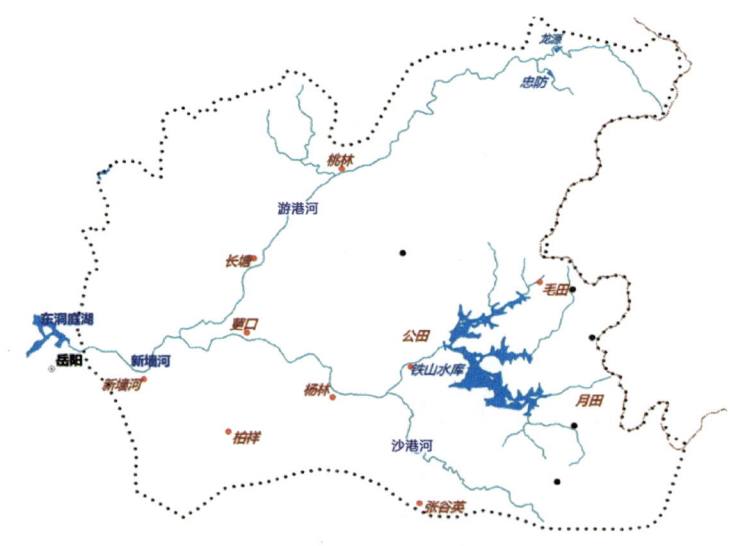

图 2.2-7 新墙河流域水系图

2.2.6 骨干内湖

洞庭湖区原本是"水乡泽国",1952年和1954年堤垸整修以后内湖密布,随着人口的增长,由于人类活动及内湖淤积等原因,内湖面积和容积逐步萎缩。据统计,1964年以前岳阳市有骨干内湖96个,总水面面积

860km²。至 2021 年全市骨干内湖仅剩 35 个，总水面面积 297km²，总蓄水量约 11.85 亿 m³，可调蓄水量约 5.20 亿 m³，内湖水面比 1964 年减少 563km²。

岳阳市湖区现有 35 处骨干内湖中，蓄水量超 1000 万 m³ 的内湖 21 处，与长江相通的有黄盖湖、芭蕉湖等，与洞庭湖相通的有南湖、东风湖等。岳阳市骨干内湖基本情况见表 2.2-8。

表 2.2-8　　　　　　　岳阳市骨干内湖基本情况

编号	内湖名称	所在堤垸	控制闸名称	水面面积/km²	溃堤长/km	堤顶一般高程/m	低控水位/m	高控水位/m	总蓄水量/万 m³	可调蓄水量/万 m³
1	黄盖湖	江南垸	铁山咀内	80.67	86.3	30.5~32	27	29.5	37300	15900
2	冶湖	江南垸	三角湖	11.33	15.1	29.5	26	28	9837	3200
3	华容河		六门闸内	10.67	147	36~38	32.5	35.5	8960	3000
4	东湖	新生大垸	张家窖闸	23.20	19.3	30	27	29	8820	4640
5	南湖	城区垸	南湖闸	29.33	1.86	30	28	29	8404	1750
6	芭蕉湖	永济垸	芭蕉湖	13.30	1	30	27.5	29.5	5450	2800
7	平江河	中洲垸	平江河	14.53	5.8	29	24	27	4728	3000
8	平费湖	中洲垸	平费垸	13.53	3	31	27	29.5	4400	4000
9	大荆湖	民生大垸	控制闸	5.30	19.8	32.5~34	28.5	31.5	3600	1590
10	松阳湖	永济垸	北尾排水闸	4.74	0.7	31	25	30.5	3390	1860
11	沉塌湖	民生大垸	控制闸	4.33	4.4	33	28.5	31.5	1950	1200
12	平江湖	屈原垸	永丰闸	2.67	18	28.5	25	28	1740	895
13	塌西湖	护城大垸	控制闸	9.80	13.8	29.5~30	27.5	28.5	1660	980
14	洋溪湖	江南垸	鸭栏电排	3.33	0.9	29.5	26	27.5	1590	990
15	中西湖	禹盘大垸	打鼓台闸	5.73	1	29.5	27.5	28.5	1430	420
16	白泥湖	陆城垸	新设闸	5.74	1.2	27	25.5	27	1380	860
17	东风湖	城区垸	东风湖闸	3.67	3.6	29	28	29.5	1358	385
18	洋沙湖	洋沙湖垸	洋沙湖闸	4.33	1.7	36	28	29	1208	500
19	内夹河	磊石垸	长山	4.33	3	29	25.5	26.5	1180	530
20	濠河	君山垸	南闸	3.53	20.5	29.5	26.5	27.8	1145	456

续表

编号	内湖名称	所在堤垸	控制闸名称	水面面积/km²	渍堤长/km	堤顶一般高程/m	低控水位/m	高控水位/m	总蓄水量/万m³	可调蓄水量/万m³
21	赤眼湖	禹盘大垸	控制闸	4.13	12.7	30	28.8	29.5	1100	287
22	采桑湖	钱粮湖垸	节制闸	7.73	7.5	32	26.5	31.5	947	380
23	白泥湖	白泥湖垸	高排闸	2.87	6.6	28	27.3	27.8	880	90
24	哑河	南湖垸	南闸	2.00	22.8	31.5	29	30	845	200
25	鹤龙湖	城西垸	城西电排	5.40	11	28.5	26	26.5	810	162
26	牛氏湖	禹盘大垸	控制闸	5.13	11.3	30	27.5	28.5	770	400
27	罗帐湖	禹盘大垸	危家岭闸	3.00	1.1	30	27.5	28.5	750	300
28	蔡田湖	护城大垸	控制闸	2.73	5.6	30	27.5	28.5	600	300
29	鼻湖	岭北垸	官港电排	1.67	3	30.3	27.5	28.5	557	166
30	黄土湖	湘滨垸	飞凤闸	1.67	30.5	30.3	28.5	29.5	468	160
31	悦来河	钱粮湖垸	泄洪闸	2.67	0.06	31	27.5	29	461	274
32	鹅公湖	湘资垸	新开控水闸	1.33	4.5	29.5	28	28.5	264	80
33	团湖	建设垸	团湖闸	1.60	7.4	31	28.5	29	213	150
34	中闸湖	麻塘垸	中闸湖	1.27	5	35.8	29	30	196	60
35	宝塔坝	松柏垸	修防会	0.20			28	29	110	55
	合计			297.46	497.02				118501	52020

岳阳市城区内部湖泊众多，水系丰富，有南湖、东风湖、吉家湖、芭蕉湖等，集雨面积约329.2km²，是城区雨水主要的承泄区。中心城区内湖排涝主要靠电排，中心城区排涝泵站基本情况见表2.2－9。

表2.2－9　　　　岳阳市中心城区排涝泵站基本情况表

序号	泵站名称	所在县（市、区）	所在堤垸	排入水系或渠系	内排/外排	泵站型式	功能	规模	原建设年份	最近改造年份	排涝受益面积/万亩	装机容量 台数	装机容量 总容量/kW	设计排水流量/(m³/s)	设计扬程/m
1	东风湖电排	岳阳楼区	东风湖垸	洞庭湖	外排	潜水电泵	排涝	中型	1993	2021	0.363	4	1420	12	7.4
2	吉家湖电排	岳阳楼区	东风湖垸	洞庭湖	外排	潜水电泵	排涝	小型	1996	2023	0.0885	2	630	6	7.81

续表

序号	泵站名称	所在县（市、区）	所在堤垸	排入水系或渠系	内排/外排	泵站型式	功能	规模	原建设年份	最近改造年份	排涝受益面积/万亩	装机容量 台数	装机容量 总容量/kW	设计排水流量/(m³/s)	设计扬程/m
3	南湖电排	南湖风景区	南湖垸	洞庭湖	外排	潜水电泵	排涝	大型	1995	2018	2.1479	7	7000	66.5	7.02
4	月形湖电排	南湖风景区	南湖垸	洞庭湖	外排	潜水电泵	排涝	小型	2011		0.06	4	740	6.24	7.96

2.2.7 水文站网及控制站水文特征值

水文测站是防汛抗旱的哨兵。由于洞庭湖在长江中游防汛抗灾的特殊地位，洞庭湖区的水文测站不仅不断完善，并在持续建设。

长江中游干流主要控制站有宜昌站、枝城站、监利站、螺山站、汉口站和湖口站，另有多个水位测站其中螺山水文站和莲花塘水位站位于长江干流湖南段，宜昌站为长江上游流域出口的控制性水文站，枝城站为荆江起始段控制性水文站，监利站为三口分流后的荆江控制性水文站，螺山站为洞庭湖汇入长江后、长江中游的控制性水文站。

洞庭湖入流包含荆江三口、四水及环湖河流及区间产水。

荆江三口为松滋河、虎渡河、藕池河等水系的控制性水文站包括松滋口的新江口站和沙道观站、太平口的弥陀寺站、藕池口的康家岗站和管家铺站，三口水文观测站监测了长江干流分流入洞庭湖的水文过程。

洞庭湖流域四水包括湘江、资水、沅江和澧水，其中湘江注入洞庭湖的控制性水文站为湘潭站，资水注入洞庭湖的控制性水文站为桃江站，沅江注入洞庭湖的控制性水文站为桃源站，澧水注入洞庭湖的控制性水文站为石门站。将湘潭站、桃江站、桃源站、石门站的逐日流量相加求和，可以总体反映湘、资、沅、澧四水汇入洞庭湖的水文过程。

洞庭湖区水位受洞庭湖流域四水入流、长江干流分流等因素的综合影响，季节性波动较为剧烈，年内空间分布差异特征鲜明，多处水文控制站中可选取小河咀站、杨柳潭站、鹿角站分别作为西洞庭湖、南洞庭湖、东洞庭湖的控制性水文站。洞庭湖出湖水道的控制性水文站为城陵矶站。

洞庭湖区主要水文控制站网分布及测站情况见表 2.2-10，洞庭湖区岳阳地区主要水文站特征值见表 2.2-11。测站分布图见图 2.2-8。

表 2.2-10　　　　洞庭湖水系水文控制站网及测站情况表

水　系		水文站	资料类别	设立时间	备　注
长江	干流	宜昌	流量、水位、泥沙	1877 年 4 月	
	干流	枝城	流量、水位、泥沙	1925 年 6 月	
	干流	监利	流量、水位、泥沙	1950 年 8 月	
	干流	莲花塘	水位	1936 年 5 月	洞庭湖出湖控制站，警戒水位 32.5m，保证水位 34.4m
	干流	螺山	流量、水位、泥沙		地属岳阳
荆江三口	松滋口	新江口	流量、水位、泥沙	1955 年 1 月	
	松滋口	沙道观	流量、水位、泥沙	1951 年 2 月	
	太平口	弥陀寺	流量、水位、泥沙	1952 年 6 月	
	藕池口	康家岗	流量、水位、泥沙	1952 年 6 月	
	藕池口	管家铺	流量、水位、泥沙	1952 年 6 月	
洞庭湖	出湖水道	城陵矶（七里山）	流量、水位、泥沙	1936 年 5 月	警戒水位 33.0m*，保证水位 34.55m
洞庭湖流域四水	湘江	湘潭	流量、水位、泥沙	1936 年 1 月	
	资水	桃江	流量、水位、泥沙	1941 年 6 月	
	沅江	桃源	流量、水位、泥沙	1948 年 1 月	
	澧水	石门（三江口）	流量、水位、泥沙	1950 年 1 月	
洞庭湖区	西洞庭湖	小河咀	水位	1957 年 1 月	
	南洞庭湖	杨柳潭	水位	1953 年 1 月	
	东洞庭湖	鹿角	水位	1951 年 5 月	地属岳阳

* 七里山警戒水位自 2004 年起由 32.0m 调整至 32.5m；自 2022 年 1 月起，由 32.5m 调整为 33.0m。

表 2.2-11　　　　洞庭湖区岳阳地区主要水文站特征值

项　目	监利站	莲花塘站	螺山站	七里山站	鹿角站
历年最大流量/(m³/s)	46300		78800	57900	
发生时间	1998-08-17		1954-08-07	1931-07-30	
历年最小流量/(m³/s)	2650		4060	296	
发生时间	1952-02-05		1963-02-05	2022-10-05	

2.3 区域水利工程情况

续表

项　目	监利站	莲花塘站	螺山站	七里山站	鹿角站
历年最高水位/(m^3/s)	38.31	35.80	34.95	35.94	36.13
发生时间	1998-08-17	1998-08-20	1998-08-20	1998-08-20	1998-08-02
历年最低水位/(m^3/s)	22.27	17.50	15.56	17.03	18.71
发生时间	1972-02-03	1951-02-11	1956-02-16	1907-01-23	1957-01-11

图 2.2-8　洞庭湖区主要水文测站分布图

2.3　区域水利工程情况

2.3.1　上游控制性工程

2.3.1.1　长江上游梯级水库群

根据水利部批复的《2023年长江流域水工程联合调度运用计划》，纳入长江流域联合调度范围的水工程规模已达 125 座（处），其中控制性水库 53 座，总调节库容 1169 亿 m^3，总防洪库容 706 亿 m^3，水库群年均拦沙约 3 亿～4 亿 t。长江上游流域及湖区流域水库群显著改变了径流的年内分配，导致江湖关系的各个主要环节的快速调整，防洪能力大大提高，拦沙效应突出，汇入江湖系统的沙量显著下降，尤其是大幅改变了江湖连通性以及枯水情势。长江上游梯级水库群分布见图 2.3-1，主要调节水库特性见表 2.3-1。

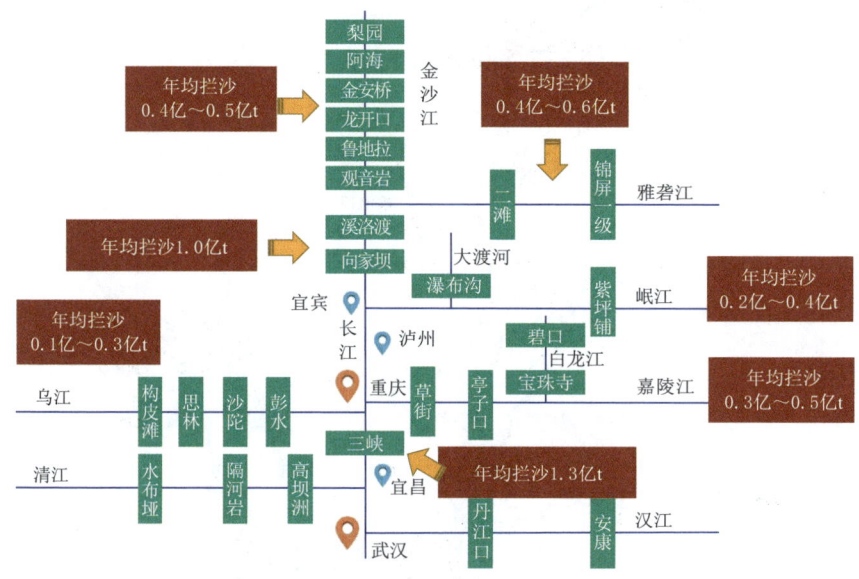

图 2.3-1　长江上游梯级水库群分布概化图

表 2.3-1　　　　　　　长江上游调节水库特性值

水库名称	控制流域面积 /万 km^2	正常蓄水位 /m	调节库容 /亿 m^3	防洪库容 /亿 m^3	装机容量 /MW
三峡	100	175	165	221.5	22500
乌东德	40.61	975	30	24.4	10200
白鹤滩	43.03	825	104	75	14000
溪洛渡	45.44	600	64.62	46.51	13860
向家坝	45.88	380	9.03	9.03	6400

2.3.1.2　三峡水利枢纽

三峡是长江瞿塘峡、巫峡、西陵峡三大峡谷的简称，是长江由山地走

2.3 区域水利工程情况

向丘陵的卡口。三峡水利枢纽位于西陵峡中的湖北宜昌市三斗坪镇。三峡枢纽工程由大坝、水电站厂房、通航建筑物三大主体建筑物组成。泄流坝段位于河床中部（即原主河槽内），两侧为电站坝段及非泄流坝段，厂房为坝后式，右岸预留有将来扩机用的地下厂房位置，左岸为通航建筑物。最大坝高185m，坝长2309.47m；坝顶高程（185m）以下库容505亿 m^3，正常蓄水位（175m）以下库容393亿 m^3，防洪限制水位145m，防洪库容221.5亿 m^3，兴利库容165亿 m^3。

三峡水电站为典型的坝后式电站，设有左、右岸两座厂房，共安装32台70万kW水轮发电机组，其中左岸14台，右岸12台，地下6台；另外还有2台5万kW的电源机组，总装机容量2250万kW，年平均发电量882亿kW·h。通航建筑物布置在左岸，沿坝轴线方向从左到右依次为永久船闸、升船机、临时船闸（2003年4月9日停止使用后改建为两孔冲沙闸），单线1级垂直升船机1座，可通过一艘3000吨级客货轮。

三峡水库工程于1993年开始进行施工准备，1994年12月14日正式开工，1997年11月8日大江截流成功，2002年11月6日导流明渠截流成功，2003年6月下闸蓄水实现了135m水位围堰挡水发电，施工总工期17年。2007年汛后充蓄至156m，进入初期运行，相应防洪库容可达110亿～138亿 m^3；2008年9月28日开始175m试验性蓄水，2010年10月26日首次蓄水至正常蓄水位175m（相应总库容393亿 m^3，防洪库容221.5亿 m^3）。2020年11月三峡工程完成整体竣工验收，转入正常运行期。

2.3.1.3　湖南省内主要调节水库

截至2022年12月31日，湖南省已建成并投入运行的大型水库52座，其中大（1）型水库8座，大（2）型水库44座。四水干流中，对入湖洪水具有较大调节能力的有五强溪水库、凤滩水库、柘溪水库、江垭水库、皂市水库，岳阳市内主要有铁山水库。

五强溪水库位于沅水下游沅陵县境内，水库控制集雨面积83800 km^2，占沅水流域面积的93%。坝址多年平均降雨量1724mm，多年平均流量2040 m^3/s，年径流总量643亿 m^3。水库总库容为42亿 m^3，正常水位108m以下预留防洪库容13.6亿 m^3，库容系数0.031，为季调节水库。

凤滩水库位于沅陵县境内沅水支流酉水下游,水库控制流域面积17500km^2,占酉水流域面积的94.4%,流域多年平均降雨量1415mm,坝址多年平均流量504m^3/s,年径流总量158.9亿m^3。水库总库容17.33亿m^3,正常蓄水位205m,相应库容13.9亿m^3;死水位170m,相应库容3.3亿m^3;有效库容10.6亿m^3,库容系数0.067,属季调节水库。

柘溪水库位于资水中游安化县城东坪上游12.5km的大溶塘峡谷处,控制集雨面积22640km^2,占全流域面积的80%。坝址多年平均流量621m^3/s,年径流总量185亿m^3,水库总库容35.7亿m^3,正常水位169.5m,相应库容30.2亿m^3;死水位144m,有效库容22.58亿m^3;库容系数0.12,为不完全年调节水库。

江垭水库位于张家界市境内澧水流域的娄水支流上,在湖南省慈利县江垭上游约5km的峡谷中。坝址集雨面积3711km^2,占娄水流域的73.5%,娄水流域多年平均降水量1650mm,江垭坝址多年平均流量为132m^3/s,多年平均径流量41.6亿m^3。水库设计洪水位为239.1m,校核洪水位242.7m,总库容18.34亿m^3;正常蓄水位236m,正常库容15.74亿m^3;汛限水位210.6m,防洪库容7.38亿m^3,兴利库容11.64亿m^3,死水位188m,库容系数0.28,属年调节水库。

皂市水库位于澧水流域,坝址集雨面积3000km^2。皂市水库正常蓄水位140m,相应库容12亿m^3;校核水位144.56m,总库容14.39亿m^3;汛限水位125m,预留防洪库容7.83亿m^3。装机2台,装机容量12万kW。

铁山水库位于洞庭湖以东新墙河支流沙港河上游岳阳县公田镇境内,坝址下距公田镇约4km,距G4高速公路约35km。水库控制流域面积为493km^2(含外引28km^2),校核洪水位94.35m,设计洪水位93.38m。干流长度约45km,干流平均坡降为2.68‰,多年年平均入库流量11.6m^3/s,多年平均入库径流量3.67亿m^3。水库总库容6.35亿m^3,水库正常蓄水位92.2m,相应库容为5.46亿m^3,死水位为80.00m,死库容为1.63亿m^3。

湖南四水控制性水库工程分布见图2.3-2。

四水流域已建大型水库防洪库容与汛期平均径流占比统计,见表2.3-2。

2.3 区域水利工程情况

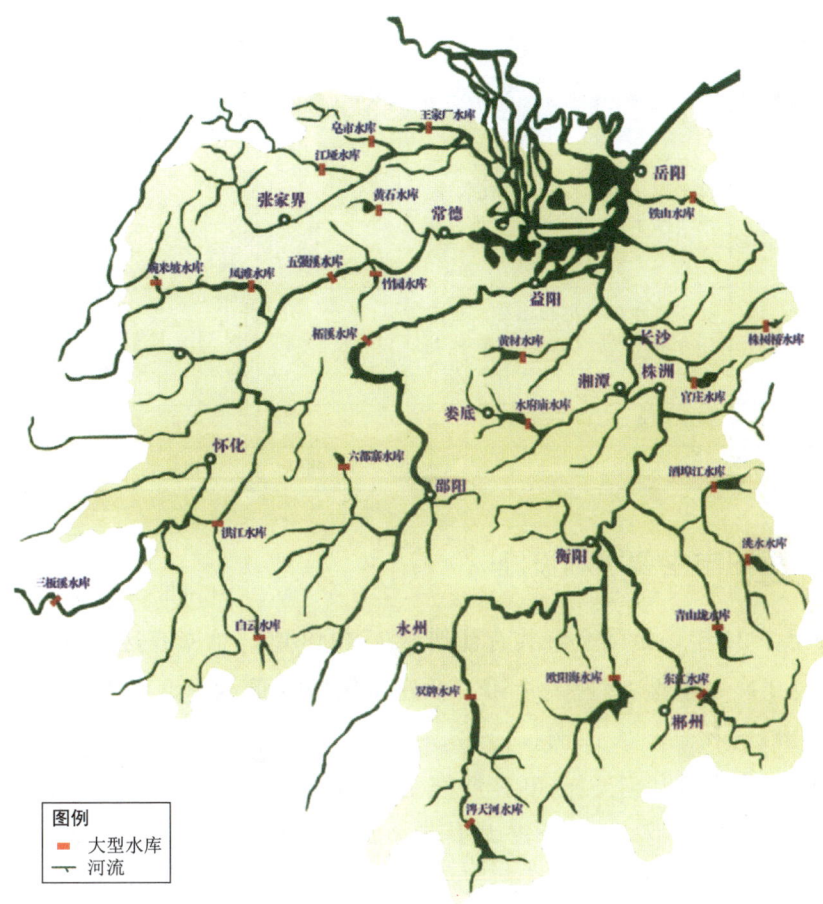

图 2.3-2　四水控制性水库工程分布图

表 2.3-2　四水流域已建大型水库防洪库容与汛期平均径流占比统计表

流域	部分已建大型水库		总防洪库容 /亿 m³	汛期（4—9月）入湖平均径流量/亿 m³	总防洪库容/汛期入湖径流量
	数量	主要控制性水库名称			
湘江	9	涔天河水库、晒北滩水库、东江水库、双牌水库、欧阳海水库、水府庙水库、酒埠江水库、株树桥水库、黄材水库	8.54	789.4	1.10%
资水	6	柘溪水库、筱溪水库、马迹塘水库、修山水库、六都寨水库、车田江水库	11.46	272.1	4.20%

续表

流域	部分已建大型水库		总防洪库容/亿 m³	汛期（4—9月）入湖平均径流量/亿 m³	总防洪库容/汛期入湖径流量
	数量	主要控制性水库名称			
沅江	9	五强溪水库、凤滩水库、托口水库、洪江水库、安江水库、凌津滩水库、大伏潭水库、碗米坡水库、蟒塘溪水库	20.61	872.6	2.40%
澧水	5	江垭水库、皂市水库、王家厂水库、鱼潭水库、茶林河水库	16.27	212.3	7.70%
洞庭湖区	1	铁山水库	2.8	18	15.56%
合　计	30		59.68	2164.4	2.76%

2.3.2　岳阳市主要水利设施

截至2024年，岳阳全市共有注册水库1348座，总库容达18.93亿 m³，其中大型1座、中型23座（全市有8座全国防洪重点中型水库，分别为黄金洞、九峰、秋湖、大江洞、白水、龙源、团湾、岳坊）、小（1）型145座，小（2）型1179座。全市有塘坝11万处，应蓄水量3.9亿 m³，山丘区总蓄水量22.83亿 m³。全市大中型水库灌区共17个，其中大型水库灌区1个，中型水库灌区16个，总蓄水量8.6亿 m³。湖区有骨干内湖35处，蓄水面积45.2万亩，容量12.2亿 m³。全市机电排灌设施4634处5593台，总装机容量35.74万 kW。

2.3.2.1　长江干堤

长江流经湖南段长163km，岸线总长159.85km，其中右岸148.5km、左岸集成垸6.35km、张家墩汊河5km。一线防洪干堤142.055km，直接保护沿江7个县（市、区）、8个堤垸、135万亩耕地、158万人口以及诸多铁路、高铁、高速公路等重要基础设施和岳阳市城区的防洪安全。

长江干堤（湖南段）现有大堤长142.055km，堤顶高程34.2～40.5m（冻结吴淞基面，堤身部分下同），堤顶面宽一般为8～12m。由于下荆江三处系统裁弯后，来水来沙条件改变，长江干堤湖南段崩岸加剧，至1998年崩岸线发展到101km，严重威胁大堤安全，影响经济发展和社会稳定。

三峡水库蓄水运行后，清水下泄，对长江中下游河道冲刷加剧，引发了新的崩岸险情。

2.3.2.2 堤垸

1. 堤垸概况

（1）堤垸沿革。

堤垸，古代又称"围"（如长沙府，岳州府）、"障"（如常德府）、"圩"（如沅江）、"垸"（如益阳、澧州、安乡、南州、华容、临湘）等。清代的官府文书统称为围，民国以后统称为垸。目前，在我国各地有的称垸，有的称圩，故有的资料中合称为"圩垸"。

古人为防御洪水，先在沿湖边缘阶地上筑堤，随着泥沙的大量淤积、移民增多，才开始向外推进，在淤高的湖洲上围垸垦殖，而且随着时间的推移，规模也越来越大，为了缩短堤线，提高防洪标准，将许多小垸合并成了大垸。

（2）堤垸分类。

目前，按作用和重要性，洞庭湖区的堤垸分为重点垸、蓄洪垸和一般垸三类，分类原则如下。

1）重点垸：重点垸一般指在其范围内有比较重要的工矿企业、交通枢纽、主要城镇等，有防洪工程设施保护，堤垸抗洪能力相对较高。而一旦分洪溃垸以后，则损失严重，短期内难以恢复的骨干堤垸。

2）蓄洪垸：相对重点垸，蓄洪垸的社会经济发展水平较低，蓄洪能力强，在大洪水期可提供堤外洪水临时储存、降低外湖水位的堤垸。蓄洪垸设立的主要任务是在全流域性的特大洪水时承担分蓄洪任务，再现1954年型洪水时，控制城陵矶以下河段安全泄量和控制汉口水位不超过29.73m。因此，蓄洪垸多选择防洪控制目标点附近的地势低洼、淹没损失相对较小且靠近山岗丘阜地带、交通条件较好、便于群众安全转移的堤垸。

3）一般垸：除重点垸和蓄洪垸以外的堤垸，均归入一般垸，区别在于未列入国家基建项目。一般垸中有的已进入了城市防洪范围。

重点堤垸与蓄洪堤垸的划分依据：1954年整治洞庭湖时，就提出了

"重点工程"和"一般堤垸"的概念，并按不同的防洪标准进行整修。1987年2月14日，经国务院批准，国家计委以《关于洞庭湖近期防洪蓄洪建设工程项目可行性研究报告的批复》（计农〔1987〕246号）正式确定了洞庭湖的11个重点堤垸和24个蓄洪堤垸列入国家基建项目（属民办公助性质）。

（3）堤防设计标准：洞庭湖区重点垸和蓄洪垸的设计标准，按《关于印发〈洞庭湖区综合治理规划报告〉的通知》（水总规〔2000〕42号）。一般垸则参用蓄洪垸的设计标准。

1）设计洪水位：按批文规定，1986年开始的洞庭湖区近期防洪蓄洪（一期）工程采用1949—1983年期间的实测最高洪水位（绝大部分地区为1954年，仅湘水尾闾为1976年或1968年、1982年，资水尾闾为1955年，沅水尾闾为1969年，澧水尾闾为1980年，松滋河为1983年，虎渡河为1981年或1983年）作为设计洪水位；1996年开始的洞庭湖区近期治理二期工程采用1949—1991年期间的实测最高洪水位（除西洞庭湖区为1991年，南洞庭湖个别为1988年外，其他地区同一期）作为设计洪水位。穿堤建筑物的设计洪水位按所在堤段设计洪水位加0.5m确定。各类堤垸均一样。

2）安全超高：安全超高包括波浪爬高、风壅增高和安全加高三部分。堤顶高程采用设计洪水位加安全超高确定。《关于洞庭湖近期防洪蓄洪建设工程项目可行性研究报告的批复》规定，重点垸河堤采用设计洪水位＋1.5m，湖堤设计洪水位＋2.0m；蓄洪垸河堤采用设计洪水位＋1.0m，湖堤设计洪水位＋1.5m。当水面很宽（吹程远）、设计风速很大，采用《堤防工程设计规范》（GB 50286—2013）公式计算的结果大于以上数值时，可采用计算值。

3）设计枯水位：采用湖区各主要控制站多年平均最低水位加0.3m确定。

4）工程等级：各重点垸一线防洪大堤及穿堤建筑物均按2级建筑物设计，各蓄洪垸按3级建筑物设计。

5）堤防标准断面形式：重点垸堤顶宽度为8m，堤外坡比为1∶2.5～1∶3.0，堤内坡比为1∶3.0～1∶3.25，在内坡堤顶以下4～5m处设5m

宽的平台；蓄洪垸堤顶宽 6m，外坡比 1∶2.5，内坡比 1∶3.0，当堤高大于 6m，在堤顶以下 3～5m 内坡处设 3m 宽平台，在未设防汛公路的堤段堤顶增设 5m 宽的防汛公路，防汛公路均采用泥结碎石路面。

2. 洞庭湖堤垸统计

洞庭湖区堤垸沧桑变化，兴废无常。加之各时期统计工具等各因素影响，洞庭湖各时期的堤垸数量变化较大，且数据仅供参考，各时期堤垸统计情况如下：

（1）据 1935 年湖南省建设厅统计，湖区 10 县（常德、澧县、汉寿、安乡、益阳、南县、沅江、岳阳、湘阴、华容）共有堤垸 1475 个。

（2）据 1942 年《湖南省经济年鉴》，湖区 11 县（增加了临湘）共有堤垸 613 个，垸田 406.6 万亩。

（3）据湖南省水利局《1950 年修堤总结与防汛会议总结报告》，1949 年湖区 14 县（又增加了桃源、长沙、湘潭）共有堤垸 993 个，保护耕地 593.53 万亩，人口 256.47 万人，堤线总长 6406km。

（4）据长江水利委员会洞庭湖水利工程处 1955 年 7 月编的《洞庭湖区基本资料》，洞庭湖区分属湖南、湖北两省，在湖南境内，计有常德、汉寿、澧县、安乡、益阳、沅江、华容、望城、湘阴、岳阳、南县等 11 县（编者注：含津市）的全部或一部分；在湖北境内，计有公安、石首、松滋等 3 县的全部或一部分。全湖区共有堤垸 259 个，堤垸总面积 9539.48km²。分布于湖南境内的堤垸计 196 个，堤垸总面积 7372.71km²，堤长 3291.54km❶。

（5）据湖南省水电院、省洞工局 1984 年 10 月《湖南省洞庭湖区近期防洪蓄洪工程初步设计书》，共有千亩以上堤垸 221 个，堤垸总面积 10218km²，人口 598 万人，耕地 868 万亩，防洪大堤 3471km，二线大堤 1509km，主要间堤 832km。相比 1954 年湖区范围增加了桃源、临澧、临湘、汨罗、长沙市城区、长沙县、宁乡、湘潭市城区、湘潭县、株洲市城区、渌口区及 15 个国营农场。

---

❶ 从 1954 年整修洞庭湖开始，打破县界共修防洪堤建立防洪大圈。在以后的统计数据中，有的按防洪大圈计数，有的按大圈内的小垸计数；有的只统计千亩以上的一般垸，有的也统计一部分千亩以下的小垸，因此，堤垸个数不确切。

（6）据湖南省水电厅1995年《湖南省洞庭湖区基本资料》，至1992年年底，各地上报资料统计显示，湖区范围增加了桃江县，共有千亩以上堤垸226个，堤垸总面积10493km²，人口811万人，耕地858万亩，防洪大堤3594km，二线大堤1344km，主要间堤832km。

（7）据湖南省洞工局2004年2月《湖南省洞庭湖区堤垸图集》，至2000年年底上报资料，湖区范围与1995年相同，合计堤垸254个，干堤3570km。

（8）据2004年《洞庭湖区堤垸图集》，结合现状防洪大圈的范围，湖区（含湖北）共有11个重点垸和24个蓄洪垸，千亩以上一般垸215个，堤垸保护面积12471.35km²，其中耕地58.213万hm²（873万亩），人口约957万人，一线防洪堤长约3740km。洞庭湖区堤垸统计见表2.3-3。

表2.3-3 洞庭湖区堤垸统计表

分类	堤垸/个	保护面积/km²	其中耕地/万hm²	人口/万人	堤长/km			
					干堤	支堤	间堤	内河湖堤
重点垸	11	7158.17	33.873	456.35	1220.367	403.16	137.405	1007.324
蓄洪垸	24	3030.97	14.573	165.59	1160.18	34.716	205.336	16.49
千亩以上一般垸	180	2282.21	9.767	334.72	1359.896		48.681	
合计	215	12471.35	58.213	956.66	3740.443	437.876	391.422	1023.814

3. 岳阳市堤垸统计

截至2023年，岳阳市有大小堤垸58个（万亩以上堤垸35个），其中重点垸7个、蓄洪垸18个、一般垸33个（含单退垸18个）。垸内总面积561.7万亩，其中耕地243万亩。蓄洪垸垸内总面积265.1万亩，其中耕地面积127.4万亩，总蓄洪量85.71亿m³。岳阳市堤垸汇总统计情况见表2.3-4，岳阳市中心城区堤防工程基本情况见表2.3-5，详细分类统计见附录2～附录5。

附录2～附录5

岳阳市的一线大堤长度主要包括长江干堤和洞庭湖周边的临湖防洪大堤，总长1068km，其中长江干堤142km。重点垸堤防254.82km、蓄洪垸472km、一般垸192.5km、单退垸77.48km；

2.3 区域水利工程情况

主要间堤301.2km，一线防洪大堤各类穿堤建筑物682处。

表 2.3-4　　　　　　　　岳阳市堤垸汇总统计情况

堤垸分类	数量/个	名称及所属行政区	面积/万亩	备　注
重点垸	7	湘阴县5处：湘滨南湖垸（湘滨、南湖）；烂泥湖垸（岭北、沙田、湘资）；华容县2处：护城垸；育乐垸（永固）	136.38	
蓄洪垸	18	湘阴县4处：城西垸、义合金鸡垸、北湖垸、三叉港垸 临湘市1处：江南垸 华容县7处：集成安合垸、隆西垸、团山新洲垸、新华垸、新太垸、新生垸、团洲垸 君山区4处：建设垸、君山垸、钱粮湖垸、建新垸） 屈原区1处：屈原垸 云溪区1处：陆城垸	303.8	18个蓄洪垸承担85.71亿m³的蓄洪任务，占全省蓄洪任务的一半以上
一般垸	15	湘阴县1处：东湖垸 汨罗市4处：磊石垸、罗江垸、双楚垸、湖溪垸 岳阳县3处：麻塘垸、中洲垸、三合垸 临湘市2处：黄盖湖垸、黄盖湖区内垸 华容县2处：民生垸、人民垸 云溪区1处：永济垸 岳阳楼区2处：南湖垸、东湖垸	143.0	
一般单退垸	18	湘阴县3处：青潭垸、樟树港垸、洋沙湖垸 汨罗市3处：松柏垸、双河坝垸、幸福垸 岳阳县12处：六合垸、七星垸、新河垸、万石湖垸、四新垸、大毛家垸、小毛家垸、五星垸、燎原垸、万福垸、杨柳垸、古港垸	17.63	

2 区域水情工情

表 2.3-5　　　　　岳阳市中心城区堤防工程基本情况表

区域	堤名	堤长/m	水面宽/m	平均堤顶高程/m	设计洪水位/m	历史最高水位/m	安全超高/m	内、外坡比	主要安全隐患
中心城区	关门湖	1180	6～12	37.0	35.22	36.06	1.34	内1:3,外1:2.5	两水夹堤,无外平台
	砖瓦厂	670	0		3522	36.06	低于水位		
	月形湖	1400	20	37.0	35.22	36.06	0.29	外1:3	
	南津港	1510	33.5	37.0	35.22	36.04		内1:2.5,外1:3	
	南津港内线堤	1664	16	37.0	35.22	36.04		内1:2.5,外1:3	
	韩家湾	2352	10～15	37.0	35.22	35.94		已形成城市景观带	
	东风湖	3768	60	37.2	34.94	35.94	1.06	内1:2.5,外1:3	
	吉家湖	2580	60	37.2	34.94	35.94	1.06	内1:2,外1:3	
	城陵矶防洪墙	693	1.0	37.5	34.94	35.94	低于水位		
	合计	15817							

2.3.2.3　水库

截至 2023 年,岳阳市共有水库 1348 座,其中大(2)型水库 1 座,中型水库 23 座,以小型水库为主。岳阳市水库基本情况汇总见表 2.3-6。大中型水库基本情况见附录 6。

附录 6

2.3.2.4　大中型灌区

根据 2014 年全国大中型灌区上图工作成果数据,全市共有万亩以上灌区 71 处,其中大型灌区 1 处(铁山灌区),设计灌溉面积 5 万～30 万亩的重点中型灌区 23 处,设计灌溉面积 1 万～5 万亩的一般中型灌区 47 处。岳阳市大中型灌区基本情况见附录 7。

附录 7

表 2.3-6　　　　　岳阳市水库基本情况汇总表

行政区及管理权限	水库总数	大(1)型	大(2)型	中型	小(1)型	小(2)型
岳阳市直辖	2	0	1	1	0	0
经开区	54	0	0	1	7	46

续表

行政区及管理权限	水库总数	大（1）型	大（2）型	中型	小（1）型	小（2）型
岳阳楼区	6	0	0	0	1	5
云溪区	25	0	0	1	3	21
君山区	26	0	0	0	1	25
岳阳县	229	0	0	2	31	196
华容县	61	0	0	3	6	52
湘阴县	89	0	0	2	10	77
平江县	290	0	0	7	35	248
岳阳市屈原管理区	5	0	0	0	1	4
汨罗市	315	0	0	3	37	275
临湘市	272	0	0	3	14	255
合计	1374	0	1	23	146	1204

岳阳市铁山灌区实际运行情况见表 2.3－7。

表 2.3－7　　　　　铁山灌区基本情况表

灌区管理单位名称	灌区土地面积/万亩	灌区耕地面积/万亩	水源工程	设计灌溉面积/万亩	南灌区/万亩	北灌区/万亩	有效灌溉面积/万亩	2017 年实际灌溉面积/万亩
铁山供水工程管理局	390	102.5	水库	85.41	53.15	32.26	61.4	66.92

2.3.2.5 泵站

岳阳市洞庭湖区地势低洼，区域灌溉、排水均依靠泵站。泵站等级划分如下。

大型泵站：单座泵站容量≥10000kW 或设计流量≥50m³/s。

中型泵站：1000kW≤单座泵站容量＜10000kW 或 10m³/s≤设计流量＜50m³/s。

小型泵站：55kW≤单座泵站容量＜1000kW 或 1m³/s≤设计流量＜10m³/s。

根据最新统计数据，岳阳市共有机电排灌泵站 7593 处，装机 8555 台，总功率 41.085 万 kW。其中：大中型泵站 79 处，装机 484 台，总功率

2 区域水情工情

16.785万kW。

岳阳市大中型泵站基本情况汇总见表2.3-8，详见附录8。

附录8

表2.3-8　　　　　　　　　岳阳市泵站基本情况汇总表

类别	座数	装机		流量 /(m³/s)	受益面积/万亩		
		台数	万kW		集雨面积	其中：耕地	其中：内湖
大中型	79	484	16.785	1653	3318	313	49
小型	7514	8071	24.3	2055.5	576	332	15
合计	7593	8555	41.085	3708.5	3894	645	64

2.3.2.6　水闸

岳阳市共有中型以上水闸31处，基本情况汇总见表2.3-9，其中全市大中型水闸基本详情见附录9。水闸规模划分如下。

附录9

大型水闸：单座水闸设计流量≥1000m³/s。

中型水闸：100m³/s≤设计流量<1000m³/s。

小型水闸：10m³/s≤设计流量<100m³/s。

表2.3-9　　　　　　　　　岳阳市水闸基本情况汇总表

类　型	数　量	孔　数	设计流量/(m³/s)	备　注
大中型	31	172	16134.7	
小型	682	890	1121.4	
合计	713	1062	17256.1	

2.3.3　岳阳市湖区防洪管理指标

2.3.3.1　汛期

每年3月1日起，当连续3日累积雨量达到50mm以上的雨区覆盖面积达到15万km²时，或任一入汛代表站的水位超过警戒水位时，满足入汛条件。上述雨量和水位两个条件中任一条件得到满足时，当日即被确定为入汛。一般年份，岳阳市4月1日—9月30日为汛期。

当江河湖泊的水情接近保证水位或者安全流量，水库水位接近设计洪水位，或者防洪工程设施发生重大险情时，有关县级以上人民政府防汛指挥机构可以宣布进入紧急防汛期。

2.3.3.2 防洪标准

岳阳市湖区防洪的重点在堤垸，防守范围大、战线长，不同区域防洪大堤的防洪标准和工程情况不同。岳阳地区主要堤垸分区统计见表 2.3-10，主要区域防洪排涝标准见表 2.3-11。

表 2.3-10　　　　　岳阳市主要堤垸分区统计情况

分区	涉及行政区	堤防/km	备 注
东洞庭湖区	华容县、岳阳县、汨罗市、岳阳楼区、君山区以及岳阳监狱	603.51	长江干堤 76.8km，洞庭湖堤 124.55km，藕池河堤 162.23km，华容河堤 141.8km，汨罗江堤 50.45km，新墙河堤 47.68km
南洞庭湖区	湘阴县和屈原管理区	302.12	南洞庭湖堤、湘江堤、资江堤
城陵矶以下	城陵矶新港区、云溪区和临湘市	65.28	长江干堤

表 2.3-11　　　　岳阳洞庭湖区防洪排涝标准汇总表

序号	区域位置	工程等级	防洪标准	排涝标准	分区数量	保护区名录
1	重点垸	2级	洞庭湖二期治理标准	乡镇：10年一遇1日暴雨1日排干；农田：10年一遇3日暴雨3日排至作物耐淹水深；保护城市的执行城市标准	4	湘滨南湖垸、育乐垸（华容永固垸）、华容护城垸、烂泥湖垸（湘资垸、岭北垸、沙田垸）
2	国家蓄洪垸	2级	洞庭湖二期治理标准	乡镇：10年一遇1日暴雨1日排干；农田：10年一遇3日暴雨3日排至作物耐淹水深；保护城市的执行城市标准	4	建设垸*、建新垸、江南陆城垸（江南垸、陆城垸）、君山垸（近期标准）
		3级	洞庭湖二期治理标准	乡镇：10年一遇1日暴雨1日排干；农田：10年一遇3日暴雨3日排至作物耐淹水深	7	钱粮湖垸*、大通湖东垸*、城西垸*、屈原垸、集成安合垸、义合金鸡垸、北湖垸
3	省级蓄洪垸	4级	洞庭湖二期治理标准	乡镇：10年一遇1日暴雨1日排干；农田：10年一遇3日暴雨3日排至作物耐淹水深；保护城市的执行城市标准	6	洋沙湖、石牛垸、乌龟冲、樟树港垸、文径垸、青潭垸
4	一般垸	2级	洞庭湖二期治理标准	乡镇：10年一遇1日暴雨1日排干；农田：10年一遇3日暴雨3日排至作物耐淹水深	1	民生垸（长江干堤）
		3级	洞庭湖二期治理标准	村庄：10年一遇1日暴雨1日排干；农田：10年一遇3日暴雨3日排至作物耐淹水深	1	人民垸

续表

序号	区域位置	工程等级	防洪标准	排涝标准	分区数量	保护区名录
4	一般垸	4级	洞庭湖二期治理标准	村庄：10年一遇1日暴雨1日排干；农田：10年一遇3日暴雨3日排至作物耐淹水深	8	中洲磊石（中洲垸、磊石垸）、大毛家湖、万石湖、双河坝垸、松柏垸、簰口垸、三合垸、六合垸
		5级	洞庭湖二期治理标准	村庄：10年一遇1日暴雨1日排干；农田：10年一遇3日暴雨3日排至作物耐淹水深	13	七星垸、五星垸、万福垸、燎原垸、杨柳垸、古港垸、新河垸、四新垸、小毛家湖、仁山垸、东湖垸、黄龙坝、龙船港
		4级	20年一遇	村庄：10年一遇1日暴雨1日排干；农田：10年一遇3日暴雨3日排至作物耐淹水深	2	黄盖垸、坦渡垸
		5级	10年一遇	村庄：10年一遇1日暴雨1日排干；农田：10年一遇3日暴雨3日排至作物耐淹水深	24	太阳湖垸、新塥垸、叶家桥垸、杨花咀垸、葛家垸、余家湖垸、高湖垸、上马蹄垸、下马蹄垸、中山湖垸、东红垸、高桥垸、高三垸、新长源垸、打石湾垸、江家垸、蔡家冲垸、丁庙垸、毛湾垸、同德垸、余桥垸、罗湾垸、汪家垸、羊楼司镇堤
5	地级市	1级	100年一遇	20年一遇24小时最大暴雨24小时排干	2	岳阳市区保护圈（含湖滨垸、南湖垸、东风湖垸、吉家湖垸、芭蕉湖垸）、永济垸
		2级	100年一遇	20年一遇24小时最大暴雨24小时排干	2	麻塘垸、君山垸（远期标准）
6	县级市	2级	洞庭湖二期治理标准	10年一遇24小时最大暴雨24小时排干	3	湘阴县、华容县、岳阳县
		4级	20年一遇	10年一遇24小时最大暴雨24小时排干	9	汨罗市：高泉片（含湖溪垸）、双楚垸、罗江垸；平江县：开发区片、甲山河片、杨安桥片、老城区片；临湘市：河东片、河西片

注 1. 洞庭湖二期治理标准：遇1954年型洪水，城陵矶防洪水位控制在34.4m以内，东洞庭湖及藕池水系堤防设防水位采用1954年实测最高洪水位，超额洪量启用蓄洪垸调蓄。
2. *为重要蓄滞洪区。
3. 随着经济社会发展，城市防洪标准可根据《防洪标准》（GB 50201—2014），经论证后适当提高。

2.3.3.3 超标准洪水预警级别划分

岳阳市防汛工作的总体要求是：①遇设计标准内洪水时，不溃一堤一垸，不垮一库一坝，保证重要城镇和交通干线的安全；②遇超标准洪水时，保证县城以上城市、大中型水库、重点堤垸和重要交通干线安全；③确保暴雨山洪和次生灾害发生时，避免群死群伤。

当洞庭湖发生不同组合洪水形式情况下，根据《长江防御洪水方案》（国函〔2015〕124 号）和《湖南省洞庭湖区防御洪水方案》（湘防〔2016〕45 号），岳阳市湖区需承担洞庭湖超额洪水的蓄滞洪任务，以确保武汉市以及洞庭湖区重点堤垸、重要城镇和重要交通干线的安全。根据洪涝灾害的严重程度、范围，岳阳市防汛启动应急响应分为：Ⅳ级（一般）、Ⅲ级（较大）、Ⅱ级（重大）和Ⅰ级（特别重大）四级，各级预警响应条件、启动程序及响应行动见附录 10。

附录 10

2.3.3.4 湖南省洞庭湖区防洪安排

当长江或长江与洞庭湖水系组合发生洪水时，依据《长江防御洪水方案》，运用三峡水库和洪湖、洞庭湖区蓄滞洪区和有关一般垸蓄滞超额洪水，以确保武汉市以及洞庭湖区重要防洪目标的安全。

若长江先发洪水，沙市站不能安全承泄，按《荆江河段应急度汛方案》调度；若沙市河段可安全承泄，而城陵矶站（莲花塘）超过控制水位，威胁武汉市安全，则启用洪湖蓄滞洪区蓄洪。当城陵矶附近地区超额洪水很大，武汉市或洞庭湖区重点垸危急时，若单独启用洞庭湖蓄滞洪区或洪湖蓄滞洪区分洪均难缓解其危急，则报请长江防汛抗旱总指挥部要求同时启用洞庭湖区蓄滞洪区和洪湖蓄滞洪区同时等量分蓄超额洪水。

当洞庭湖水系发生洪水时，在充分发挥河道行洪能力、湖泊蓄滞洪作用、四水干支流大型水库拦洪削峰作用的前提下，运用洞庭湖区蓄滞洪区和一般垸蓄滞超额洪水，以保障重要防洪目标的安全。

1. 城陵矶附近区

当长江或长江与洞庭湖水系组合发生洪水，城陵矶水位低于 33.95m

时，充分利用河湖泄蓄洪水；预报城陵矶水位将达到 33.95m 并继续上涨，视实时水情工情，运用河段内长江干堤之间、洞庭湖区有关洲滩民垸行蓄洪水；预报城陵矶水位将达到 34.40m 并继续上涨，报请长江防汛抗旱总指挥部运用三峡水库水位 145～155m 之间库容 56.5 亿 m^3 库容对城陵矶地区进行补偿调度，以控制城陵矶站（莲花塘）水位不高于 34.40m；当三峡水库对城陵矶地区的防洪补偿调度库容用完后，预报城陵矶水位仍将达到 34.40m 并继续上涨，视实时水情工情，相机运用重要蓄滞洪区、一般蓄滞洪区分洪，控制城陵矶水位不高于 34.90m；若仍不能控制水位上涨，运用蓄滞洪保留区分蓄洪水，并视实时水情适当抬高长江干流 1 级及 2 级堤防运行水位，加强工程巡查、防守、抢险，并采取必要措施，保障重要保护对象防洪安全。

当洞庭湖水系发生洪水，预报城陵矶站（莲花塘）水位将达到 34.40m 并继续上涨时，报请长江防汛抗旱总指挥部运用三峡水库水位 145～155m 之间库容 56.5 亿 m^3 库容对城陵矶地区进行补偿调度，以控制城陵矶站（莲花塘）水位不高于 34.40m。当三峡水库对城陵矶地区的防洪补偿调度库容用完后，预报城陵矶水位仍将达到 34.40m 并继续上涨，视实时水情工情和洪水来源，相机运用东洞庭湖区、汨罗江、新墙河流域的平垸行洪单退垸和大通湖东垸、钱粮湖垸、共双茶垸及建设、建新、江南陆城、屈原、君山等蓄洪垸分蓄洪。

2. 南洞庭湖区

当南嘴站水位达 37.00m 和小河咀站水位达到 36.50m，洪水在宪城垸附近地区宣泄不畅，预报水位仍将继续上涨，且大通湖垸、育乐垸、长春垸、湘滨南湖垸危急时，首先运用畔山洲、青潭垸、弓管子等南洞庭湖区平垸行洪单退垸和宪城垸、净下洲垸、永新垸分蓄洪水，宪城垸分蓄洪水时，应加强共双茶垸西堤防守。如上游来水量大，开启共双茶垸分洪闸（章鱼口），共双茶垸蓄满后，如仍不能缓解危急时，则破开茶盘洲下口吐洪，形成上吞下吐的行洪道。

3. 西洞庭湖区

当小河咀站水位达到 36.50m，洪水在小河咀受阻，沅澧垸或沅南垸危急，且围堤湖垸已先期运用时，则视超额洪量大小，首先运用目平湖、三汉漳等一般垸和六角山垸蓄洪；当南嘴站水位达 37.00m，安乡站水位达到 39.50m 或石龟山站水位达到 41.00m，并预报仍将继续上涨，且沅澧垸或安保垸危急时，则启用上述尚未启用的一般垸蓄洪，若危急仍未缓解，则在南汉垸西伏、下新码头破东、西堤蓄洪，同时加强分洪口门附近育乐垸大堤的防守。

4. 荆南三口河系

三口河系发生洪水时，视情报请长江防汛抗旱总指挥部调度运用三峡和上游水库联合拦蓄洪水，减轻三口河系堤防防洪压力。

松滋河、七里湖：当安乡站水位达到 39.50m，石龟山站水位达到 41.00m，并预报仍将继续上涨，且松澧垸、沅澧垸、安保垸、安造垸部分或全部危急时，首先启用西官垸、新洲下垸行蓄洪水，若仍不能解除其危急，启用九垸、安澧垸蓄洪，必要时，在条件成熟的情况下，可由澧松垸承泄部分超额洪水。启用西官和安澧垸分洪时，应加强分洪口门附近安保垸大堤防守，启用九垸蓄洪时应加强松澧隔堤的防守。新洲上垸视松澧地区洪水情势择机蓄洪。

虎渡河：当南闸来水大于陆家渡河河道安全泄量，威胁安造垸的安全时，在安昌垸白粉嘴处扒口分泄洪水，进洪流量 2340m^3/s，同时加强分洪口门附近安造垸大堤防守。

藕池河：当东支南县（罗文窖）站水位达到 36.35m，并预报仍将继续上涨，且华容护城垸或育乐垸危急时，先使用八一桑场、洲子巴围等平垸行洪单退垸行蓄洪水，再启用集成安合垸蓄洪，同时加强分洪口门附近华容护城垸和育乐垸大堤防守；当中支哑巴渡水位达到 37.38m 并预报仍将继续上涨，且育乐垸危急时，依次启用南顶垸、和康垸、南汉垸蓄洪，同时应加强分洪口门附近育乐垸大堤防守；安化垸蓄洪时机视藕池河洪水情势决定。

5. 湘江尾闾区

当长沙站水位达到 39.00m，并预报仍将继续上涨，且长沙市城区和烂泥湖垸危急时，首先启用湘江尾闾翻身外垸、樟树港、文径港、石牛垸、乌龟冲等平垸行洪单退垸行蓄洪水；如上游来水量较大，采取上述措施仍不能有效缓解其危急时，视实时水情启用翻身垸、苏蓼垸、城西垸和义合垸行蓄洪水。城西垸进洪口选在包公庙至濠河口堤段，进洪流量 $3000m^3/s$，该垸蓄满后，若仍未能控制水位上涨，且上游濠河口与下游斗米嘴之间落差较大时，在斗米嘴开下口，形成上吞下吐的行洪道。洋沙湖垸、北湖垸视湘江尾闾或南洞庭湖洪水情势择机蓄洪。

6. 资水尾闾区

当益阳站水位达到 39.00m，并预报仍将继续上涨，且益阳市城区、长春垸或烂泥湖垸危急时，首先启用资水尾闾半边山、毛家桥等平垸行洪单退垸及桃江城关以下至益阳市河段两岸新桥河上、花果山等垸行蓄洪水；如上游来水量较大，采取上述措施仍不能有效缓解其危急时，启用民主垸行蓄洪水。民主垸进洪口选在陈婆洲堤段，进洪流量 $4000m^3/s$，该垸蓄满后，若仍未能控制水位上涨，且上游陈婆洲与下游育江口之间落差较大时，在育江口破北堤，形成上吞下吐的行洪道，同时要加强长春垸、烂泥湖垸大堤防守。牛潭河垸视资水洪水情势择机运用。

7. 沅江尾闾区

当常德站水位达到 41.50m，并预报仍将继续上涨，且沅澧垸或沅南垸危急时，首先启用围堤湖垸蓄洪，若该垸蓄满后，危急仍未解除，应在接港下 1km 处扒下口，形成上吞下吐的行洪道；当运用围堤湖垸行蓄洪仍不能缓解其危急时，启用木塘垸、车湖垸、陬溪垸蓄洪；当实施上述措施后，常德市城区防洪形势仍然危急时，由常德市视情况在就近地区选择有关堤垸分蓄洪水。启用围堤湖垸分蓄洪水时，应加强分洪口门附近沅澧垸大堤防守。

8. 澧水尾闾区

当津市站水位达到 44.00m，并预报仍将继续上涨，且松澧垸危急时，首先启用澧水及道水傍山小垸行蓄洪水；如上游来水量较大，实施上述措施仍不能缓解其危急时，启用澧南垸蓄洪；若危急仍未解除，且石龟山水位达到 41.00m，启用津市下游的西官垸、九垸、新洲下垸，必要时，在条件成熟的情况下，可由松澧垸承泄部分超额洪水。启用澧南垸、西官垸蓄洪时，应加强分洪口门附近松澧垸、安保垸大堤防守，启用九垸蓄洪时应加强松澧隔堤的防守。新洲上垸、阳由垸视松澧地区洪水情势择机蓄洪。

2.4 历史水旱灾情及洪旱规律

长江中下游地区地处东亚季风区，降水时空变化很大，历史上旱涝灾害发生十分频繁。在全球气候变暖背景下，长江中下游地区洪涝、干旱具有发生频率高、持续时间长、影响范围广的特点。

岳阳市地处长江流域湘北水系交汇区，西有洞庭湖、北临长江，常常受到长江和洞庭湖的洪水叠加影响，水灾频繁，江湖洪水形成恶劣组合，相互顶托，给岳阳市防洪带来巨大压力，部分区域甚至曾发生"十年九涝""十年九不收"的惨境。岳阳市洪水类型有：以洞庭湖为中心的流域型洪水，城市及堤垸内涝为主，山洪灾害时有发生。此外，洞庭湖区属于湖南省降雨低值区之一，加之夏秋副热带高压控制，干旱频繁。巨大的洪旱灾害损失，成为制约区域经济社会发展的限制因素。

2.4.1 洪涝灾害

2.4.1.1 洪水特性

洞庭湖区地处湖北鹤峰、五峰、澧水中上游区、沅水中下游区，也是湖南省平江、浏阳、醴陵和江华、道县等5大暴雨中心的下游，本地地表产流和外部汇流产生了丰沛的水源。岳阳市地处洞庭湖出口，洪水受长江干流、三口四水及区间来水的共同影响，流域型洪水、山洪、内涝多发。

1. 长江洪水特性

长江流域面积大，按暴雨地区分布和移动情况，长江洪水可分为全流域型大洪水和区域性大洪水两种类型，发生的时间和地区分布规律与暴雨相应，一般是下游早于上游，江南早于江北，还有由短历时、小范围特大暴雨引起的突发性洪水。长江湖南段的洪水，主要来自长江上游，具有高水位出现频繁且持续时间长、洪峰流量大等特点。

长江上游干流受上游各支流洪水的影响，洪水主要发生时间为7—9月，长江中下游干流因承泄上游和中下游支流的洪水，汛期为5—10月。一般年份上游、中下游及干支流洪水相互错开，不致形成威胁中下游平原区的大洪水。若遇气候反常，上游洪水提前，或中下游洪水延后，上游与中下游雨季重叠，或暴雨面积广、强度大，长江上游干流洪水与洞庭湖水系洪水遭遇，或受洞庭湖水系洪水顶托影响时，更易形成使中下游严重受灾的大洪水或特大洪水。根据沙市站资料统计，自 1903 年以来，超过警戒水位 43.00m 的有 44 年，以 1998 年 45.22m 为最高，1999 年 44.74m 次之，1954 年 44.67m 位居第三。

上游干流站洪峰主要集中在 7—8 月，中下游干流主要集中在 7 月。长江出三峡后，江面渐宽，水流变缓，河槽、湖泊调蓄量增大，洪水过程坦化明显，涨水较为缓慢，退水过程长，若遇某一支流涨水，又会出现局部的涨水现象，形成多次洪峰的连续洪水，一次洪水过程往往要持续 30～60 天，甚至更长。根据监利站资料统计，自 1951 年以来，监利站有 25 年洪峰流量超过 35500m^3/s，以 1998 年 8 月 17 日的 46300m^3/s 为最大。

2. 四水洪水特征

湘、资、沅、澧四水虽属同一季风区，但因地理特征和流域面积不同，其洪水出现的次数、大小、时间和特征也不一样。其中湘水、资水一般 3 月、4 月进入汛期，沅水、澧水 4 月进入汛期。资水、澧水洪水过程为陡涨陡落的尖瘦型，尤以澧水更为突出，一次洪水历时一般为 3～5 天；而湘水洪水为涨落相对较为平缓的矮胖型，洪量大，一次洪水历时可达十余天；沅水则介于两者之间，洪水峰高量大，一次洪水历时约为 10 天。湘水、资水最大洪水过程多出现在 5 月至 7 月上、中旬；沅水、澧水多出现在 6 月上、中旬至 7 月中、下旬，少数年份因雨季推迟而出现大洪水延后现象。

3. 汨罗江、新墙河洪水特征

岳阳市汨罗江流域年降水由东南向西北递减。中上游多年平均年降水量为 1600mm，下游为 1300mm。雨季一般 3 月开始，8 月结束，3—8 月降雨量约占年降雨量的 72%。汨罗江流域地处湘东北暴雨高值区边缘。暴雨多出现在 4—8 月，多年平均 24 小时暴雨 100～120mm。汨罗江多年平均流量 148m^3/s，多年平均年径流量 46.67 亿 m^3，平均径流深 842mm，自上而下递减，年内分配不均，3—8 月径流量约占年总量的 79%，以 5 月为最多，约占 21%。汨罗江泥沙主要来自雨水对表层的侵蚀，多年平均年悬移质输沙模数为 160t/km^2，多年平均悬移质输沙量约 80 万 t。

岳阳市新墙河流域位于湘东北暴雨高值区边缘，5—6月暴雨频繁，最大24小时暴雨量达321.4mm（1967年5月28日），最大洪峰多出现在4—6月，多年平均年径流量18.16亿m^3。4—9月径流量约占全年总量的75%，以6月最多，约占全年总量的16.6%。

4. 洞庭湖洪水特性

洞庭湖区洪水主要来自四水和长江三口，因各地气候不同，一般而言，在6月底以前，洞庭湖入湖水量主要以四水洪水为主，即所谓"南水"。6月以后，入湖水量一半以上来自长江三口，即所谓"北水"。由于长江三口和四水流域水量丰富，使得洞庭湖过境水量在我国五大淡水湖泊中遥遥领先。

洞庭湖区洪水发生时间受南水、北水遭遇或四水互相遭遇影响。近40年来，洞庭湖区洪水组成类型及频次统计见表2.4-1。

表2.4-1　　　　近40年来洞庭湖典型洪水组合统计

洪水组成类型	典 型 洪 水	数量/次
四水单一型	湘江1994年、2019年，资水1988年，沅水1999年、2014年，澧水2003年洪水	6
四水遭遇组合型	1980年、1995年、1996年资、沅水，2002、2017年湘、资、沅水洪水	3
三口来水型	1974年、1966年、1981年洪水	3
四水和洞庭湖、长江遭遇的大洪水	1931年、1935年、1954年、1998年、2016年、2020洪水等	6
局部区域的台风暴雨洪水	2006年"碧利斯"引发的湘江支流耒水百年一遇超历史特大洪水，1969年宁乡市，1999年郴州市，2001年绥宁县，2005年新邵县、涟源市，2006年隆回县暴雨山洪	6

经统计，洞庭湖入湖洪水组成主要有三种类型：一是四水洪水遭遇，而同期三口洪水却不大，如1980年、1996年、1999年、2002年、2017年洪水；二是三口出现大洪水，而同期四水洪水不大，如1974年、1966年、1981年洪水；三是三口、四水洪水同时很大，形成极为不利的洪水遭遇，如1931年、1954年、1998年、2016年、2020年特大洪水。仅考虑过程碰头，一条水与长江遭遇的以沅水最多，遭遇概率为33%，其次澧水和湘水，概率分别为17%和15%。两条水与长江遭遇以沅、澧水较多，概率为13%，其他遭遇较少，三条水同时与长江遭遇的几率不多，四水与长江

洪水同时碰头几率更少。在特定的气候条件下，一旦出现"南、北大洪水"碰头（如 1954 年、1998 年）或四水同时出现大洪水乃至特大洪水（如 1996 年）时，往往会导致洞庭湖区出现灾害性大洪水。

洞庭湖除水量丰富外，还具有水面面积较大的特点，其中天然湖泊面积 2625km²，洪道面积 1300km²，因此洞庭湖洪水过程为典型的矮肥型，具有历时长、洪量大、水位涨落平缓的特点。以城陵矶七里山站为例，其一次洪水过程历时一般长达 1 个月左右，大洪水时可达 2 个月左右，其中超过警戒水位时间一般都在 10 天以上，大洪水年则长达一个月甚至更长，15 天洪量多年平均达 324 亿 m³，30 天洪量多年平均达 574 亿 m³，且其涨水时水位涨幅一般不超 0.7m/天，退水时水位落幅一般不超过 0.4m/天。如果以城陵矶水位超过 33.50m 为大洪水过程标志，从 1949 年后的资料看共有 16 年出现大洪水。其中除 1980 年、1988 年最高洪水位出现在 9 月份外，其余均出现在 7 月、8 月两月。

5. 内涝特性

岳阳市洞庭湖区地势低平，堤垸密布，受暴雨影响易产生内涝。区域治涝调蓄工程主要依靠内湖蓄滞涝水，外排涝水则采用排水闸自排与泵站抽排相结合。由于内涝发生时段与外湖高水位同期（5—7 月），汛期内涝易发。在极端气候条件加剧情况下，内湖周边的滨水区、地势较低的居民小区、地下停车场、街道等也易受内涝威胁。

2.4.1.2 洪涝灾害统计

1. 长江流域历史洪水

长江流域历史以来饱受洪水灾害影响，由于洞庭湖与长江的天然连通关系，洞庭湖与长江命运与共。

据历史考证，1870 年大洪水是 1153 年至今 800 多年来上游发生的最大洪水，嘉陵江中下游、长江干流重庆至宜昌河段出现了数百年来最高洪水位。枝城洪峰流量达 110000m³/s，相当于千年一遇。洪水受灾范围从四川盆地到长江中游平原湖区，约 3 万 km² 的地区被洪水淹没，湖北有 30 多个州县、湖南有 20 多个州县遭受严重洪水灾害。

1931 年，长江上游金沙江、岷江、嘉陵江均发生大水，川水东下时又与中下游支流洪水遭遇，造成中下游沿江堤防普遍漫溃，洪灾遍及鄂、湘、赣、皖、苏等省、自治市的186个县市，受灾面积达13万 km^2。湖南省由于湘、资、沅、澧四水同时漫溢，加之与长江洪水遭遇，造成全省性的洪灾。淹田993万亩，灾民700万人，死亡46760人。洞庭湖区滨湖各县几乎完全陷为泽国，溃决堤垸1600多处，淹没稻田400万亩，生者流离转徙，死者随波漂荡，其状之惨，实属罕见。洞庭湖出口城陵矶站历年实测最大流量为1931年7月30日的57900 m^3/s。

1954年洪水是1949年以来长江流域发生的历史最大洪水，相当于200年一遇。6月下旬至8月中旬，长江流域上游暴雨频繁，支流洪峰叠加，宜昌站8月7日出现了全年的最大洪水，洪峰流量66800 m^3/s，洪峰水位55.73m。曾3次启用荆江分洪区放水，合计分洪量122.56亿 m^3。

2. 岳阳市洪水

岳阳市位于洞庭湖畔，四面环水，湘江、资江、沅江、澧水等河流在此汇聚，长江从北部穿过。岳阳市洪水类型多样，洪水不仅来自本地降水，还与洞庭湖、长江"同呼吸、共命运"。岳阳市湖区受灾最为频繁、严重，湘阴县、汨罗市、华容县、君山区、岳阳县是洪灾高风险区。

据《岳阳方志》记载，在清朝乾隆年间岳阳市就发生过历史洪涝灾害，给百姓造成了巨大损失；民国年间，洪涝灾害频次加重。1949年成立以来，19次大的洪涝灾害危及岳阳市城区，与洞庭湖、长江洪水基本同步，遭遇大洪涝灾害大约为5年一遇，大洪涝灾祸近年出现愈发频繁，严重危害了岳阳市城区经济发展和人民生命和财产的安全。城陵矶（七里山）水文站是洞庭湖的"晴雨表"和"防汛哨兵"。根据城陵矶水文站的实测资料统计，洞庭湖高水位出现的时间多在7—8月，2020年7月洞庭湖湖口淹没实况如图2.4-1所示。1949年以来城陵矶站历年洪水特征及超警戒水位情况统计见表2.4-2和表2.4-3。

表2.4-2　　洞庭湖城陵矶站历年大洪水特征

年份	总入湖洪峰流量/(m^3/s)/(月.日)	城陵矶洪峰水位/m/(月.日)	城陵矶洪峰流量/(m^3/s)
1954	67000 (6.29)	34.55 (8.3)	43400
1962	47500	33.18 (7.13)	35100
1964	57400	33.50 (7.4)	39600

续表

年份	总入湖洪峰流量/(m³/s)/(月.日)	城陵矶洪峰水位/m/(月.日)	城陵矶洪峰流量/(m³/s)
1968	40500	33.79 (7.23)	35500
1969	62800	33.56 (7.20)	38610
1973	46700	33.05 (6.29)	32900
1980	50600	33.71 (9.2)	28100
1983	38200	34.21 (7.18)	34300
1988	38300	33.80 (9.16)	31300
1991	38800	33.52 (7.16)	30300
1993	39800	33.04 (9.4)	21500
1995	53700	33.68 (7.6)	32000
1996	59400 (7.17)	35.31 (7.22)	43500
1998	63360 (7.23)	35.94 (8.20)	36800
1999	61280 (6.30)	35.68 (7.23)	35000
2002	49000 (8.20)	34.91 (8.24)	35900
2016	36600 (7.5)	34.47 (7.8)	31200
2017	81500 (7.1)	34.63 (7.4)	49400
2020	50600 (7.9)	34.74 (7.28)	33200

图 2.4-1　2020 年 7 月 11 日洞庭湖口淹没实况

2.4 历史水旱灾情及洪旱规律

表 2.4-3　　城陵矶站 1954 典型年及 1995 年以来超警统计表

年份	洪峰水位/m	峰现时间	开始超警日期	退出警戒日期	警戒以上天数
1954	34.55	8月8日	6月28日	9月6日	71
1995	33.68	7月6日	7月1日	7月17日	17
1996	35.31	7月22日	7月14日	8月15日	32
1997	32.56	7月25日	7月24日	7月26日	3
1998	35.94	8月20日	6月28日	9月16日	81
1999	35.68	7月22日	7月2日	8月7日	36
2002	34.91	8月24日	8月18日	9月1日	14
2003	33.61	7月14日	7月12日	7月20日	8
2007	32.58	8月4日	8月2日	8月5日	3
2010	33.32	7月30日	7月18日	8月4日	17
2012	33.44	7月31日	7月20日	8月7日	18
2014	32.61	7月21日	7月20日	7月22日	2
2016	34.47	7月22日	7月3日	7月29日	27
2017	34.63	7月4日	7月3日	7月13日	11
2019	32.65	7月17日	7月16日	7月19日	3
2020	34.72	7月28日	7月5日	9月1日	60

注　1. 此表警戒以上天数均统计目前城陵矶警戒水位 32.5m 以上天数。
　　2. 城陵矶警戒水位自 2004 年起由 32.0m 调整至 32.5m；自 2022 年 1 月起，由 32.5m 调整为 33.0m。

1949—2022 年，城陵矶站洪峰流量超 35000m³/s 的有 11 次，最高水位出现在 1998 年 8 月 20 日，为 35.94m。高洪水位持续时间长，七里山站超警戒水位的洪水历时长，大洪水年份一般长达 2 个月，最长达 81 天，发生在 1998 年。高洪水位出现频率高，七里山站超警戒水位已成常态；近 30 年间超 34.55m 保证水位出现 7 次。

随着社会经济发展，洪涝灾害所带来的损失也越来越大。岳阳市 1954 年以来典型洪灾损失统计见表 2.4-4 和图 2.4-2。

表 2.4-4　　岳阳市 1954 年以来典型洪灾损失统计表

年份	受灾范围		农作物受灾面积	受灾人口	死亡人口	失踪人口	转移人口	倒塌房屋	直接经济总损失	其中水利设施直接经济损失
	县（市、区）	乡（镇、街道）								
	个	个	万亩	万人	人	人	万人	万间	亿元	亿元
1954 年			90.4	38.46	118			6.41		
1996 年	13	215	344.9	334	111		90	23	149.5	
1998 年	14	252	92.7	22.34	63		76	7.91	75	
2002 年	10	182	216.3	251.4	2		1.12		16.9	2.14
2011 年	11	107	90.7	97.13	40	15	15.05	1.5138	16.78	3.95
2012 年	12	122	124.96	97.42			4.76	0.56	11.63	2.56
2015 年	10	102	92.35	49.1739	5	2	4.8136	0.1571	9.78	1.9
2016 年	11	123	113.46	94.87	3		6.17	0.62	18.78	3.99
2017 年	11	193	202.16	155.7	4		16.05	0.51	59.82	17.39
2019 年	5	46	4.51	38.57			0.629	0.01	5.07	17.4
2020 年	11	230	281.81	145.12			2.38		23.33	6.26
2024 年	12	123	221.64	124.31			14.94		102.89	23.93
合计			1875.89	1399.32	341	15	225.979	41.6538	489.48	79.52

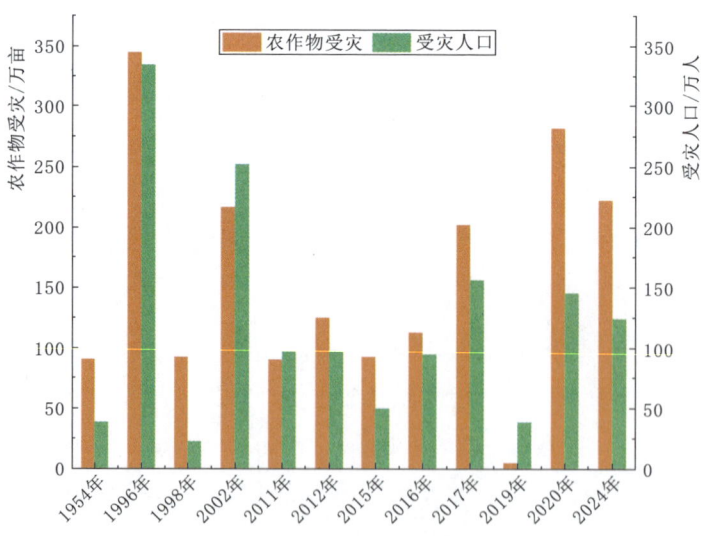

图 2.4-2　岳阳市 1954 年以来典型洪灾损失分布图

2.4.1.3 洞庭湖区洪灾成因

1. 诱发灾害性洪水的特定自然环境条件

洞庭湖入湖水源众多,三口四水洪水水量大且互相遭遇,是洞庭湖湖区洪涝灾害的主要成因。由于三口、四水的自然地理、气候条件不同,洪水特性差异大,造成洞庭湖区洪水峰高、持续时间长。

(1) 以洪水过程遭遇为主。年最大 30 天洪量中,长江和洞庭洪水过程重叠 15 天的几率高达 68.3%,二者遭遇后形成洞庭湖最大 30 天洪量的几率达 73.7%,这是形成洞庭湖洪水的最主要因素。

(2) 洪水峰高量大,持续时间极长。1949—2022 年中有 19 年城陵矶站洪峰水位超过 33m,11 年洪峰流量超 35000m^3/s,其中 1996 年、2017 年洪水超 40000m^3/s。1954 年长江全流域性大水,本地洪泛时间长达 100 天;1995 年、1996 年洞庭湖四水洪水遭遇,本地高洪水位持续 1~2 个月;1998 年长江连续发生多次洪水,加上洞庭湖内澧水大洪水,高洪水位一再突破历史记录,七里山水位 35.94m,其中维持 34.55m(相应莲花塘 34.4m)以上水位达 45 天,维持 35m 以上水位达 42 天,且超过 1996 年发生的历史最高水位 35.31m 也达 29 天。据统计,80.8%的长江洪水发生在 7—8 月,而洞庭湖四水水系洪水主要发生在 5—7 月,且 81.4%的入湖组合洪水集中在 6—7 月,其中大洪水以 7 月最为频繁。1954 年以来流域出现的前 10 位最大洪水,其洪峰流量有 7 次出现在 7 月。

(3) 外河洪水位不断抬高。随着泥沙淤积,江湖关系的变化以及湖口受长江洪水顶托影响,沿河水位不断抬高。如 1998 年 7 月 27 日城陵矶流量为 34400m^3/s,比 1983 年水位抬高 1.73m,比 1970 年抬高 3.34m。由于多种原因的影响,一方面长江螺山卡口及下游簰洲湾严重阻水,城陵矶至螺山河段泄洪能力显著降低,洞庭湖和长江洪水宣泄不畅,从而抬高了城陵矶水位;另一方面下荆江系统裁弯,在荆江河段下泄流量增加的同时,也加剧了洞庭湖出口洪水的顶托影响,造成同流量下的水位不断抬高。

(4) 气候变化、极端气象事件频繁。极端降水是洪涝的最直接原因,流域型和局部极端天气频发,高洪水位和极端旱情出现几率增加,洪涝灾害严重。岳阳市中心城区继 2015 年 4 月 4 日降雨量达 222.7mm、仅次于 1954 年 6 月 16 日(降雨量为 246.1mm)后,2017 年 6 月 23 日降雨量达

239.0mm，直逼历史极值，2020年7月7日城区遇强降雨，24小时最大降雨量（261.4mm）和6小时最大降雨量（167.0mm）均突破岳阳市1952年有气象记录以来的极值。

2. 加剧洪水危害性的人为因素

泥沙淤积，内湖封堵、围湖造田等，造成大量排涝水系被填埋、分割和圈占，调蓄水体不断减少。地面大规模硬化、部分区域建筑物建基面过低，导致内涝风险增大。

3. 触发和放大灾害性洪水致灾能力的因素

从灾害系统论角度来看，洞庭湖的洪旱灾害与自身的抗灾能力紧密相关。放大灾害性洪水致灾能力的主要条件如下。

（1）四水洪峰调控能力不足，洞庭湖蓄洪调洪功能衰退。经过多年建设，湖南湘、资、沅、澧四水流域的大型水库总数为52座（截至2022年），这些水库在防洪、发电、灌溉和航运等方面发挥了重要作用，成为防洪"重器"。然而与汛期多年平均径流相比，各流域大型水库防洪总库容占比依然很小，且调节能力主要集中在上游区域，汛期洪水压力集中于洞庭湖社会经济较发展地区。

因泥沙淤积和湖周人类活动等原因，洞庭湖蓄洪调洪功能减小，1995年与1954年相比，洞庭湖的面积、容积依次减少1290km^{2}及101亿m^3，主汛期的天然调蓄能力减少20.1%，导致洞庭湖超额洪量增大。如1996年、1998年湖泊总存水量256.6亿m^{3}及330亿m^3，超额水量依次为89.6亿m^{3}和163亿m^3。

（2）螺山卡口过洪能力减弱，湖口受长江洪水顶托加剧，城陵矶附近区域超额洪量增大。经过河道长期演变，螺山水位流量关系发生了较大变化。自1954年以来，螺山河段过洪能力逐渐减弱，形成了螺山"卡口"，螺山水文站实测洪峰水位流量见表2.4-5。1996年螺山站最大洪峰流量68200m^3/s，相应最高水位34.17m；而1998年螺山站最大洪峰流量64000m^3/s，相应最高水位34.95m；高洪水位下，同流量水位不断抬升（1999年和2020年洪水对比也呈现同样的规律），对洞庭湖出流形成明显顶托影响。洞庭湖泄洪量减少、洪水位抬高，且持续时间长。

2.4 历史水旱灾情及洪旱规律

表 2.4-5　　　　　　螺山水文站实测洪峰水位流量统计表

年份	最高水位/m	流量/(m³/s)	备　注
1954	33.17	78800	7月21日洪湖蒋家码头溃口，7月27日西凉湖潘家湾溃口分洪
1996	34.17	68200	
1998	34.95	64000	
1999	33.00	60500	
2020	33.63	55700	接近保证水位34.01m

（3）大堤防洪标准低，工程隐患多。湖区现有一线防洪大堤3471km，其中湖堤500km，河堤2971km；二线大堤及主要间堤2341km。一是虽经40多年来的全面整修和加高加固，但由于以上原因引起的洪水抬高使大堤防洪标准提高不多，且在大洪水期防洪标准仍然很低。二是堤防基础问题，近三分之一的堤防为沙基堤，险工隐患较多。三是病险涵闸多，全市一线防洪大堤682座穿堤涵闸中有部分涵闸存在闸身短小、结构老化、闸门承压能力低、基础差等险工隐患。

（4）蓄洪区安全设施薄弱，启用困难。目前洞庭湖区设有24个蓄洪堤垸，分属常德、益阳、岳阳3个地级市17个县（市、区），总面积2943hm²，一线防洪大堤长约1160km，保护耕地面积232万亩，人口约74万人。根据1985年国务院批准的《长江中下游度汛方案》和水电部（1987年）水电水规字第103号文件精神，长江如重现1954年型洪水时，为确保荆江大堤、武汉及洞庭湖重点地区的安全，确定湖南省钱粮湖等24个蓄洪堤垸承担分蓄163亿m³超额洪水的任务。然而，由于受政策、投资等方面的制约，蓄洪区的建设进程缓慢，启用困难。

（5）现有泵站、排水设施排涝能力不足，蓄排矛盾突出。岳阳中心城区防洪标准为100年一遇，内涝防治标准为30年一遇，新建雨水设施设计标准为3年一遇，老城区雨水设施设计标准为1年一遇。治涝工程目前主要依靠内湖蓄滞涝水，外排涝水则采用排水阀自排与泵站抽排相结合，暴雨时洞庭湖水位上升会导致部分内湖不能顺利外排，需设置排渍泵站排入外湖。现排有雨水管网管网密度约为5.72km/km²，管渠达标率为33.05%。此外，由于城市景观要求蓄水，内湖空库待蓄难度较大，如南湖旅游走廊高程 29.5m，周边降雨 100mm，水位将上涨 0.8m。按水环境整治等需控制较高的水位，水位保持在 28.5m；而按排涝要求，水位控制在 27.0~27.5m 最为适宜。

2.4.2 旱灾

2.4.2.1 历史干旱统计

岳阳市位于湖南省东北部，属大陆性季风气候。从降雨分布来看，岳阳市地处湖南省降雨低洼地区，且降水在时空上分布不均匀，此外，洞庭湖也是湖区重要的水源，洞庭湖水情也影响着湖区的取用水，洞庭湖最低水位多出现在 12 月至次年 2 月，2022 年干旱年份洞庭湖湖口水面情况见图 2.4-3。尽管处于水资源丰富的湖区，却常年遭受干旱灾害。1949 年以来岳阳市旱灾基本情况统计见表 2.4-6。

图 2.4-3　2022 年 12 月持续干旱的洞庭湖口（城陵矶出口）

表 2.4-6　　　　　1949 年以来岳阳市旱灾基本情况统计表

发生时间	影响区域	损失情况	干旱类型
1950 年 （5 月 10 日—8 月 2 日， 9 月 2 日—10 月 5 日）	临湘、岳阳、湘阴、平江 4 县部分地方	夏旱：塘坝干涸，农作物受旱面积 46.347 万 hm²，粮食减产 2.49 万 t。 秋旱：0.399 万 hm² 农作物受灾、减产粮食 3300 万 t。受灾人口 4.4 万人	夏秋连旱
1953 年 5—8 月	岳阳、平江、湘阴、临湘 4 县	6.423 万 hm² 农作物遭灾，减产粮食 5.26 万 t	夏旱

2.4 历史水旱灾情及洪旱规律

续表

发生时间	影响区域	损失情况	干旱类型
1957年 (6月12日—7月20日， 8月10日—10月24日)	湘阴县部分地区、华容、平江、临湘、岳阳4县	夏旱：受灾面积1.92万 hm^2，成灾0.567万 hm^2，减产粮食6000t，受灾人口7.39万人。秋旱：受灾面积8.253万 hm^2，成灾2.899万 hm^2，绝收140 hm^2，粮食减产27205t，受灾人口28.73万人	夏秋连旱
1959年6月15日— 10月31日	岳阳、湘阴、汨罗、平江、华容5县和钱粮湖农场大部分地区	岳阳县6月18日—8月11日连旱55天，8月15日—10月29日连旱76天，两段共旱131天，期间雨量仅83.8mm	夏秋连旱
1960年	除平江县外，各县均受大旱	岳阳县夏旱连秋旱，6月下旬—10月下旬连旱80天，雨量仅22.9mm；湘阴县8月下旬—10月中旬雨量仅40.2mm	夏秋连旱
1961年6月10日— 10月11日	境内干旱	农作物受旱面积11.654万 hm^2，其中绝收0.387万 hm^2，7.315万 hm^2减产5成左右，粮食减产10.35万t	夏秋连旱
1962年7月26日— 9月28日	平江、湘阴县和屈原农场部分地区	2.505万 hm^2 农作物遭灾，0.697万 hm^2 减产	秋旱
1963年特大型干旱	湘阴、平江、岳阳、华容等县和君山、钱粮湖、屈原农场大旱	受旱面积2.219万 hm^2，290万亩农田受旱，受灾人口85.6万，减产粮食1亿kg，抗旱消耗476万元。湘阴县水稻受旱3.933万 hm^2，全县37619个水库、塘坝中，有29589个干涸	春夏秋连旱
1966年 (7月31日—9月29日， 7月13日—10月3日)	湘阴县和岳阳县	湘阴县7月31日—9月29日连续61天滴雨未下；岳阳县7月13日—10月3日连旱83天，雨量仅8.5mm	夏秋连旱
1972年	大部分地区	平江县受灾早稻0.88万 hm^2。干旱严重时全市有4座中型水库、69座小（1）型水库、837座小（2）型水库和12.3万处塘坝干涸，占全市同类蓄水工程处数的25%～80%；有3200多个生产队饮水困难。7—9月主汛期内。城陵矶最低水位22.03m、湘阴最低水位23.69m，创1949年后主汛期水位最枯纪录，长时间的低水位，造成全市湖区90%以上的电力排灌机埠失去作用，出现罕见的湖区大面积受旱。全市农田受旱面积270万亩，受灾人口56.5万，减产粮食9600万kg，抗旱救灾消耗900多万元	

续表

发生时间	影响区域	损 失 情 况	干旱类型
1973年11—12月	部分地区	绿肥、油菜、小麦、小豆受旱面积共10万hm^2	冬旱
1974年 （5月8日—6月18日； 7月中旬—11月10日）	境内普遍受旱	全区有3.067万hm^2早稻受旱；7月中旬—11月10日，境内普遍受旱。农作物受旱面积8.658万hm^2，其中0.246万hm^2绝收，1.585万hm^2严重减产，仅粮食减产20050t。8—9月干旱。岳阳县7月27日—9月16日连旱52天，雨量仅5.7mm；平江县54个公社、701个大队、6521个生产队受旱，受旱晚稻0.135万hm^2、秋杂作物0.247万hm^2、红薯0.499万hm^2、棉花913hm^2	
1979年 （7月22日—8月10日、 9月25日—10月31日、 9月25日—12月18日）	岳阳县，临湘县，平江县	岳阳县共旱57天，雨量仅14.9mm。临湘县日连旱85天。平江县秋、冬连旱，晚稻受灾1.2万hm^2，并发病虫害，2000hm^2基本无收，仅粮食减产300万kg	秋冬连旱
1981年 （6—9月、8月中旬—9月上旬末秋）	汨罗县，平江县	晚稻失收和半失收0.92万hm^2，其中有210个生产队晚稻基本无收。平江县大部分塘、库干涸，溪河断流	夏秋连旱
1985年 （6月7日—7月3日、 7月22日—8月30日、 9月1日—10月13日）	岳阳县	三段干旱110天，其间雨量仅57mm	夏秋连旱
1986年	汨罗县、临湘县和岳阳县	受旱面积5.333万hm^2，投入抗旱劳力18万余人；汨罗县27个乡、镇受旱晚稻约1万hm^2。湘阴县36个乡、1个镇、281个村不同程度受旱，面积达0.216万hm^2	夏秋连旱
1988年 （3月1日—5月3日）	华容县和岳阳县	150个乡镇、2400个村受旱，占乡镇总数62.2%，以华容、岳阳县为重。共出动40万人、8200多台抽水机抗旱，耗资3643万余元	春旱
1990年 （7月3日—9月7日）	岳阳和汨罗市	干旱67天，岳阳县降雨量仅43.8mm，汨罗市42.6mm。因7月份夏旱，有0.2万hm^2晚稻未插，接着秋旱，使旱情较重	夏秋连旱
1991年 （9月11日—11月21日）	全市	干旱71天，其中9月27日—11月21日56天中，雨量仅13.9mm。越冬作物受灾较重，全市仅油菜受旱面积达10.313万hm^2，其中8000hm^2绝收	冬旱

续表

发生时间	影响区域	损失情况	干旱类型
1997年 （7月15日—9月11日）	平江、华容、岳阳、汨罗、岳阳楼、云溪、君山、钱粮湖等县（市）、区场等	58天中岳阳市区雨量仅24.4mm（其中8月份雨量仅2.2mm），干旱。平江、华容、岳阳、汨罗、岳阳楼、云溪、君山、钱粮湖等县（市）、区场等受到不同程度旱灾，岳阳楼区绝大部分山塘干涸，90%机埠"掉脚"，有6个村民组960多户人畜饮水困难；钱粮湖农场1.067万hm²作物受旱，部分稻田开坼；云溪区3000hm²农田受旱，0.16万hm²开坼	夏秋连旱
2001年	全市	第一阶段全市11个县（市）区全部受旱，有152个乡（镇）受旱，受旱耕地面积达203.5万亩，其中水田119.3万亩，旱作物84.2万亩。无水翻耕面积20万亩，全市有686个村民组13.5万人、3.9万头大牲畜饮水困难。第二阶段全市连续47天基本无雨，受旱面积193万亩，有3038个村民组18.8万人饮水困难	夏秋连旱
2013年	汨罗市、平江县、岳阳县、湘阴县、临湘市、云溪区等地	受旱面积276万亩，其中重旱78万亩。29.85万人发生饮水困难，岳阳市直接经济损失26.06亿元	
2022年	全市	全市农作物受灾面积62.7万亩，其中水稻42.68万亩，玉米2.83万亩，棉花5.65万亩，蔬菜等其他经济作物11.54万亩；成灾面积25.3万亩，其中水稻14.5万亩，玉米1.3万亩，棉花3.4万亩，蔬菜等其他经济作物6.1万亩；绝收面积3.7万亩，其中水稻2.43万亩，玉米0.35万亩，棉花0.21万亩，蔬菜等其他经济作物0.71万亩。受降温和局部降雨的影响，全省农作物受灾面积自9月22日以来没有变化。全市累计因旱饮水困难人口14722人	夏秋冬连旱

经统计，岳阳市中等以上旱灾近5年一次、大旱8~10年一次、特大旱15~20年一次。干旱类型有春旱、夏旱、夏秋连旱，其中大旱和特大旱多为夏秋连旱。春旱一般发生在4—5月，约5~6年出现一次，主要分布在河西的华容湖区、建新、君山及湘阴湖区，以华容湖区最为严重；夏旱发生在6—7月，每年都有，程度不一。秋旱发生在8—9月，约5年出现一次。夏秋旱主要分布在平江、汨罗、湘阴、岳阳县、临湘市和华容的

桃花、胜峰等地，以汨罗江南片、平江与江西交界地带及岳阳县与临湘市交界地带最为严重。

不同程度的旱灾，给当地经济造成了较大损失。据历史灾害统计，岳阳市发生轻度干旱后，全市受旱面积超过40万亩，成灾面积约20万亩；发生中度干旱后，全市受旱面积约100万亩，成灾面积40万～60万亩，绝收面积10万亩左右，全市有近5万人、5万～7万头大牲畜饮水困难。发生严重干旱后，全市受旱面积超过200万亩，约占全市总耕地面积的40%以上，成灾面积100万～130万亩，绝收面积30万亩左右，全市有约10万人、15万头大牲畜饮水困难。发生特大干旱后，全市受旱面积达300万亩左右，占全市总耕地面积的60%，成灾面积近200万亩，绝收面积50万亩，全市有18万人、25万头大牲畜饮水困难。

2.4.2.2 干旱灾害成因

岳阳的干旱成因比较复杂，既有自然气候方面的因素，也有工程设施及人类活动等方面的影响。

1. 自然、地理因素

岳阳市介于东经112°10′3″～114°9′6″、北纬28°25′33″～29°48′27″，东西横跨177.84km，南北纵长157.87km。境内地貌多种多样，丘岗与盆地相穿插、平原与湖泊犬牙交错。地势东高西低，呈阶梯状向洞庭湖盆地倾斜，东南为山丘区，西北为洞庭湖平原，中部为过渡性环湖浅丘地带。全市有沙壤土型的耕地面积近40万亩，持水性差，易成为干旱主要发生地区。

2. 降雨时空分布极不均匀，夏季晴热高温

与湘、资、沅、澧四水流域相比，位于湘北的洞庭湖区是湖南省降水"洼地"，多年平均降水量仅为1338mm，且年内季节分布不均匀。雨季（3月下旬至6月底或7月初）雨水充沛、降水集中，旱季（7月中旬后）则高温少雨。区域上呈东部山区丘陵区多、西部平原区少的格局。雨季结束一般在每年的6月底至7月初，此后的2～3个月内，各地降雨明显减少，比4—6月减少4～7成，旱年往往减少6～9成。7月和8月两月全市多年平均温度达28.7～29.2℃，极端气温39.3℃，并伴有较大南风，晴热高温，水量蒸发损耗大，农作物需水量也急剧增加，因此岳阳市旱灾主要发生在每年7—9月，少数年份持续到10月。

3. 工程性缺水矛盾较为突出

岳阳市年径流总量 95.21 亿 m^3，多年平均过境水量 6381.79 亿 m^3，地下水可采量 131.6 亿 m^3。全市年水资源总量达 6608.6 亿 m^3，不计过境水量，全市人均可利用量 2305m^3，水资源总量充沛。受地形影响，岳阳市蓄水引水工程主要分布在东部山区，大型工程调控能力不足；西部平原区主要缺乏蓄水工程建设条件，主要依赖湖区地表径流，一旦降水偏少，旱情迅速蔓延，特别是山丘区缺水更加严重，局部地区季节性和工程性缺水矛盾突出。据统计，全市还有 50 万～70 万亩农田灌溉保证率偏低，其中山丘区尚有"望天田"10 万亩，以山边冷浸水为主要水源，每遇 20 天左右的干旱就会成灾。

4. 水利工程建设相对滞后

岳阳市水利工程数量众多，控制性工程较少，且大多数建于 20 世纪五六十年代，设施老化严重。随着社会经济的快速发展，现有的水利工程已不能满足防大旱抗大灾的需要，主要表现：一是全市病险水库多，蓄水少。二是渠系水利用率低。大中型水库干渠渠系利用系数偏低，一般为 0.6～0.8，支渠为 0.2～0.4，小型水库和塘坝渠系利用系数更低，水资源浪费大。湖区的沟港河渠杂草丛生，淤积严重。三是塘坝、内湖淤积严重，蓄水能力差。四是提灌设施管理不善，运行效率低，老化严重。

2.4.3 水旱灾害新形势

长江中下游地区地处东亚季风区，降水时空变化很大，历史上旱涝灾害发生十分频繁。在全球气候变暖背景下，长江中下游地区干旱呈现发生频率高、持续时间长、影响范围广的特点。

2.4.3.1 极端气候加剧

对洞庭湖区近 60 年的极端气象的相关研究显示，长江流域、洞庭湖区以极端降水和复合高温为代表的极端气象事件有频次、强度加剧趋势。洞庭湖区极端降水指数存在不显著的变化规律，强降水事件的降水量和发生频次均增加，强降水量以 18.85mm/10 年的速度增加，大雨日数与暴雨日数分别以 0.36d/10 年和 0.19d/10 年的速度增加，降水强度以 0.25mm/(d·10 年) 的速度增加。复合高温热浪事件发生的频次、强度和持续时间在近 20 年明显增加，21 世纪 10 年代平均每年发生 1.08 次，平均每次持续 4.45 天。夏季极端高温干旱事件的频次、持续时间和总日数均显著增加，21 世纪 10 年代平均每年发生 5.41 次，平均持续时间为 2.71 天，总日数达到 14.69 天。

2022 年 7 月至 2023 年夏季，长江流域降水严重偏少，洞庭湖区遭遇夏秋冬连旱。2022 年洞庭湖区全年累计平均降水量 1175mm，较多年均值偏少 19.5%，流域降水集中、前期多后期少特征明显。洞庭湖来水总量 1963 亿 m^3，较多年均值 2228 亿 m^3 偏少 12%。洞庭湖各主要控制站均未达到警戒水位，其中城陵矶站全年最高水位为 31.34m（6 月 9 日），比警戒水位 33.0m 低 1.66m，相应水面面积 2475km^2，全年最低水位为 19.12m（11 月 12 日），相应的水面仅为 311km^2。根据气象卫星监测显示，洞庭湖 8 月 18 日水体面积约为 548km^2，较 2022 年 7 月 1 日水体面积减少约 66%。洞庭湖不少地方成了"草原"，洞庭湖面积见图 2.4-4。湖区灌溉干涸（图 2.4-5）、水面萎缩草滩出露（图 2.4-6 和图 2.4-7），161 万人口饮水和 226 万亩农田的用水困难，水生生物生境消失，大量鱼类死亡。

 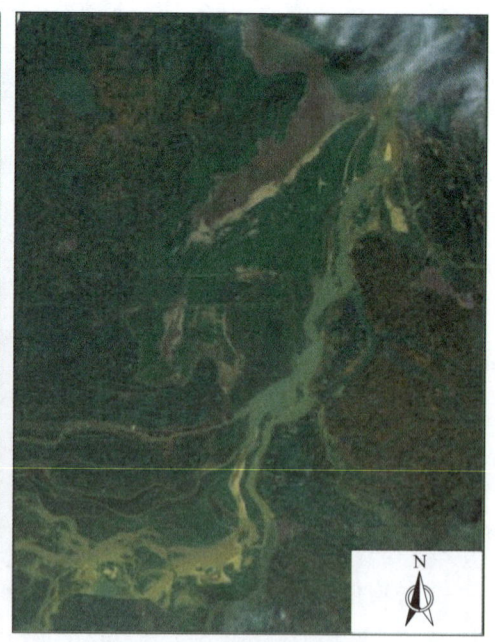

(a) 2022年7月31日　　　　　　(b) 2022年8月17日

图 2.4-4　2022 年 7 月、8 月洞庭湖面积

2.4 历史水旱灾情及洪旱规律

图 2.4-5 岳阳市华容县梅田湖镇友谊村的一条灌溉渠

图 2.4-6 洞庭湖龟裂的湖床

2.4.3.2 江湖关系影响

三峡水库及上游控制性水库运行,有效地缓解了下游的防洪压力,其补水调度使得长江中下游冬春季旱情明显趋缓,而秋季干旱状况略有加重。洞庭湖区没有大型水源调蓄工程,用水水源主要依靠湖泊、河道径流,水资源调控能力不足。受江湖关系变化影响,枯期长江水进不来、洞庭湖水蓄不住,河湖水位降低,季节性干旱、断流式缺水问题凸显。特别

2 区域水情工情

图 2.4-7 洞庭湖湖床

是三口水系地区河道断流不断加剧，除松滋西河外，其他河道年均断流达 5 个月以上，洞庭湖北部水系区缺水问题十分突出，已经逐步演变为新的旱区。

3
江湖关系新变化

江湖关系可以定义为连通的江湖水系之间的相互关系,包括江湖水系之间的水沙交换、河床湖盆的自然演变及其产生的物质能量交换。本书的江湖关系是指长江与洞庭湖相互作用、相互影响的关系,主要有江湖水沙关系、河道冲淤演变、城陵矶水位等影响江湖关系演变的因子,也包含江湖关系演变对区域河势稳定、堤防安全及洞庭湖水生态环境、滨湖区水资源开发利用等的相互作用。

江湖关系并不是固定不变的,而是处于长期演变中。2003年三峡水库蓄水运用,之后长江上游又建成了多座控制性水库。三峡及长江上游控制性水库的联合运用,显著改变了长江中下游干流河道的水沙过程,导致江湖关系发生突变。经过20余年的运行,江湖关系由剧烈变化到相对稳定变化,长江与洞庭湖初步形成新江湖关系格局。

江湖关系的本质是水沙关系,水沙关系的本质是人水关系。新江湖关系下,长江水沙条件与河床变化会导致洞庭湖的连锁反应,洞庭湖的变化又会再反馈于长江,两者之间的互动改变着江湖蓄泄能力、水资源开发利用、湿地功能和河湖生态系统的完整性与稳定性等。

厘清江湖关系新变化的本质与表征,识别其对洞庭湖特别是岳阳地区水安全形势的影响,是未来布局岳阳水利工作的基础。

3.1 江湖关系结构变化

3.1.1 历史上江湖结构变迁

先秦之后,云梦泽逐渐解体,江湖关系转变,直接影响到洞庭湖的演变。东晋永和年间,荆江南岸形成景口、沧口二股分流汇合成沧水进入洞庭湖。洞庭湖由于承纳两口分泄之江——水江沙,湖泊的淤积过程开始加速,形成大小不一的湖群。

唐宋时期,荆江统一河床的形成,使边界条件发生重大变化。每当大洪水通过荆江段常形成决口,"九穴十三口"形成。穴口大量分流长江洪水,使洞庭湖呈现明显扩涨之势,原来在汉晋时期彼此支离的洞庭、青草、赤沙3个湖泊在高水位时得以连成汪洋一片。形容湖水波澜壮阔的

3 江湖关系新变化

"八百里洞庭"一词便开始在这一时期的诗文典籍中出现。

宋代以后,荆江河床不断被泥沙淤积,洪水位持续抬升,使魏晋时原"湖高江低、湖水入江"的江湖关系逐渐演变为"江高湖低、江水入湖"的格局。从宋代开始,长江洪水成为心腹大患。

元、明、清三朝,随着荆江堤防的不断修筑和穴口的时决时塞,江患加剧,荆江溃堤、湖区溃垸频繁。明嘉靖之后,荆江北岸穴口尽堵,南岸保留太平、调弦二口与洞庭湖连通,一遇洪水,湖水泛滥四溢,西洞庭湖和南洞庭湖就是在这一背景下逐渐扩大起来的,洞庭湖在清中叶。洪水期,洞庭湖水域面积超过 6000km²,俗称"八百里洞庭"。

19 世纪中叶,洞庭湖开始由盛转衰,从 6000km² 的浩瀚大湖,萎缩到目前的 2625km²。清代咸丰、同治年间藕池、松滋相继溃口,荆江四口分流入洞庭湖局面的正式形成。伴随着泥沙淤积和洲滩的迅速扩展,人口迁入开始了种植等人类活动。湖泊变成洲滩,随着人口迁入和耕作等人类活动,洲滩又成为垸土和湖田,洞庭湖人进水退的状况开始出现。滨湖堤垸如鳞,弥望无际,至清末洞庭湖总计有堤垸 1094 座。

洞庭湖天然湖泊面积与容积变化见表 3.1-1。

表 3.1-1 洞庭湖天然湖泊面积容积变化表

年份	时间间隔/年	天然湖泊面积/km²			天然湖泊容积/亿 m³		
		数值	变值	年变率	数值	变值	年变率
1825		6000					
	71		−600	−8.5			
1896		5400					
	36		−700	−19.4			
1932		4700					
	17		−350	−20.6			
1949		4350			293		
	5		−435	−87.0		−25	−5.0
1954		3915			268		
	4		−774	−193.5		−40	−10.0
1958		3141			228		
	13		−321	−24.7		−8	−0.6
1971		2820			220		
	7		−129	−18.4		−46	−6.6
1978		2691			174		
	17		−66	−3.9		−7	−0.4
1995		2625			167		

3.1.2 1949 年后影响江湖关系的控制工程

"万里长江,险在荆江",1949 年后,为了解除长江心腹之患,国家在长江中游先后实施了蓄滞洪区建设、堤防加固加高、下荆江裁弯、洞庭湖治理等工程，基本建构了长江中游防护体系，但有两项工程对长江及其江湖关系带来了不可逆的影响。

3.1.2.1 下荆江系统裁弯（1966—1972 年）

下荆江系统裁弯包括中洲子、上车湾人工裁弯和沙滩子自然裁弯以及后续的河势控制工程。中洲子人工裁弯于 1966 年 10 月开工，1967 年 5 月完工，引河经过 1967 年汛期冲刷于冬季成为主航道。上车湾人工裁弯 1968 年 12 月至 1969 年 6 月实施，引河过流后经过一个汛期的冲刷至冬季尚不能通航；为了不形成两河并存均不能通航的局面，遂实施第二期疏挖工程，至 1971 年 5 月新河成为主航道。原规划实施的沙滩子裁弯于 1972 年 7 月发生自然裁弯，因对河势影响较大，于当年冬季即开始进行河势控制。

下荆江系统裁弯使河道长度缩短了 78km，三个裁弯均分别降低各段的侵蚀基准面，对上游河道带来长距离的冲刷。据分析，裁弯后不久其水位的影响已达砖窑（距石首约 182km）。下荆江系统裁弯工程扩大了荆江泄量，缩短了航程，裁除了浅滩，取得了显著的防洪、航运效益。

下荆江系统裁弯导致上游水位降低。下荆江系统裁弯后，荆江河段普遍发生冲刷。据 1965—1993 年资料统计，荆江河段枯水河槽、中水河槽和平滩河槽分别冲刷了 5.65 亿 m^3、6.81 亿 m^3 和 9.52 亿 m^3，即枯水河槽、枯水位至平均水位之间河床、平均水位至平滩水位之间河床分别冲刷了 5.65 亿 m^3、1.16 亿 m^3 和 2.71 亿 m^3。这是因为三个裁弯段的洪、中、枯水期基面均降低而产生溯源冲刷的结果。下荆江系统裁弯使上游水位普遍降低，降低值自下游向上游递减。其中 1966—1972 年石首、新厂、沙市的洪水位降低值分别为 1.06m、0.65m、0.50m，相应分别扩大泄量 11700m^3/s、8000m^3/s 和 4500m^3/s；流量为 4000m^3/s 下的枯水位，石首、沙市、陈家湾站 1978 年比 1965 年分别下降了 1.80m、1.40m 和 1.20m。据研究，裁弯后水位影响的范围现已上溯超过枝江站（距郝穴站 142km），远远大于下荆江河道缩短的长度。

3.1.2.2 洞庭湖一期治理（1949—1985 年）

国家历来高度重视洞庭湖湖区的治理、开发和保护。中华人民共和国成立后，在湖区进行了大规模水利建设。湖南省洞庭湖湖区治理第一阶段，进行了堵支并垸、撇洪河配套的初期治理，湖区堤垸数由933个减少到226个，一线堤防长度由6400km缩短到3471km，基本形成了目前的防洪格局，洞庭湖面积基本稳定。

3.1.2.3 大型水利枢纽建设（1970—1981年，1994—2003年）

长江中游干流水利枢纽包含葛洲坝水利工程和三峡水利工程。

葛洲坝水利枢纽工程是我国万里长江上建设的第一个大坝，是长江三峡水利枢纽的重要组成部分。1970年12月30日破土动工。1974年10月主体工程正式施工。整个工程分为两期，第一期工程于1981年完工，实现了大江截流、蓄水、通航和二江电站第一台机组发电；第二期工程1982年开始，1988年年底整个葛洲坝水利枢纽工程建成。

三峡水电站1992年获得全国人民代表大会批准建设，1994年正式动工兴建，2003年6月开始蓄水发电。

3.1.2.4 洞庭湖"退田还湖、移民建镇"（1998年）

1998年，长江全流域发生特大洪水，洞庭湖区特大洪涝灾害之后实施"退田还湖"，此后洞庭湖面积有所扩大，平水情况下，这种面积扩大极其有限，1998—2002年的4年洞庭湖面积仅增加$10.50km^2$。洞庭湖自退田还湖工程实施以来，共完成234个巴垸和堤垸的平退任务，高水位时还湖面积可达到$779km^2$。

3.1.2.5 三峡工程后期治理（近期治理）（2003年至今）

2003年后，为应对三峡工程对江湖关系变化的影响，在新江湖关系格局下开展了洞庭湖近期治理。其间有如下举措：加固钱粮湖等三大垸围堤工程和19个蓄洪垸堤防工程；加固麻塘垸堤防工程；治理华容河；建设钱粮湖等三大垸蓄洪安全工程；更新改造大型灌排泵站；三峡后续长江湖南段河道整治工程；黄盖湖防洪治理工程；洞庭湖北部地区片、松澧地区片、湘资水尾闾片、沅澧大圈片以及岳阳市和沅江市城区片共计6大河湖水系连通工程等。通过上述治理工程，减轻长江入湖水量持续减少对湖区水环境的不利影响。

以控制性工程建设为节点，洞庭湖入湖水沙研究可划分为5个阶段：①自然演变期（1967年以前）；②荆江裁弯取直期（1967—1972年）；③葛洲坝运行前（1973—1980年）；④葛洲坝运行期（1981—1998年）；④三峡工程运行前（1999—2002 年）；⑤三峡工程运行以后（2003 年至今）。

3.2 水沙变化

3.2.1 长江中下游干流水沙变化

3.2.1.1 径流及年内分配

根据实测径流研究成果（长江科学院，2023），由于受三峡大坝控制，与三峡水库蓄水前（1981—2002 年）相比，2003—2020 年坝下游河道年均径流量略有偏小，宜昌站减少约 3.5%，往下游处影响减弱。三峡蓄水前后长江中下游主要控制站年均径流量对比见图 3.2-1。

从年内变化过程看（图 3.2-2），三峡水库的调蓄使得下游径流过程平坦化，降低了主汛期（7—8 月）的下泄流量；而 9—11 月由于水库蓄水，下泄流量减小幅度最大；12 月至次年 5 月，水库对下游河道补水，径流量增加。特殊干旱年份（2022 年），上游控制性工程的调蓄能力充分发挥，对枯水期补水能力增强。

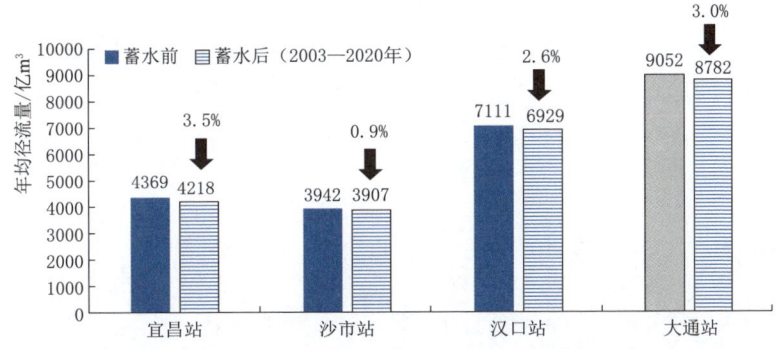

图 3.2-1 三峡蓄水前后长江中下游主要控制站年均径流量对比图

3.2.1.2 输沙量变化

三峡工程运用前，长江上游的来水来沙过程基本处于自然状态，水流挟带的泥沙含量较大，多年平均输沙量约 0.5 亿 t。三峡大坝及上游水库对输沙量的影响极为剧烈，长江中下游各站年输沙量大幅减少 68.6%～92.9%，宜昌站减小 92.9%；受沿程河床冲刷与江湖入汇补给影响，年均输沙量沿程递增。三峡蓄水前后长江中下游主要控制站年均输沙量对比见图 3.2-3。

3 江湖关系新变化

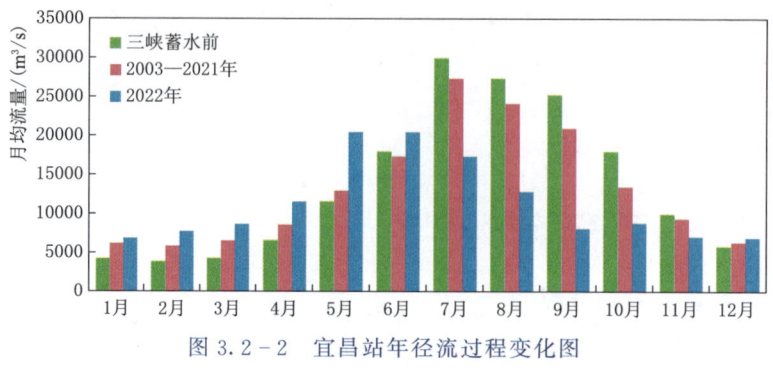

图 3.2-2　宜昌站年径流过程变化图

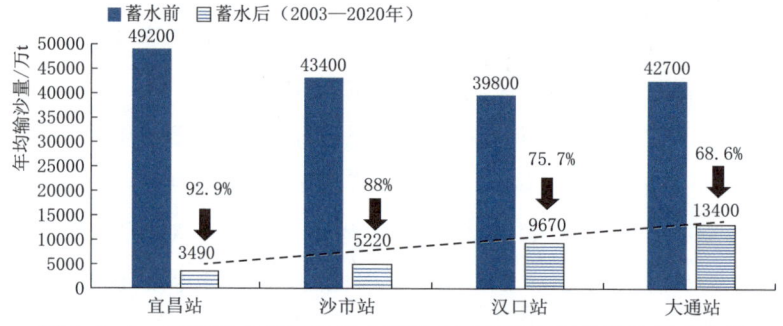

图 3.2-3　三峡蓄水前后长江中下游主要控制站年均输沙量对比图

随着上游水土保持效益的发挥，长江上游支流的来沙逐年减少；加之上游水库群的运行（2012 年），三峡入库泥沙明显减少，见表 3.2-1；经水库调蓄，三峡下泄泥沙会进一步减少，且这种趋势将是长期的、不可逆的。

表 3.2-1　　　　三峡水库多年平均入库径流、泥沙统计表

时　段	三峡入库年均径流量/亿 m³	三峡入库年均输沙量/亿 t	时　段	三峡入库年均径流量/亿 m³	三峡入库年均输沙量/亿 t
1961—1970 年	4202	5.06	2003—2012 年	3606	2.03
1956—1990 年	4015	4.91	2013—2022 年	3822	0.793
1991—2002 年	3871	3.57			

3.2.2　三口分流分沙变化

荆江三口来水来沙是洞庭湖水沙的重要来源，三口的分流对于洞庭湖区的水资源、河湖生态系统安全等均具有重要的影响。

3.2.2.1 三口分流变化

1. 年际变化

洪水期，三口分流对减轻荆江防洪有着重要作用；枯水期，三口分流对洞庭湖区水资源、水环境、水生态影响明显。三峡工程蓄水运用前三口分流河道经历了淤积发展—相对稳定—淤积萎缩阶段，藕池河淤积萎缩最严重，其次是虎渡河，最后是松滋河。三峡工程运用后，三口口门段均处于冲刷状态，其中藕池口口门高程下降幅度最大，太平口次之，松滋口最小。

近70年，江湖关系发展5个阶段入湖分流情况见表3.2-2。三口分流量呈一定程度递减趋势。

表3.2-2　　近70年来荆江三口分流变化情况

时　段	枝城/亿 m³	松滋（新江口）/亿 m³	松滋（沙道观）/亿 m³	虎渡（弥陀寺）/亿 m³	藕池（康家岗）/亿 m³	藕池（管家铺）/亿 m³	三口合计/亿 m³	三口分流比
1956—1966 年	4515	322.6	162.5	209.7	48.8	588	1332	29%
1967—1972 年	4302	321.5	123.9	185.8	21.4	368.8	1021	24%
1973—1980 年	4441	322.7	104.8	159.9	11.3	235.6	834.3	19%
1981—1998 年	4438	294.9	81.7	133.4	10.3	178.3	698.6	16%
1999—2002 年	4454	277.7	67.2	125.6	8.7	146.1	625.3	14%
2003—2020 年	4283	249.3	56.49	80.96	3.792	107.3	497.8	12%

三口分流比基本上与来水呈正相关关系，即干流来水越大，三口分流比也越大。

（1）三峡工程运行前。

1967年以前，三口多年平均分流比为29%，最大分流比（32.4%）和最小分流比（25.4%）出现在径流量最大的1964年和最小的1959年，1956—1966年荆江三口分流比平均稳定在29%。1967—1972年下荆江系统裁弯期间，荆江河床冲刷，三口分流比减小至24%，其中藕池口分流减小最大，松滋口、太平口分流变化较小。裁弯后的1973—1980年，荆江河床继续大幅冲刷，三口分流能力衰减速度有所加快。三口平均分流比约19%，其中松滋口分流比大于分沙比，太平口分流比与分沙比相当，藕池口分沙比与分流比的差值逐渐减小。1981年葛洲坝水利枢纽修建后，衰减速率则有所减缓。1999—2002年，荆江三口年均分流量为625.3亿m^3，与1956—1966年的1332亿m^3相比，分流量减小了53%，其分流比也由1956—1966年的29%减小至14%。

(2) 三峡工程运行后。

三峡工程运用后的2003—2020年，因荆江河道发生冲刷，三口分流量和分流比继续保持下降趋势，长江中下游河道枯水期同流量下水位有不同程度的降低。与2003年相比，2019年汛后宜昌、枝城、沙市、螺山、汉口站分别下降了0.72m（6000m^3/s）、0.58m（7000m^3/s）、2.80m（7000m^3/s）、1.78m（10000m^3/s）、1.56m（10000m^3/s），大通站则没有发生明显的变化。初期蓄水运用后，2007年和2008年荆江三口分流比分别为13.0%和12.4%。试验性蓄水后，2009年和2010年荆江三口分流比分别为11.0%和13.5%；2019年，荆江三口分流量为440.4亿m^3，分流为10%。2003—2020年，三口平均分流量为497.8亿m^3，较三峡运行前（1999—2002年）减少127.5亿m^3，分流比约12%。

2003—2020年，枝城来水较1999—2002年均值偏少3.8%。经分析，2003—2018年，长江流域遭遇水量偏枯的水文周期，上游来水减少与流域型降水量偏少周期有关。

2. 年内变化

三口洪道的水沙主要来自长江干流，5—10月约占全年总量的90%以上，且愈加集中在主汛期，且随着江湖关系变化有更加集中的趋势。1956—1966年、1967—1972年5—10月三口分流占全年总量约92%，1973—1980年扩大至95%，1981—2002年进一步增大至97%，三峡工程建成后的2003—2020年平均占比96%。

3.2.2.2 三口分沙变化

1956年以来，三口分沙量显著减少，近70年来荆江三口分沙变化情况统计见表3.2-3。20世纪90年代，长江流域防护林工程的实施极大地减少了流域水土流失，长江干流泥沙在三峡工程运行前就呈明显减少。1999—2002年间，长江干流枝城站年输沙量约34600万m^3/a，三口分沙比由20世纪60年代的35%下降至16%。

3.2 水沙变化

表 3.2-3　　近 70 年来荆江三口分沙变化情况统计表

时　段	枝城/万 t	松滋（新江口）/万 t	松滋（沙道观）/万 t	虎渡（弥陀寺）/万 t	藕池（康家岗）/万 t	藕池（管家铺）/万 t	三口合计/万 t	三口分沙比
1956—1966 年	55300	3450	1900	2400	1070	10800	19590	35%
1967—1972 年	50400	3330	1510	2130	460	6760	14190	28%
1973—1980 年	51300	3420	1290	1940	220	4220	11090	22%
1981—1998 年	49100	3370	1050	1640	180	3060	9300	19%
1999—2002 年	34600	2280	570	1020	110	1690	5670	16%
2003—2020 年	4220	365	109	116	10.8	272	873	21%

三峡工程蓄水后，虽然三口分沙比略有增加，分沙量进一步大幅减少，2003—2020 年荆江三口年均分沙量为 873 万 t，仅为 1999—2002 年的 15.4%。而分沙比的增加与三峡下泄泥沙的细粒化和荆江河段沿程冲刷补给有关。

三口分流、分沙年际变化见图 3.2-4。

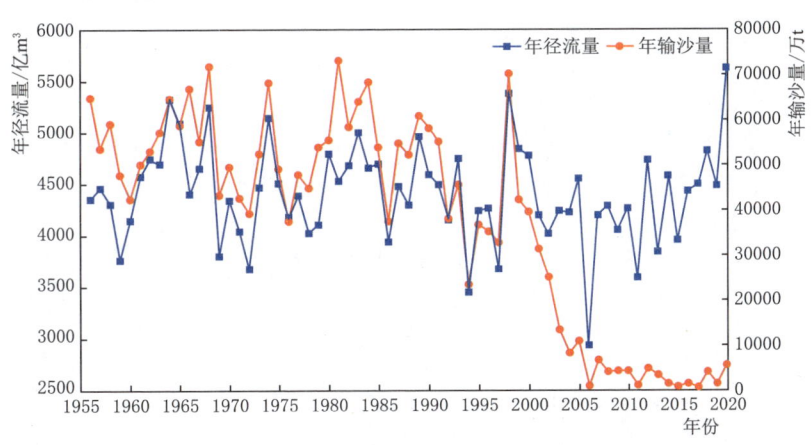

图 3.2-4　三口分流、分沙年际变化图

3.2.2.3　三口断流天数年际变化

1. 断流天数变化

三口是由长江大洪水冲刷形成，除松滋口外，历史上三口均存在断流现象。上游水库的建设及运行，使得三口断流天数总体呈增加趋势。松滋河东支、藕池河及太平口受影响最大，断流时间明显增加。三口断流顺序

3 江湖关系新变化

一般为：藕池河西支安乡河、松滋河东支、藕池河东支、虎渡河，松滋河主流未发生过断流。

根据长江水利委员会历史观测统计资料，三口断流天数及年际变化分别见表3.2-4和图3.2-5。

表3.2-4 三口多年平均年断流天数统计表

时 段	三口多年平均断流天数			
	松滋东（沙道观）	虎渡（弥陀寺）	藕池（管家铺）	藕池（康家岗）
1956—1966年	0	35	17	213
1967—1972年	0	3	80	241
1973—1980年	71	70	145	258
1981—1998年	167	152	161	251
1999—2002年	189	170	192	235
2003—2020年	180	140	180	272
最长断流天数				413（2022年）

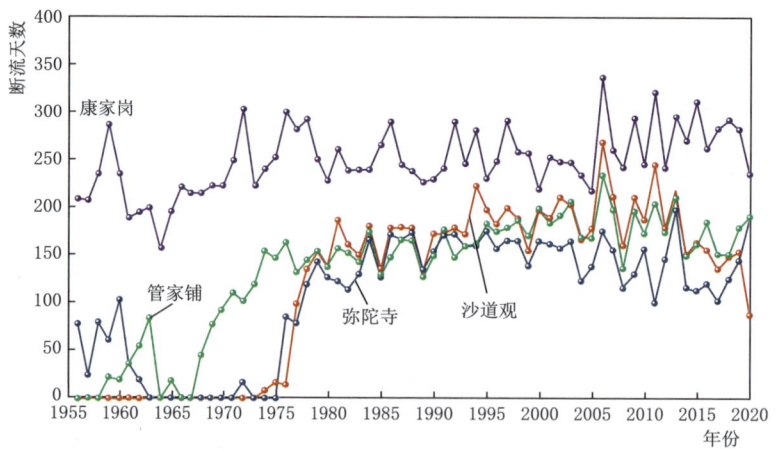

图3.2-5 荆江三口年断流天数变化图

多年以来，三口洪道以及三口口门段的逐渐淤积萎缩造成了三口通流水位抬高，加之上游来流过程的影响，松滋口东支沙道观、太平口弥陀寺、藕池口管家铺、藕池口康家岗四站连续多年出现断流，1976年以后年断流天数明显增加。三峡水库蓄水运用后，随着分流比的减小，三口断流时间受水情影响年际变化剧烈,总体呈增加趋势。除松滋西河全年通流外,其他河道年均断流达140~272天。特枯年份,三口断流时间延长。2006年,藕池河西支(康家岗站)断流天数长达336天;2022年,长江流域遭受严重的气象干旱,长江入湖"三口"水系中除松滋河保持常年过流外,其余河流相继断流,其中藕池河西支康家岗站自2022年7月10日开始断流,至2023年8月24日恢复过流,断流时间长达413天,沿岸地区460万人、575万亩农田用水问题突出。

2. 三口断流与枝城流量的关系

三口断流与长江干流水情直接相关。根据长江水利委员会监测结果分析:2003—2019年间,当枝城流量小于16000m³/s时,藕池河西支安乡河(康家岗)断流;当枝城流量小于9800m³/s时,松滋河东支断流;当枝城流量小于9240m³/s时,藕池河东支(管家铺)断流;当枝城流量小于7300m³/s时,虎渡河断流。正常运行年份藕池口断流时间主要集中在11月初至次年4月中旬;虎渡河断流一般集中在12月初至次年4月上旬。如遇特殊干旱年份,5月枝城来流过程明显偏小,导致弥陀寺、藕池口管家铺站断流时间延至5月底。

荆江三口四站年断流时对应枝城站流量变化见图3.2-6。

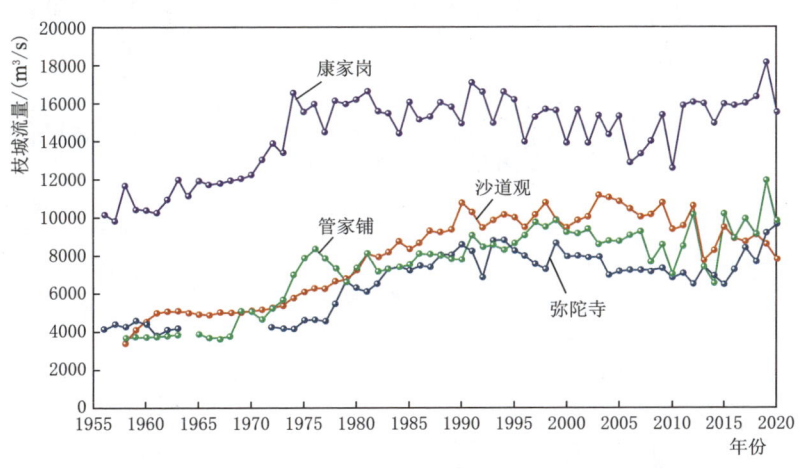

图3.2-6　荆江三口四站年断流时对应枝城站流量变化

从图3.2-6实测资料可知,藕池河西支河其余支流呈不同节律变化。三峡工程运行后,松滋河东支断流时枝城站的流量明显减小,尤其是2013

年后通流所需干流流量显著下降,表明松滋河东支枯水期分流能力有所改善,通流条件明显好转;虎渡河在2003—2012年间断流时枝城站流量基本稳定在7000m³/s,2013年后断流时枝城站流量明显增大,表明通流条件有所转差;2003年至今康家岗与管家铺站断流时枝城站流量均呈递增趋势,表明枯水期藕池河分流能力有所恶化。三口断流主要受长江干流河道冲刷和三口口门冲淤的影响。

3.2.3 四水来水来沙变化

3.2.3.1 四水入湖径流

四水多年平均入湖径流量1686亿 m³,三峡建库前后四水径流总量变化不大,属于自然波动范围,四水控制站径流年际变化见图3.2-7。由于三峡工程的调蓄作用,三峡工程建成后四水径流占三口四水入湖总径流的82%,成为洞庭湖入湖径流的主要来源。

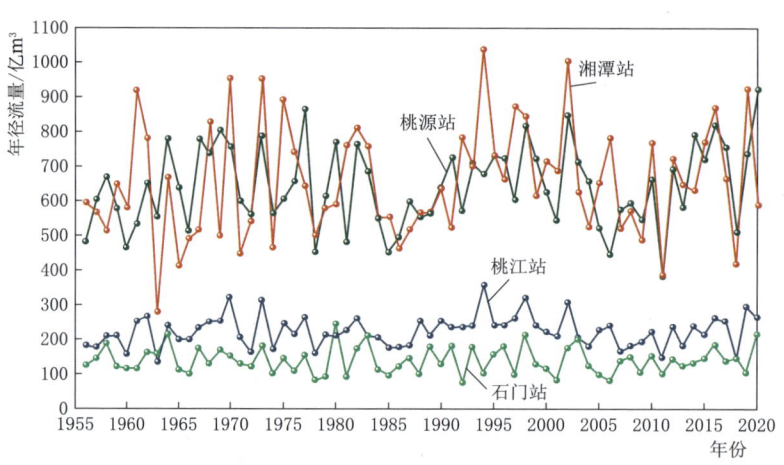

图3.2-7 湖南四水入湖年径流变化图

3.2.3.2 四水入湖泥沙

四水入湖泥沙总量由建库前的3028万 t 减少至830万 t,降幅为72.6%,泥沙的减少主要是由于四水流域范围内水库建设及水土保持措施的有效实施。四水控制站年输沙量年际变化见图3.2-8。

1956—2000年湘江(湘潭站)年输沙量呈递减趋势,2001年以后该站年输沙量略有减小趋势,2003—2020年期间年均输沙量为480万 t。资

3.2 水沙变化

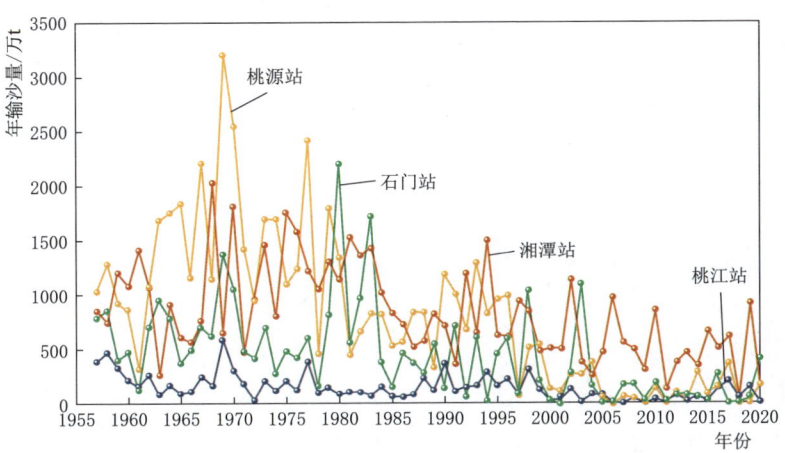

图 3.2-8 湖南四水入湖年输沙量变化图

水（桃江站）自上游 1962 年修建柘溪水库后，年输沙量较建库前大幅减少，2000 年以后桃江站年输沙量无明显变化趋势，2003—2020 年期间年均输沙量为 60 万 t。沅江（桃源站）自上游 1995 年修建五强溪水库后，年输沙量较建库前大幅减少，1996 年以后该站年输沙量无明显变化趋势，2003—2020 年期间年均输沙量为 130 万 t。澧水（石门站）1956—2003 年期间年输沙量有变小的趋势，2003 年以后年输沙量无明显变化趋势，其中 2003—2020 年期间年均输沙量为 160 万 t。

2003—2020 年洞庭湖四水入湖年均输沙量无明显变化趋势，合计约 830 万 t。

3.2.4 洞庭湖出入湖水沙变化及演变趋势

3.2.4.1 洞庭湖入湖水沙变化

洞庭湖水沙来自于荆江三口和湖南四水。根据已有研究成果统计，以 1951—2002 年代表三峡建库前，2003—2020 年代表三峡建库后，各研究时段三口四水来水沙变化见表 3.2-5。

荆江三口 1951—2003 年多年平均入湖沙量占总入湖沙量的 81%，三口分沙是洞庭湖泥沙主要来源。三峡水库蓄水后（2003—2012 年），三口入湖的泥沙量大幅减少，占入湖总沙量的比例下降至 51%，2013—2020 年该比例进一步下降至 33.6%。

表 3.2-5　洞庭湖区主要水文控制站实测水沙特征值表

河名 水文控制站	湘江 湘潭	资江 桃江	沅江 桃源	澧水 石门	四水合计	占三口四水水总量比	松滋河（西） 新江口	松滋河（东） 沙道观	虎渡河 弥陀寺	安乡河 藕池口 康家岗	藕池河 藕池口 管家铺	三口合计	占三口四水沙总量比	三口四水入湖总量	出湖 城陵矶
年径流量/亿m³ 多年平均	661	229	648	148	1686	69%	292	96	143	23.4	289.0	747	30.7%	2433	2842
三峡建库前平均	662	233	643	148	1686	64%	310	112	168	30.7	357.00	947	36.0%	2633	2962
三峡建库后平均	646	216	646	145	1653	82%	249	56.5	81	3.79	107.00	360	17.9%	2013	2482
变化率	-2.4%	-7.3%	0.5%	-2.0%	-2.0%		-19.7%	-49.6%	-51.8%	-87.7%	-70.0%	-62.0%		-23.6%	-16.2%
年输沙量/万t 多年平均	875	177	883	474	2409	21%	2510	1000	1360	311	3920	9101	79%	11510	3630
三峡建库前平均	1030	221	1180	597	3028	19%	3451	1397	1891	431	5407	12577	81%	15605	4370
三峡建库后平均	478	56	129	167	830	49%	366	109	116	10.8	272	863	51%	1693	1780
变化率	-53.6%	-74.7%	-89.1%	-72.0%	-72.6%		-89.4%	-92.2%	-93.9%	-97.5%	-95.0%	-93.1%		-89.2%	-59.3%

三口、四水是洞庭湖入湖径流的主要来源，其来水占比受水文周期性丰枯变化影响。1951—2002 年，洞庭湖三口四水多年平均入湖径流 2633 亿 m^3，其中四水入湖径流总量 1686 亿 m^3，三口入湖径流 947 亿 m^3。三峡运行后，实测三口四水多年平均入湖径流量为 2013 亿 m^3，三口入湖径流量 360 亿 m^3，较三峡运行前减少约 62%。

四水入湖径流三峡工程运行后较三峡工程运行前相差不大。建库前（1956—2002 年）三口多年平均入湖径流量占三口四水来水总量的 36.0%，三峡工程运行后（2003—2020 年）三口多年平均入湖径流量 360 亿 m^3，三口入湖径流占比减小至 17.9%。

经研究，三口入流的减少与长江上游 2001—2010 年间周期性枯水有关，三峡工程蓄水、荆江河道砌水位降低等综合影响使得洞庭湖区枯水形势加剧。

3.2.4.2 洞庭湖出湖水沙变化

洞庭湖出口城陵矶多年平均径流量 2842 亿 m^3，建库前出湖总量 2962 亿 m^3，建库后随着来水量的减少出湖总量减小为 2482 亿 m^3。洞庭湖湖口城陵矶径流量减少了 16.2%。

1956 年以来洞庭湖出湖的水量呈不显著的减少趋势，出湖输沙量在 2008 年之前呈显著的减少趋势，2008—2018 年出湖沙量增大，年均值达到 2030 万 t，相较于 1996—2002 年均值仅偏小约 9.8%。受入湖沙量大幅减少、出湖沙量变化相对较小的综合影响，三峡水库蓄水后，尤其是 2008 年以来，洞庭湖持续呈现出湖沙量大于入湖沙量的特征，湖泊进入冲淤相对平衡的状态。受到东洞庭湖湖区采砂活动扰动的影响，甚至出现湖区向干流补给泥沙的现象，与三峡水库蓄水前洞庭湖始终保持 70% 以上的泥沙沉积率形成鲜明的对比，见图 3.2-9。

输沙方面，三峡建库前四水年平均输入泥沙总量为 3208 万 t，占三口四水来沙总量的 19%；建库后四水年平均输入泥沙总量减少为 830t，占三口四水来沙总量的 49%，而悬移质输沙量减少了 72.6%。三口多年平均来沙由建库前的 12577 万 t 减少至 863 万 t，悬移质输沙量减少了 93.1%。洞庭湖湖口城陵矶多年平均输沙量由建库前的 4370 万 t 减少为 1780 万 t，悬移质输沙量减少了 59.3%。建库前三口及洞庭湖年淤积沙量为 11235 万 t，建库后洞庭洞年平均出湖泥沙略大于三口四水泥沙总入湖量，泥沙来源构

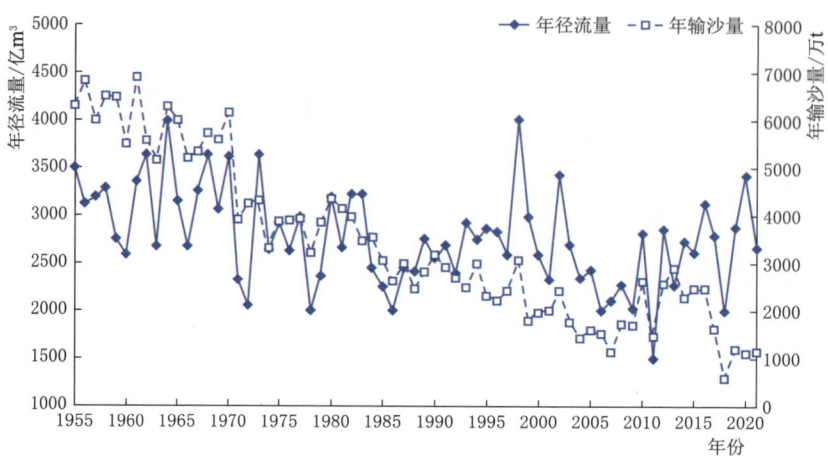

图 3.2-9　七里山站出湖水沙年际变化图

成和淤积态势显著改变。泥沙淤积量减少使湖区水面面积及湖容的减速趋缓，且水位越低，水面萎缩幅度越小。

近 70 年来，洞庭湖出入湖沙量变化见图 3.2-10。

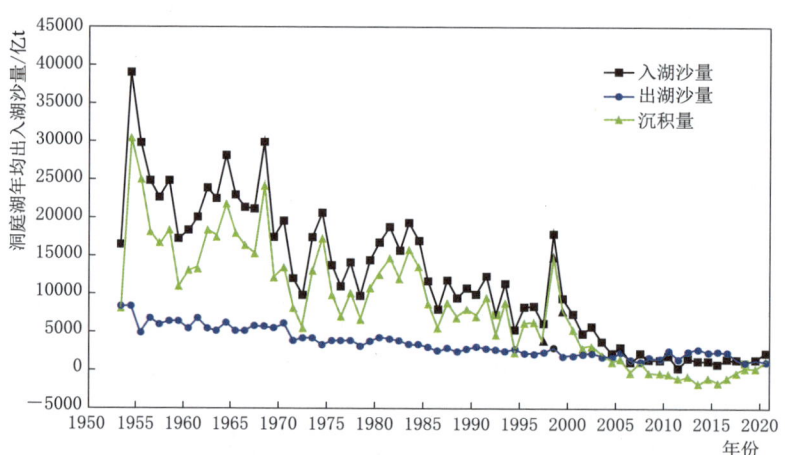

图 3.2-10　近 70 年来洞庭湖出入湖沙量变化图

3.2.4.3　洞庭湖水沙演变趋势

长江水位下降的趋势，一方面促使洞庭湖入湖水量将进一步减少，另一方面将加大湖泊出口水面比降而使城陵矶泄流能力加大，从而导致洞庭湖出流加快，水量调蓄时间缩短，湖泊水位下降；且由于水流速度加大而水体含沙量减少导致水流挟沙能力加强，强烈的冲刷将加剧中低水位归槽效应，湖泊河道化趋势将进一步加剧，由此上溯尾闾洪道河段的下切也将进一步发展。

而进入洞庭湖的泥沙主要来源于湘、资、沅、澧四水和长江松滋口、太平口和藕池口三口。据 1951—2020 年的资料统计，四水和三口多年平均总输沙量为 1.15 亿 t，其中四水多年平均总输沙量为 0.24 亿 t（湘、资、沅、澧多年平均输沙量分别为 875 万 t、177 万 t、883 万 t、474 万 t），占 21%；三口多年平均输沙量为 0.91 亿 t（松滋口、太平口、藕池口多年平均输沙量分别为 3510 万 t、1360 万 t、4231 万 t），占 79%。受自然演变及人类活动等因素影响，三口输沙量呈逐渐减少趋势。

三峡工程投入运行后，长江进入洞庭湖的泥沙显著减少，相应地淤积在洞庭湖的泥沙也显著减少。同时，由于长江干流沿程水位下降，洞庭湖出口水位下降，本洞庭湖段水流流速加大，水流挟沙率加大，致使东洞庭湖的淤积机会减少；此外，湘、资、沅、澧干支流均陆续兴建了水库等枢纽，尤其是欧阳海、东江、凌天河、柘溪、托口、五强溪、凤滩、江垭、皂市等大型水利枢纽工程兴建后，水库拦蓄泥沙效应明显，洞庭湖从四水来沙也明显减少。但洞庭湖总体上处于淤积状态的演变特性不会改变，出现剧烈变化的可能性不大。

3.3　冲淤与河势变化

3.3.1　荆江河段冲淤特征

三峡工程运用前，长江上游的来水来沙过程基本处于自然状态，水流挟带的泥沙含量较大，从荆江三口分流，挟带的大量泥沙在分流道与洞庭湖区沉积，导致荆江三口分流持续萎缩，洞庭湖区淤积严重，而通过荆江下泄的水沙量则相对增加，江湖关系不断调整。

3.3.1.1　荆江河段冲淤变化

三峡工程蓄水运用以来，三口来流和来沙均大幅减少，受清水下泄影响，中下游长江干流河床总体处于冲刷状态，且逐渐向下游发展。河床以纵向冲刷为主，河势总体上尚未发生明显变化。河道岸线尤其江心洲经过守护，平面形态基本稳定，总体河势基本得到控制，但局部河段河势调整仍较剧烈。水流运动总体上具有趋直特性和主流顶冲点下移之势，在弯道段尤其急弯段表现较为突出，伴随凸岸冲刷崩退，出现主流撇弯、切滩演变现象，顶冲点逐段下移。崩岸强度及范围有所加大，主流顶冲段岸坡变陡，已护段出现局部损毁，未守护高滩发生不同程度坍塌。

（1）三峡水库蓄水以来，长期清水下泄导致荆江河段纵向冲刷严重。

据长江水利委员会水文局监测统计，荆江河段累计冲刷 12.30 亿 m^3，年均冲刷量为 0.68 亿 m^3。荆江纵向深泓以冲刷为主，平均冲刷深度为 2.97m，最大冲刷 20.1m（调关河段），其次为 14.5m（公安河段）。

2002 年 10 月至 2019 年 10 月，宜昌至湖口河段平滩河槽冲刷 25.590 亿 m^3，年均冲刷量 1.466 亿 m^3。其中宜枝河段河床冲刷强烈，且以纵向冲刷下切为主，床沙粗化明显。宜枝河段平滩河槽累计冲刷 1.664 亿 m^3，年均冲刷量为 0.0979 亿 m^3。深泓纵剖面平均冲刷下切 4.0m，深泓最大冲深 24.2m（外河坝断面）。荆江河段平滩河槽累计冲刷 11.916 亿 m^3，年均冲刷量为 0.701 亿 m^3，远大于三峡蓄水前 1975—2002 年年均冲刷量 0.11 亿 m^3。荆江纵向深泓以冲刷为主，平均冲刷深度为 2.94m，最大冲刷深度为 16.2m，位于调关河段，其次为文夹村附近的荆江断面，冲刷深度为 14.4m。城汉河段总体表现为冲刷，其平滩河槽冲刷量为 5.035 亿 m^3，年均冲刷量为 0.280 亿 m^3。深泓纵剖面总体冲刷，深泓平均冲深为 1.99m。荆江河段纵向冲淤情况见图 3.3-1。

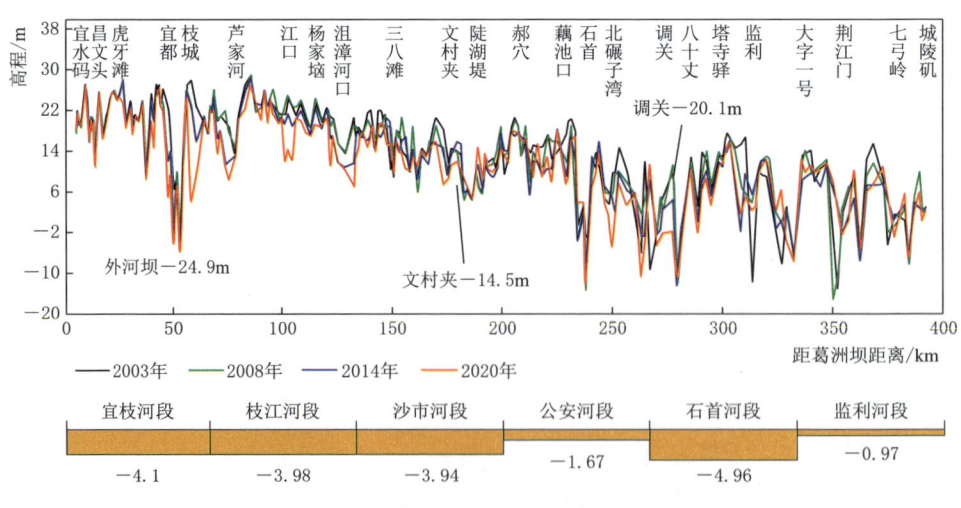

图 3.3-1　荆江河段纵向冲淤变化统计图

随着三峡水库持续清水下泄，长江中下游干流河道的冲刷将是全程发生且长期的。河道深度下切导致干流中枯水位明显降低。长江干流与三口不对等的冲刷使得三口分流"门槛"相对抬高，长江三口分流进一步减少、断流时间延长。

（2）极端水情条件下，河道断面冲槽淤滩现象明显

2020年，长江流域长江干流发生5次编号洪水❶，其中最大洪水为自中华人民共和国成立以来仅次于1954年、1998年的流域性大洪水。2020年8月11日至9月1日，干支流洪水恶劣遭遇，上游形成一次复式洪水过程（2020年第4、5号洪峰）。三峡水库出现建库以来最大入库流量75000m^3/s。经上游水库群联合调度，仍出现建库以来最大出库流量49400m^3/s和最高调洪水位167.65m，荆江河段流量枝城站最大流量51700m^3/s。莲花塘水位站自7月5日开始超警戒水位32.5m，直至9月1日才退出警戒水位，最高水位34.59m，超警水位幅度为2.09m，莲花塘站水位变化过程见图3.3-2。2020年度荆江河段"冲槽淤滩"，平滩河槽冲刷0.38亿m^3（枯水河槽冲刷0.41亿m^3），其中，上荆江冲刷0.31亿m^3，下荆江冲刷0.07亿m^3。

荆江河段断面宽深比随累计冲刷量的加大而减小，河床断面形态窄深化发展，上荆江较下荆江显著。上荆江典型断面冲刷变化见图3.3-3。

3.3.1.2 荆江河段洪枯水位对冲刷的响应

（1）螺山站水位流量关系变化。

螺山水文站上距长江荆江与洞庭湖汇合口约30km，下距武汉市220km，集水面积1294911km^2，是控制长江中游干流在洞庭湖入汇后水情、沙情的一类精度流量泥沙站。测站受自然山体约束，形成水位控制点，可视为荆江-洞庭湖水系的下游卡口边界。在城汉河段冲刷以及螺山

---

❶ 依据水利部《全国主要江河洪水编号规定》：
（一）当长江洪水满足下列条件之一时，进行洪水编号。
1. 上游寸滩水文站流量或三峡水库入库流量达到50000m^3/s；
2. 中游莲花塘水位站水位达到警戒水位（32.50m，冻结吴淞高程）或汉口水文站水位达到警戒水位（27.30m，冻结吴淞高程）；
3. 下游九江水文站水位达到警戒水位（20.00m，冻结吴淞高程）或大通水文站水位达到警戒水位（14.40m，冻结吴淞高程）。
（二）对于复式洪水，当洪水再次达到编号标准且时间间隔达到48小时，另行编号。

3 江湖关系新变化

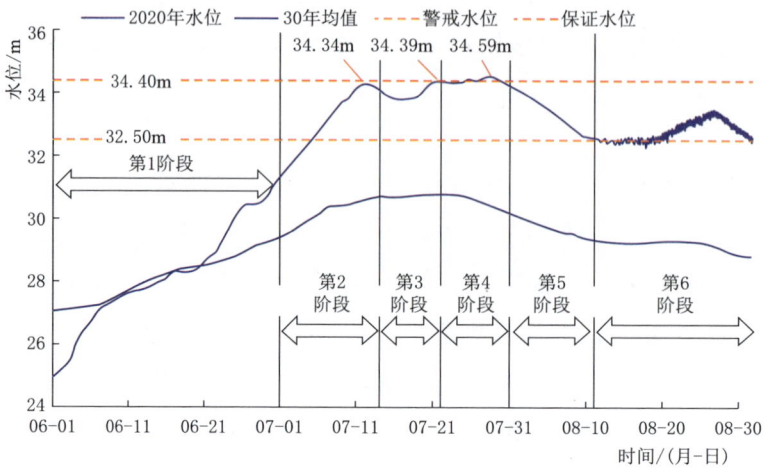

图 3.3-2 2020 年汛期莲花塘站实测水位变化过程图

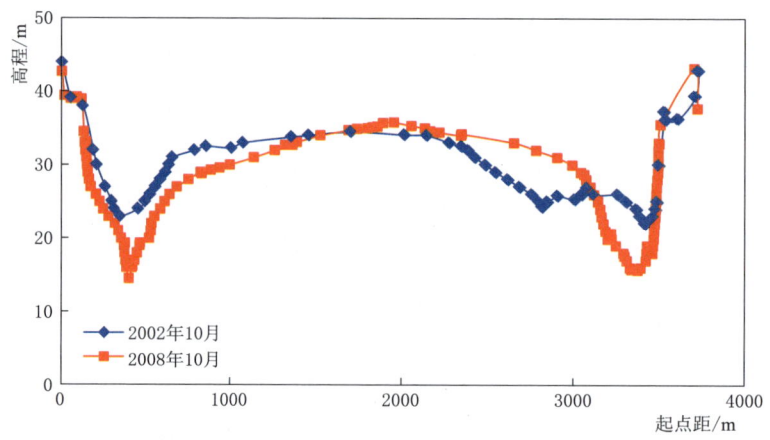

图 3.3-3 上荆江河段典型断面冲刷变化

下游河段顶托变化条件下，螺山站同流量水位的改变会影响其对下荆江和洞庭湖出口河段的顶托作用，并进一步影响荆江-洞庭湖关系格局。因此，螺山站同流量水位变化特征能体现荆江河段冲淤变化，也有助于研究水沙变化形势下洞庭湖的防洪形势。

基于螺山站流量和水位实测数据，分别对三峡水库蓄水前（1991—2002 年）、蓄水运行初期（2003—2012 年）及长江上游控制性水库群联合运用后（2013—2019 年）3 个时段绘制水位流量关系曲线，成果见图 3.3-4。

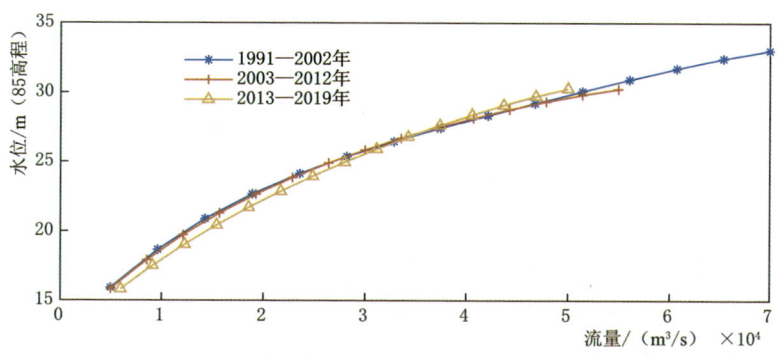

图 3.3-4 螺山站不同时期实测水位流量关系图

三峡蓄水前与三峡蓄水后 2 个时段的螺山水位流量关系线差异很小，同流量时水位略有下降，但不超过 0.15m。2013 年长江上游控制性水库群联合运用后，螺山水位流量关系发生较显著调整：①在流量小于 35000m^3/s 左右时，螺山站同流量水位有所下降且流量越小降幅越大，最大降幅为 0.89m，说明该河段平滩河槽冲刷明显且以枯水河槽冲刷为主；②在流量大于 35000m^3/s 左右时，螺山站同流量水位有所上升且流量越大升幅越大，最大升幅为 0.61m。说明 2013—2019 年螺山站高水时受下游顶托作用更加明显，且对洞庭湖顶托作用增强。

（2）荆江河段冲刷下切及河床粗化是造成通流量枯水位下降和中大洪水水位升高的原因。

1991—2016 年间，长江中游荆江河段同流量-枯水位呈下降趋势，2009 年以来降幅增大；河道冲刷是引起同流量-枯水位下降的主控因素。2003 年以来，长江中游河道水流含沙量降低，在河道冲刷下切的同时，河床明显粗化，河床综合糙率增大。2003 年以前洪水特征为"高洪水流量-高水位"，2009 年以来逐渐转化为"中大洪水流量-高水位"。河床综合糙率增加抑制了同流量-枯水位下降起到积极作用，但对中大洪水的水位升高起到促进作用。

3.3.2 洞庭湖冲淤特性

根据水文泥沙资料统计见表 3.3-1，1953—2019 年洞庭湖区总淤积泥沙 61.02 亿 t，约合 45.20 亿 m^3。该时段洞庭湖年均来沙 12543 万 t，

3 江湖关系新变化

其中来自长江三口的 10121 万 t，占比 80.7%；来自四水的 2422 万 t，占比 19.3%，经由城陵矶输入长江的泥沙 3570 万 t，洞庭湖年均淤积 8973 万 t。

不同时段入湖、出湖和淤积在洞庭湖的泥沙量都逐渐减少，见图 3.3-5。和 1953—1958 年相比，2009—2019 年总入湖沙量由 26382 万 t 减少到 1381 万 t，减少 94.8%，其中四口入湖沙量由 21983 万 t 减少到 633 万 t，减少 97.1%；四水入湖沙量由 4399 万 t 减少到 749 万 t，减少 83.0%。

从不同时段的入湖、出湖及泥沙淤积变化可以看出，三峡工程的运行改变了洞庭湖泥沙输入格局。三峡工程运行以前（1981—2002 年），三口是洞庭湖泥沙的主要来源，占三口四水入湖泥沙总量的 80%。三峡工程运行初期（2003—2008 年）年占比约 57.6%；三峡工程稳定运行后，三口来沙占比进一步减小至 45.8%。三峡工程建成前虽入湖沙量逐年减少，但淤积量占入湖沙量的比例，即泥沙淤积率无明显增大或减小的趋势，三峡工程蓄水运用后洞庭湖泥沙沉积率明显减小，2009 年以后湖区出现冲刷态势。洞庭湖年均淤积泥沙由 1.2 亿 t 转为基本冲淤平衡，为全面保护洞庭湖、系统治理洞庭湖创造了条件。

表 3.3-1 洞庭湖来沙及泥沙分时段年均淤积量统计表

时段	入湖泥沙量（万 t/年）										出湖泥沙量/（万 t/年）	淤积泥沙	
	三口				四水					合计		淤积量/（万 t/年）	占比/%
	松滋口	太平口	藕池口	小计	湘水	资水	沅水	澧水	小计				
1953—1958 年	6068	2403	13394	21983	1269	846	1522	762	4399	26382	6838	19544	74.1
1959—1966 年	5254	2354	11446	19054	894	180	1209	550	2833	21887	5785	16102	73.6
1967—1972 年	4857	2108	7244	14210	1122	260	1922	779	4082	18292	5247	13045	71.3
1973—1980 年	4711	1935	4430	11076	1298	176	1474	718	3666	14742	3839	10903	74.0
1981—2002 年	4152	1530	2981	8662	865	150	664	454	2132	10794	2783	8011	74.2
2003—2008 年	706	191	456	1353	527	43	138	286	994	2347	1525	822	35.0
2009—2019 年	359	78	196	633	453	63	125	108	749	1381	1904	−522	−37.8

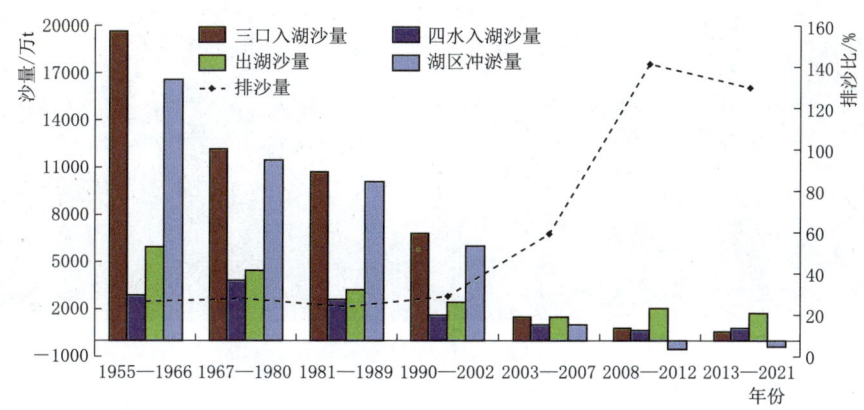

图 3.3-5　不同时期洞庭湖出湖、入湖泥沙及淤积变化图

3.3.3　长江湖南段河势变化

长江湖南段地貌单元属冲积平原，地势平缓，总体呈西高东低之势，沿江一线除在塔市驿、洪山头、铜鼓山、螺山卡口及儒溪炮台山等地有山丘岗地外，其余均为河流冲积平原。两岸民垸均靠堤防保护。堤外多漫滩，其宽窄不一，较宽处宽达 0.4~1.8km，多在荆江河段；其他地段仅 100m 左右。河段多年平均流量为 20400m³/s，最大流量为 78800m³/s，历史以来局部崩岸时有发生。

长江湖南段是长江中游河床最深（荆江门汛期最大水深达 63m）、流速最快（最大流速达 4.27m/s）、弯道最多、最急（平均约 10km 一个弯道，荆江门弯道弯曲半径为 1350m）、崩岸线比例最大的地区。长江干流湖南段 159.85km 岸线内有新沙洲、天字一号、洪水港、荆江门、七弓岭、城螺、界牌 7 个重要险工段，崩岸线长 142.2km。

历史上荆江崩岸较多，大多发生在水流贴岸、近岸河床冲刷明显的部位。随着护岸工程的逐渐实施，崩岸强度、频次逐渐减轻。下荆江多于上荆江，且荆江左岸崩岸多于右岸。荆江河段河势及历史崩岸分布示意见图 3.3-6。

2003 年以来，受三峡工程蓄水运行、清水下泄影响，长江中下游河势发生了新的变化，由于近岸冲刷加剧导致岸坡变陡，进而引发河道崩岸。据长江水利委员会统计资料，2003—2020 年，长江中下游干流河道共发生崩岸

3 江湖关系新变化

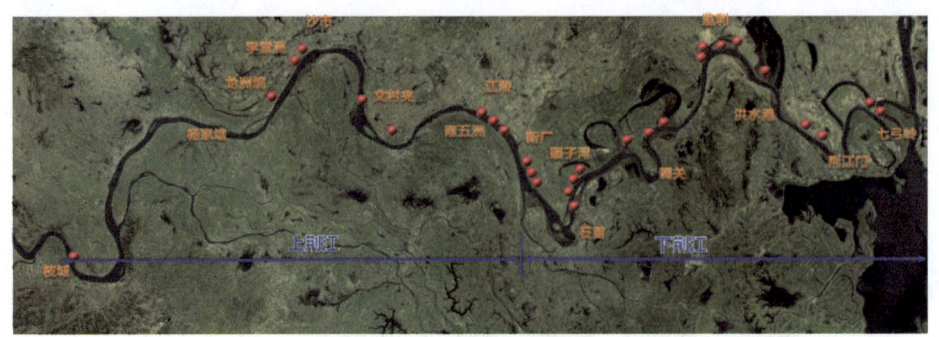

图 3.3-6　荆江河段河势及历史崩岸分布

险情 1010 处（以窝崩和条崩为主），总长度 729.5km。在三峡工程运行初期，崩岸的范围急剧发展，而随着水库运行优化、下游干流治理等措施的实施，崩岸总体呈减少趋势，但极端水情，如 2020 年大洪水年份崩岸增加。

荆江河段崩岸长度年度分布如图 3.3-7 所示。

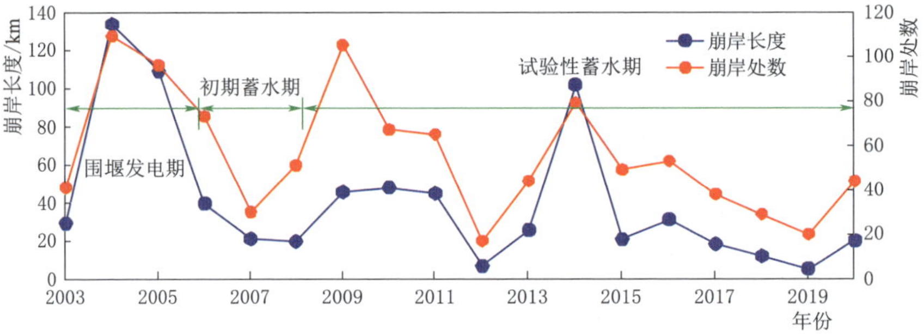

图 3.3-7　荆江河段崩岸长度年度分布图

荆江河段崩岸的形式主要有窝崩及条崩，且以条崩为主。窝崩是指河岸大面积土体的崩塌，平面上成窝状（半圆形或马蹄形）楔入河岸；条崩是指长距离河岸土体的大幅度崩解或塌落，见图 3.3-8。条崩在长江中下游较为常见，据不完全统计在长江中下游规模较大的崩岸中条崩占 80% 以上。许多河段因连年发生崩塌，造成岸线不断后退。据大通站监测数据表明，2003—2017 年间，长江干流年均输沙量较蓄水前减少 68%，河道崩岸问题需持续关注。

荆江河段局部崩岸险情统计见表 3.3-2，2003—2023 年长江湖南段崩岸险情统计见表 3.3-3。

3.3 冲淤与河势变化

华容县天字一号崩岸（桩号27+680～27+790）
2023年11月8日

君山区七弓岭河段崩岸（桩号14+500～16+700）

图 3.3-8　典型崩岸实景图

表 3.3-2　1998—2021年荆江河段局部崩岸险情统计表

河段	年份	出　险　地　点	崩岸长度/km	崩岸处数
监利河段	2000	盐船套	1000	1
	2001	铺子湾	410	1
	2003	团结闸	1265	1
	2004	洪水港、七弓岭	350	2
	2005	团结闸、荆江门	1305	2
	2006	天星阁、团结闸、七弓岭等	5982	6
	2007	观音洲、八姓洲	280	2
	2008	新沙洲	200	10
	2009	新沙洲	900	8
	2010	天星阁、团结闸、孙良洲、铺子湾	500	4
	2011	天字一号、熊家洲	200	2
	2012	荆江门、铺子湾、天星阁	300	3
监利河段	2014	观音洲、天字一号、洪水港、张家墩、七弓岭	2718	11
	2015	孙良洲、天星阁、新沙洲、洪水港、荆江门、张家墩、七弓岭	9386	12
	2016	新沙洲、七弓岭	1880	2
	2017	新沙洲、七弓岭	2960	2
	2018	新沙洲、天字一号	9250	3
	2019	新沙洲	1482	1
	2020	北门口、荆江门	440	5
	2021	七弓岭	50	1
合计			40858	79

表 3.3-3　　2003—2023 年长江湖南段崩岸险情统计表

时间	地点	处数	长度/m	备注
2003—2016 年	华容新沙洲河段	72	6090	2009 年 1 月，已护段发生 9 处长 240m 窝崩险情，最崩退 13m，河床冲深 6m
	华容天字一号河段	15	4300	2006 年 3 月，长 1980m 剧烈崩岸险情，最崩退 51m
	君山洪水港河段	12	4650	
	君山荆江门河段	15	2000	2012 年已护工程发生重大窝崩险情
	君山张家墩河段	19	3860	
2003—2016 年	七弓岭河段	19	660	
	云溪城螺河段	17	9020	
	临湘儒溪河段	8	4086	
	临湘界牌河段	22	1900	
	临湘黄盖湖河段	3	3000	
2020 年 9 月	君山荆江门铁铺码头段	2	215	最大崩退 43m，距干堤 380m
2021 年 12 月	七弓岭	1	50	冲坑坑长 26m，宽 15m
2023 年 11 月	华容天字一号	3	270	宽约 37m（至滩顶）
合计		207	40096	

3.4　三峡及上游水库群优化调度对洞庭湖区水位的影响

3.4.1　三峡水库调度运行方案

根据《三峡（正常运行期）-葛洲坝水利枢纽梯级调度规程》（2019 年修订版），三峡水库调度运行方案如下。

3.4.1.1　调度原则

（1）水库调度运用要兼顾防洪、发电、航运和排沙要求，协调好防洪与兴利各部门之间的关系，发挥最大的综合效益。

（2）汛期，发电与防洪、排沙在水库运用上存在一定矛盾，应以防洪与排沙为主，发电服从防洪与排沙。

（3）枯水期，发电与航运以及航运对大坝上下游的不同要求之间都有一定矛盾，发电调度与航运调度相互协调并服从水资源调度，充分考虑地质灾害防治及库岸稳定对水库水位变动的要求，不影响库区移民，尽量减缓水库泥沙淤积。

3.4.1.2 水资源调度目标

（1）三峡水库的水资源调度，应当首先满足城乡居民生活用水，并兼顾生产、生态用水以及航运等需要，注意维持三峡库区及下游河段的合理水位和流量。

（2）三峡水库蓄水至最高蓄水位之后，根据枯水期下游地区供水、航运、水生态与环境以及发电等方面的要求，增加下游河道流量。

（3）遇特枯年份或特枯时段，为长江下游实施应急补水；当库区或下游河道发生水生态事件时，实施应急调度，尽量减轻事故影响。

3.4.1.3 水资源（水量）调度方式优化

三峡工程建成后，水库初期运行调度采用上年汛末蓄水至175m、次年汛前降至145m运行方式来实现防洪、发电、航运等综合利用。根据水库调度运行情况，大致可以划分为三个时期：蓄水期（9—10月）、补水期（11月至次年3月）、汛期（4—8月）。

2003年蓄水运用以来，三峡水库运行条件较初步设计发生了较大变化。随着上游水库群逐步建成投运，三峡的入库水沙条件发生了显著改变，入库泥沙大幅减少；同时，随着经济社会的高速发展，防洪、发电、航运、生态等方面对三峡工程综合效益发挥提出了更高的要求。为了适应运行条件的变化，使三峡工程综合效益得到进一步提升和拓展，三峡运行调度方案经过几轮优化。

2009年，《三峡水库优化调度方案》经国务院批准实施，在汛期水位浮动、兼顾城陵矶防洪补偿调度、汛末提前蓄水、枯水期供水等方面进行了优化：汛期水位允许有条件地上浮至146.5m；明确了155m以下56.5亿m^3防洪库容对城陵矶实施补偿调度；汛末从9月15日开始蓄水，9月底水位按156～158m控制，蓄水期10月最小下泄流量提高至6500～8000m^3/s；枯水期1—2月最小下泄流量提高至6000m^3/s。

2010年，国家防汛抗旱总指挥部（以下简称"国家防总"）批复的《三峡-葛洲坝水利枢纽2010年汛期调度运用方案》首次纳入中小洪水调度原则；《三峡工程2010年蓄水实施计划》将蓄水时间提前至9月10日，枯水期最小下泄流量6000m^3/s维持的时间从1—2月延长至4月。

2011年，国家防总批复的《三峡工程 2011 年蓄水实施计划》首次提出可在消落期适时开展冲沙调度和生态调度试验。

2015年，《三峡（正常运行期）-葛洲坝水利枢纽梯级调度规程》获水利部批准执行，与《三峡水库优化调度方案》相比，有以下调整：一是可有条件地根据时机进行中小洪水调度、库尾减淤调度和促进四大家鱼繁殖的生态调度；二是蓄水时间进一步提前至 9 月 10 日，9 月上旬水位可按 150m 控制，9 月底水位按 162～165m 控制，10 月最小下泄流量提高至 8000m^3/s，1—2 月最小下泄流量提高至 6000m^3/s。

2020年，水利部批准了《三峡（正常运行期）-葛洲坝水利枢纽梯级调度规程》（2019 年修订版），汛期实时调度库水位最高可上浮至 148m 运行，兼顾城陵矶防洪补偿控制水位最高可到 158m，8 月下旬水位可按 150m 控制，9 月上旬水位可按 150～155m 控制，并进一步明确了实施减轻中游防汛压力的中小洪水调度条件。

2003年蓄水运用以来，三峡水库运行后防洪与蓄水运行主要优化技术指标见表 3.4-1。三峡防洪库容划分示意图见图 3.4-1，典型年份库水位及下泄流量调度见图 3.4-2。三峡水库汛期防洪控制水位提高，蓄水时机提前。

表 3.4-1　三峡水库运行以后防洪与蓄水运行主要技术指标优化

规程及方案	防洪运行技术指标			蓄水运行技术指标			蓄水时机
	汛期水位浮动上限/m	兼顾城陵矶防洪补偿控制水位/m	中小洪水调度方式	控制水位/m			
				8月下旬	9月10日	9月底	
初期调度规程	—	—	—	145.0	145.0	145.0	10月1日
2009年《三峡水库优化调度方案》	146.5	155	—	146.5	146.5	156～158	9月15日
2015年《三峡（正常运行期）-葛洲坝水利枢纽梯级调度规程》	146.5	155	定性描述	146.5	150.0	162～165	9月10日
《三峡（正常运行期）-葛洲坝水利枢纽梯级调度规程》（2019年修订版）	148.0	158	明确条件	150	150～155	162～165	9月10日

3.4 三峡及上游水库群优化调度对洞庭湖区水位的影响

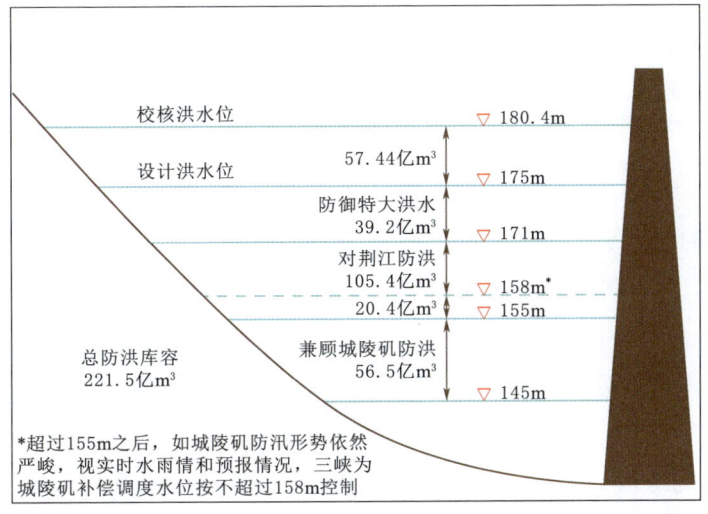

图 3.4-1 三峡防洪库容划分示意图

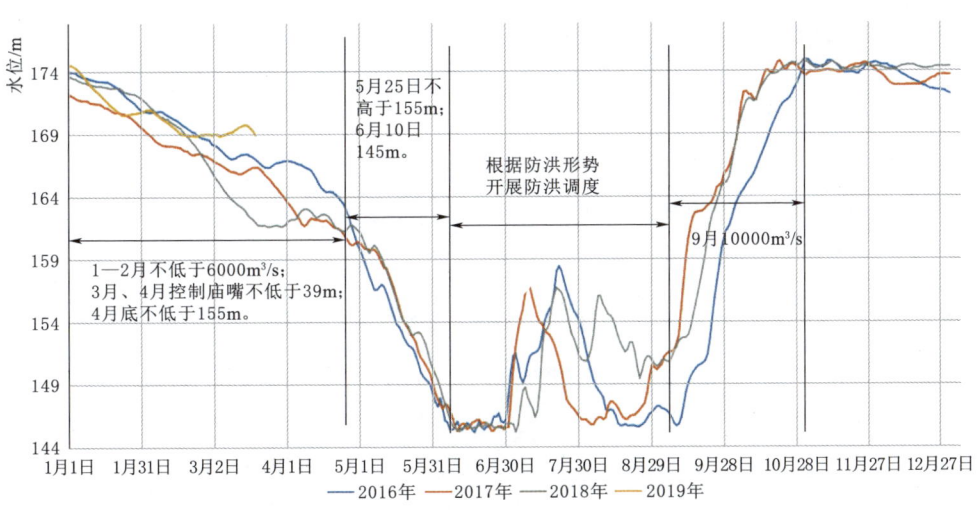

图 3.4-2 三峡水库典型年份调度图

3.4.2 洞庭湖对上游水库群优化调度的响应

3.4.2.1 全湖水位变化

水位是湖区水情的关键指标，其对区域水资源利用、水环境及水生态都是重要的影响因子，早在 20 世纪 90 年代就备受关注。三峡水库运

117

3 江湖关系新变化

行对洞庭湖水位的影响很大。经过20年运行，洞庭湖水位已出现规律性变化。现有研究一致结论是：三峡水库运行降低了丰水期洞庭湖水位，而由于蓄水的影响，造成9—10月洞庭湖水位提前降低，且呈现更枯的变化。

受气候变化、复杂来水的影响，导致洞庭湖水位变化的因素很多。三峡水库的建设运行是区域水情变化的关键控制因子，本书仅以三峡水库运行时间为节点对洞庭湖水位进行对比分析，以三峡水库运行（2003年）、三峡上游大型水库联合调度（2013年）为控制时间节点，以1992—2002年、2003—2012年及2013—2020年月尺度实测水位资料为研究资料，分别代表三峡工程运行前、三峡工程运行后及三峡及上游水库群联合调度后三个典型时段。选取四水尾闾控制站湘潭、桃江、桃源和津市分别为湘、资、沅、澧出流（即洞庭湖入流）控制站，城陵矶（七里山）为洞庭湖出口控制站，南嘴、小河咀为西洞庭控制站，杨柳潭为南洞庭控制站，鹿角为东洞庭水位代表测站。测站分布见图3.4-3。

图3.4-3 洞庭湖测站分布图

1. 2003—2012 年较 1991—2002 年洞庭湖水位变化

三峡工程建成后，水库采用上年汛末蓄水至 175m、次年汛前降至 145m 运行方式来实现防洪、发电、航运等综合利用。

三峡水库运行后，洞庭湖各个湖区的水位都产生了不同程度的变化，洞庭湖三个湖区水位在三峡水库运行后总体上均有所下降。与 1991—2002 年比，三峡运行的前十年（2003—2012 年），洞庭湖各主要测站月平均水位变化见图 3.4-4。

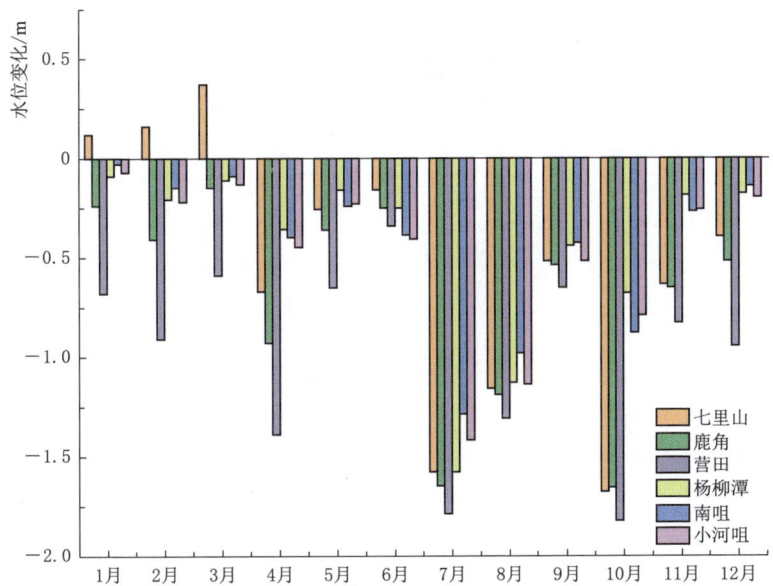

图 3.4-4　洞庭湖主要测站月平均水位变化图（2003—2012 年较 1991—2002 年）

进一步对比各湖区水位在三峡水库运行前后的年际均值发现，洞庭湖各湖区水位变化以南洞庭湖水位下降最大，东洞庭湖次之，西洞庭湖下降最小。

从月尺度来看，三峡水库运行初期（2003—2012 年），除七里山站外，洞庭湖各个湖区水位整体下降。汛期（4—9 月）洞庭湖水位降低，7—8 月降幅最大，月平均最大降幅发生在南洞庭营田站，降幅达 1.78m；七里山站 7 月平均水位下降 1.58m，湖区防汛形势极大改善；三峡蓄水期，洞庭湖水位急剧下降，最大降幅发生在南洞庭营田站，10 月降幅达 1.83m，七里山站 9 月、10 月平均降低 0.52m、1.68m。枯水期（11 月至次年 3 月）

湖区站点水位均降低，洞庭湖枯水形势加剧，仅七里山站1—3月水位略有上升，最大涨幅0.3m，发生在3月。

2. 2013—2020年较1991—2002年洞庭湖水位变化

与1991—2002年相比，三峡优化调度运行后（2013—2020年），洞庭湖主要测站月平均水位变化见图3.4-5。

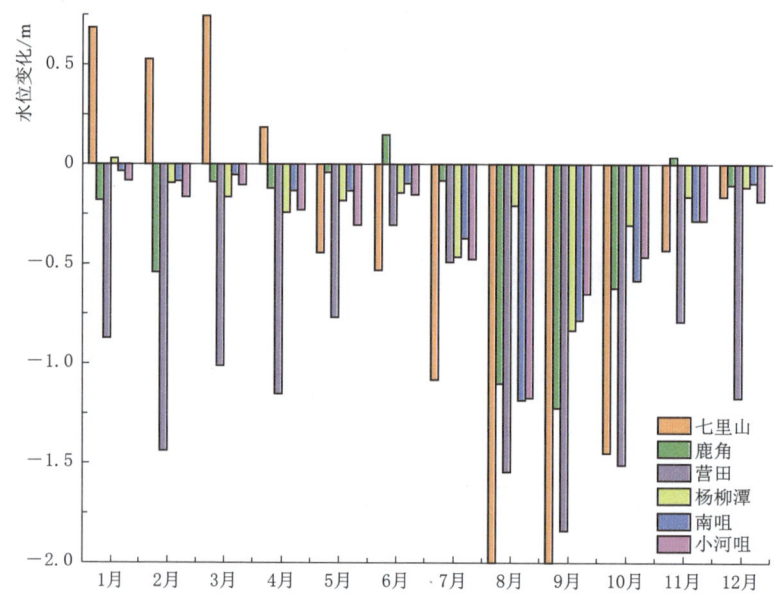

图3.4-5　洞庭湖主要测站月平均水位变化图（2013—2020年较1991—2002年）

3. 2013—2020年较2003—2012年洞庭湖水位变化

如图3.4-6所示，2013年三峡及上游水库联合调度运用后，洞庭湖口和东洞庭枯水期（1—3月）的枯水情势有较大改善，4月城陵矶水位较三峡运行前平均略微上涨；汛期水位进一步优化，与联合调度前相比，8月洞庭湖水位进一步降低，9月湖区水位降幅增大，10月长江干流及洞庭湖出口区水位略有抬升。这表明优化调度后，三峡及上游水库充分利用汛末洪水资源，较2003—2012年调度方案，10月洞庭湖枯水形势有所改善，但洞庭湖总体水位下降和枯水形势仍未改变。

3.4.2.2　城陵矶水位变化

城陵矶位于荆江干流与洞庭湖出口交汇处，是洞庭湖水流汇入长江的唯一出口，城陵矶水位变化直接关系到荆江和洞庭湖区的防洪安全。城陵

3.4 三峡及上游水库群优化调度对洞庭湖区水位的影响

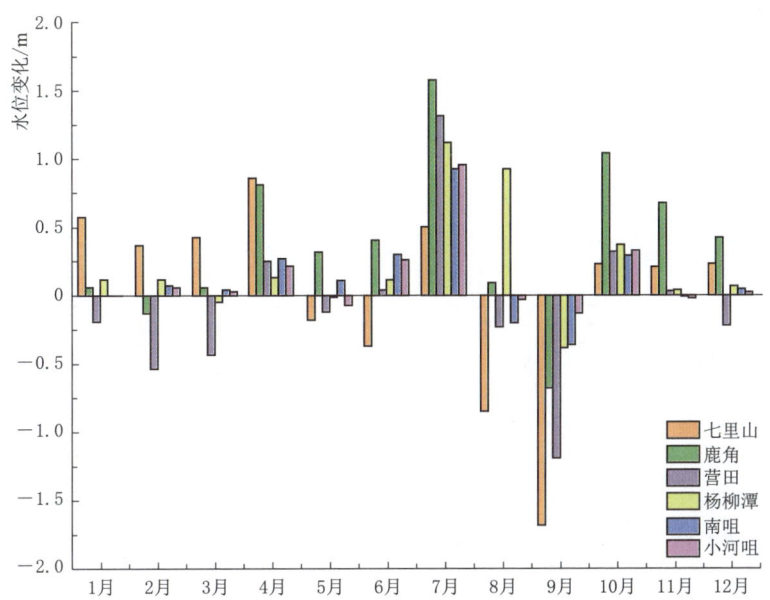

图 3.4-6 洞庭湖主要测站月平均水位变化图（2013—2020 年较 2003—2012 年）

矶水文站初设于 1904 年 1 月 1 日，站址位于城陵矶海关；1930 年在七里山（现站址处）设立流量断面，施测出湖水量、沙量，并逐步增加水质、泥沙颗粒、降水、蒸发等测验项目。1952 年确定城陵矶（七里山）水尺断面为基本断面使用。城陵矶水文站是长江流域已有的 135 个水文站之一，也是洞庭湖的控制站，更是洞庭湖的水旱灾情的测报的"哨兵"。

三峡运用后，七里山站多年平均水位整体略有降低，年内分配进一步坦化，表现为汛期平均水位降低，枯水期平均水位升高。

三峡水库运行初期（2003—2012 年），七里山站多年平均水位下降 0.54m；1—3 月平均水位升高了 0.03～0.29m，3 月增幅最大；4—12 月平均水位降低了 0.10～1.65m，10 月降幅最大。除 2 月、11 月外，其余各月月最高水位均降低，9 月降低 3.67m 为最大；5—6 月、8—10 月最低水位降低，8 月降低 2.18m 为最大，6 月降低 1.0m 为最小；逐日平均水位 3 月抬高略大，7—10 月降低明显。

较 2003—2012 年，三峡及上游水库群联合调度后（2013—2020 年），受长江上游来水与控制性水库调蓄等影响，七里山站 12 月至次年 5 月水位上升、6—10 月水位下降，其中 8—9 月水位下降幅度最为显著。其中 12

月至次年 5 月，七里山站水位相应提升了 0.31~1.03m。

较 1991—2002 年，三峡及上游水库群联合调度后（2013—2020 年）七里山站年平均水位变化见图 3.4-7 和月平均水位变化见图 3.4-8。1—4 月，城陵矶水位上涨，其中 3 月涨幅最大，3 月、4 月水位平均上涨 0.76m 和 0.26m。5—12 月，城陵矶水位降低，9 月降幅最大，达 1.99m。5—10 月降幅为 0.15~1.99m。

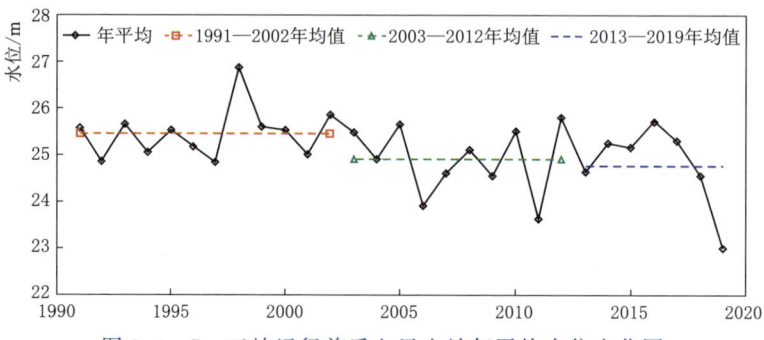

图 3.4-7　三峡运行前后七里山站年平均水位变化图

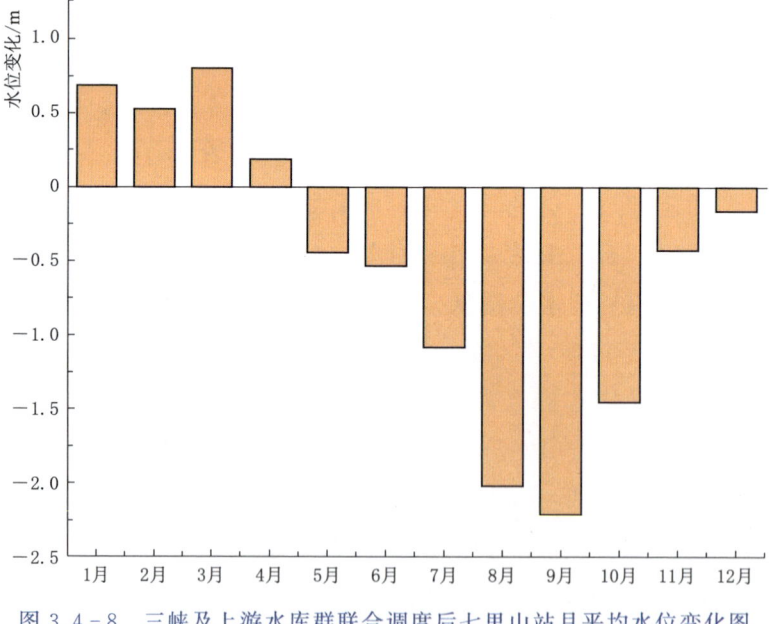

图 3.4-8　三峡及上游水库群联合调度后七里山站月平均水位变化图

3.4.2.3　三峡及上游水库群优化调度对洞庭湖的影响

（1）上游水库群汛期调度极大地改善了洞庭湖区的防洪形势。

三峡水库的总库容为 393 亿 m³，其中调节库容为 185 亿 m³，防洪库容 221.5 亿 m³。通过水库的调节，长江荆江河段的防洪标准由 10 年一遇提高到 100 年一遇。自 2003 年以来，三峡水库已经成功拦蓄了 20 次超过 50000 m³/s 的洪峰，为中下游平原等地区提供了可靠的防洪保障。例如 2020 年汛期通过实施水工程联合调度降低中下游干流宜昌至大通河段最高水位 0.3～3.6m。

（2）上游水库群枯水期补水对湖区水资源利用有积极作用，但影响范围有限，洞庭湖区枯水形势依然严峻。

自 2012 年开始实施的长江流域水工程（水库群）联合调度在大水年和枯水年分别发挥了显著的江湖防洪效益和补水作用。通过优化调度，三峡水库每年枯水期下泄流量由不足 3000m³/s 提高到 6000m³/s 以上，为有效缓解长江中下游旱情、保障供水安全和改善生态环境发挥了重要作用。2022 年长江流域严重的气象水文干旱时，三峡及长江上游水库群 2 次联合调度为长江中下游抗旱补水，为洞庭湖补水近 2 亿 m³，部分改善了洞庭湖区取用水条件。

通过洞庭湖水位研究发现，上游水库群在枯水期对下游地区补水，对下游洞庭湖区水资源利用有积极作用。但受干流河道冲刷下切和上游水库群蓄水影响，荆江三口分流减少，洞庭湖区枯水情势加剧，对湖区水资源利用的不利影响仍未消除。

（3）三口分流减少加剧了洞庭湖四口水系地区水资源供需矛盾。

由于荆江河段与三口河道发生不对等冲刷，三口分流减少，加剧了洞庭湖四口水系地区的水资源供需矛盾。洞庭湖四口水系地区沿岸的农业灌溉大部分依靠河道引水，三口分流减少、断流时间延长导致大部分沿河灌溉涵闸在春灌期间不能正常引水；由于河道水位降低，现有提灌站扬程增大，机组不能正常使用，加之分流量减少及断流时间延长，导致供水保证率下降；部分城区自来水取水口无法取水。

3.5 江湖关系新形势下洞庭湖水情变化综述

3.5.1 受自然和人为建设影响，长江-洞庭湖水系结构相对稳定

近 100 多年来，洞庭湖逐渐淤积萎缩，湖泊面积由 6000km² 逐步减小

为 20 世纪 50 年代的 4350km^2，20 世纪 80 年代以来稳定在 2625km^2。1953—2019 年，洞庭湖淤积泥沙超过 61 亿 t，淤减湖容约 45 亿 m^3。

3.5.2　三口入湖径流呈减少趋势，三口断流时间提前且延长

三口分流比基本上与长江干流来水呈正相关关系，即干流来水越大，三口分流比也越大。自 1956 年以来，三口分流比总体呈下降趋势；与三峡运行前 20 年相比，总体分流比略有降低，三口的分流比保持在 12% 左右，三口入湖径流总量约 459 亿 m^3，其中长江流域枯水周期和荆江河道冲刷加剧了三口分流量的减少。

长江径流过程发生改变造成三口分流的减少主要集中在 5—11 月，枯水期 1—4 月基本持平。洞庭湖三口分流继续减少、断流时间延长。除松滋西河全年通流外，其他河道年均断流达 140～272 天。特枯年份，三口断流时间延长，三口水系沿岸地区 460 万人、575 万亩农田用水问题突出。

3.5.3　洞庭湖入湖径流组成变化，年内重新分配

三口、四水是洞庭湖入湖径流的主要来源，其来水占比受水文周期性丰枯变化影响。1951—2020 年，洞庭湖三口四水多年平均入湖径流 2433 亿 m^3，其中四水入湖径流总量 1686 亿 m^3，三口入湖径流 747 亿 m^3。三峡工程运行后，实测三口四水多年平均入湖径流量为 2013 亿 m^3，较三峡运行前减少约 23.6%。

四水入湖径流三峡运行后较三峡运行前相差不大。建库前（1956—2002 年）三口多年平均入湖径流量 947 亿 m^3，占三口四水来水总量的 36.0%；三峡运行后（2003—2020 年），三口多年平均入湖径流量 360 亿 m^3，三口入湖径流占比减小至 17.9%。经研究，三口入湖径流的减少与长江流域枯水周期有关，三峡水库蓄水加剧了枯水形势。

洞庭湖多年平均出湖（城陵矶站）径流量为 2482 亿 m^3。新江湖关系形态下，洞庭湖出湖水量总体减少。汛期洞庭湖调洪作用明显，除主汛期外，洞庭湖出湖水量增加。

3.5.4　三口入湖沙量急剧减少，长江干流河道冲刷加剧，三口水系萎缩

长江流域水土保持和中下游水沙过程发生改变，造成长江干流来沙明

显减少。2003—2020 年长江干流宜昌站实测年均径流量较 1981—2002 年略有减少（3.5%），但实测年均输沙量仅为 1981—2002 年的 7.1%，减少了 92.9%（三峡入库泥沙减少、三峡水库拦沙分别占 62%、38%）。受清水下泄影响，长江干流河道发生长距离冲刷，宜昌至湖口河段基本河槽冲刷泥沙 25.59 亿 m^3，年均冲刷量 1.466 亿 m^3。长江干流河势持续变化，崩岸险情加剧，三口河道萎缩。

3.5.5 洞庭湖入湖泥沙组成发生根本性变化，淤积减缓

自 1953 年以来，洞庭湖入湖泥沙呈明显减少趋势。三峡运行以前（1981—2002 年），三口是洞庭湖泥沙的主要来源，荆江三口 1956—2018 年多年平均入湖沙量占总入湖沙量的 80.3%。三峡水库蓄水后（2003—2012 年），三口入湖的泥沙量大幅减少，占入湖总沙量的比例下降至 57.2%，2013—2019 年该比例进一步下降至 33.6%，四水成为洞庭湖泥沙的主要来源。同时，洞庭湖出湖泥沙量增加，总体呈微冲微淤状态，对调蓄湖容的维持有积极作用。

3.5.6 三峡及上游水库群防洪效益明显，优化调度局部改善洞庭湖区枯水形势

三峡水库运行初期（2003—2012 年），除七里山站外，洞庭湖各个湖区水位整体下降。汛期（4—9 月）洞庭湖水位降低，7—8 月降幅最大，七里山站 7 月平均水位下降 1.58m，湖区防汛形势极大改善；三峡蓄水期，洞庭湖水位急剧下降，七里山站 9 月、10 月平均降低 0.52m、1.68m。枯水期（11 月至次年 3 月）湖区站点水位均降低，仅七里山站 1—3 月水位略有上升，洞庭湖枯水形势加剧。

三峡及上游水库群联合调度后（2013—2020 年），洞庭湖区总体水位下降趋势仍未改变，洞庭湖口和东洞庭枯水期（1—3 月）的枯水情势有较大改善，4 月城陵矶水位较三峡运行前平均略微上涨。汛期水位进一步优化，与联合调度前相比，8 月洞庭湖水位进一步降低，9 月湖区水位降幅增大，10 月长江干流及洞庭湖出口区水位略有抬升，表明三峡及上游水库充分利用汛末洪水资源，提前蓄水缩短了下游枯水时长。

3 江湖关系新变化

综上，长江-洞庭湖关系变化对洞庭湖区水情产生了新影响，其主要变化响应过程示意见图3.5-1。

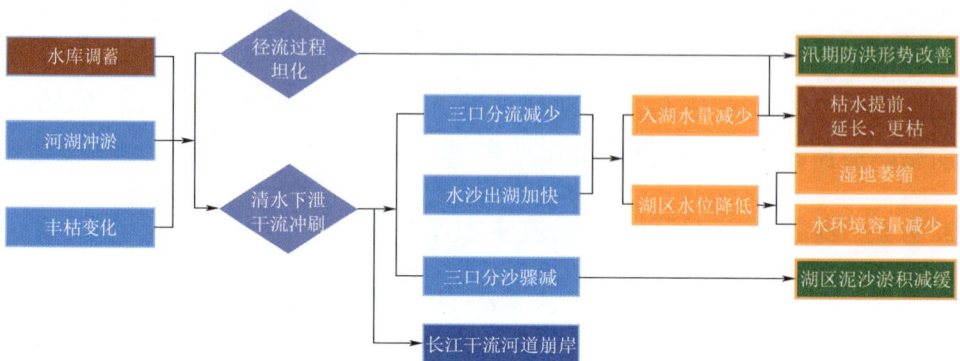

图 3.5-1　长江-洞庭湖关系变化及响应过程

4

江湖关系新变化对湖区水安全保障的影响

洞庭湖是湖南的母亲湖，是我国径流量最大的淡水湖泊、长江重要的调蓄湖泊和国际重要湿地，素有"鱼米之乡"和"天下粮仓"的美誉，担负着长江流域水安全、生态安全和国家粮食安全的重大责任。洞庭湖的水安全是区域社会发展的重要基石，防洪安全、饮水安全、用水安全、河湖生态安全是洞庭湖区水安全的4大支柱。

江湖关系变化对长江中下游干流和洞庭湖区水沙情势产生了影响，进而直接影响洞庭湖区水安全情势，岳阳地区首当其冲。洞庭湖区防洪、水资源、水生态和水环境的新老问题交织凸显。高质量发展对水安全基础保障功能提出了新要求。本节在前述江湖关系对岳阳地区的影响基础上，着重讨论岳阳地区防洪形势、水资源分布、生态环境变化，为制定科学的水安全保障策略提供依据。

4.1 防洪排涝形势变化

4.1.1 流域防洪排涝形势

4.1.1.1 三峡及上游水库群拦洪、削峰、错峰，极大减轻了荆江河段防洪压力

长江流域历来是中国受洪水威胁最严重的地区，洞庭湖流域与长江命运相连，同时受长江流域型洪水❶和洞庭湖区域洪水❷影响。历史洪水记载表明：自西汉（前206年）至清末（1911年）的2117年间，长江共发生水灾214次，平均约10年一次。随着经济社会的发展，长江水灾频次愈发升高发且灾情也愈发严重。历史上，1870年、1954年、1981年和1998年长江上游都发生特大洪水，但当时上游控制性水库还未建成，洪水给中下游造成了巨大损失。近现代，长江流域发生过较为典型的流域型洪水有：1931年、1954年、1998年及2020年洪水；洞庭湖区域典型洪水有：1996年、2017年洪水。

---

❶ 流域型洪水是由于多场连续大面积暴雨导致上、中、下游地区均发生的洪水。发生流域性洪水时，干流和支流洪水、上游和中下游洪水相互遭遇。流域型洪水具有峰高量大、高水位历时长的特点。

❷ 区域型洪水：相对于流域而言，子流域产生较大范围暴雨，导致干流某些江段或支流发生的洪水。相对于长江，洞庭湖流域洪水就属于区域型洪水。

洞庭湖洪灾的特点为：①调蓄长江洪水，减轻江汉平原以及下游河段去水量，属于调节性水灾；②洞庭湖水系呈向心状，湘、资、沅、澧四水从四面八方向洞庭湖汇聚，与长江三口汇入洞庭湖的洪水相遇，洞庭湖不堪重负，暴发全湖区的自身流域性洪灾；③城陵矶水位高，洞庭湖水受顶托，无法畅流入江，因而水灾具有封闭性。

三峡工程位于长江上游与中下游交界处，作为长江上游干流梯级水库的最末一级，控制流域面积达 100 万 km^2，占长江流域总面积的 55.5%，相当于长江上游水库群的"总开关"，能够恰好扼住上游洪水的"咽喉"，可控制荆江河段 95%、武汉以上 67% 的洪水流量。三峡大坝设计防洪限制水位 145m，设计正常运行水位 175m，防洪库容 221.5 亿 m^3。三峡工程作为长江防洪体系中的关键骨干工程，通过错峰、削峰作用对长江上游洪水起到了关键的控制作用，主导了江湖关系变化，对下游防洪产生了积极作用。2003—2021 年三峡水库先后应对 50000m^3/s 以上洪水过程 20 次，累计拦蓄洪水超 2000 亿 m^3。其中 2010 年、2012 年和 2020 年最大入库洪峰流量均超过 70000m^3/s，大于 1998 年宜昌站最大洪峰流量 63300m^3/s 和 1954 年 66800m^3/s，三峡水库通过削峰、错峰调度成功应对洪水，有效保障了长江中下游的防洪安全。特别是 2020 年长江发生 1949 年以来仅次于 1954 年、1998 年的流域性大洪水，在应对长江 5 次编号洪水过程中，上中游 30 余座控制性水库累计拦蓄洪水 490 余亿 m^3，其中三峡水库拦蓄洪水 254 亿 m^3，降低了长江中下游洪峰水位 0.3~3.6m，缩短中下游干流主要控制站水位超警戒 8~22 天，成功避免荆江分洪区运用，避免转移 60 余万人、淹没耕地 49.3 万亩，发挥了巨大的防洪减灾效益。三峡水库应对典型洪水削峰作用见表 4.1-1 和图 4.1-1。

表 4.1-1　　三峡水库建成以来对典型流域洪水的削峰作用

年份	洪水场次	最大入库流量/(m^3/s)	控制出库流量/(m^3/s)	削峰量/(m^3/s)	削峰率	拦蓄洪量/亿 m^3
2016	7月1日	48500	29500	19000	39%	25
2020	7月2日（1号洪水）	53000	35000	18000	34%	16
2020	7月17日（2号洪水）	61000	35900	25100	54%	107

4.1 防洪排涝形势变化

续表

年份	洪水场次	最大入库流量 /(m³/s)	控制出库流量 /(m³/s)	削峰量 /(m³/s)	削峰率	拦蓄洪量 /亿 m³
2020	7月27日（3号洪水）	60000	38000	22000	36%	36
2020	8月15日（4号洪水）	62000	41500	20500	33%	108
2020	8月20日（5号洪水）	75000	49200	25800	34%	

* 三峡建成以来最大入库洪峰流量。

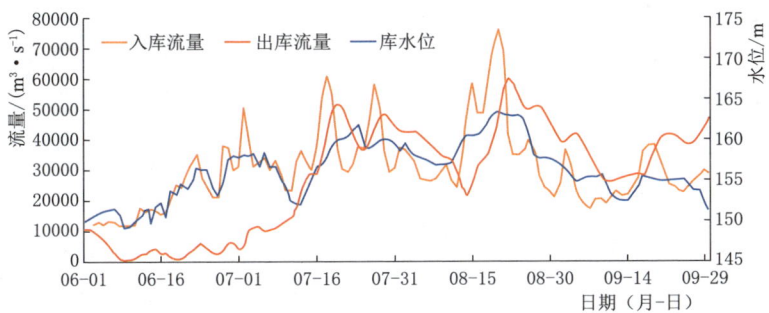

图 4.1-1　2020 年汛期三峡水库入库与出库洪水及坝前水位变化过程

2016 年长江洪水期间，调洪最高水位 158.18m，共拦蓄洪量达 72 亿 m³。三峡工程通过与长江上游与中游 30 余座水库的联合调度，总计拦蓄 2227 亿 m³ 洪量，有效降低了武汉以下河段（0.2～0.4m）、城陵矶附近区域（0.7～1.3m）与荆江河段（0.8～1.7m）的洪水水位；避免了钱粮湖和大通湖东两个蓄滞洪区的使用，使 3.5 万 hm² 耕地和 38 万人免于洪灾。

2020 年长江洪水为 1949 年以来仅次于 1954 年和 1998 年的全流域型大洪水。2020 年 6—8 月，受不利气候条件影响，长江流域降雨量较常年同期偏多 36%，其中上游偏多 29%，中下游偏多 56%。中下游梅雨期 52 天，比多年平均多 23 天，梅雨量为常年的 1.68 倍。大范围的强降雨致使长江中下游和上游先后发生大洪水，洪水持续时间和强度接近 1998 年洪水规模，为近 20 年最大的洪水过程。7 月，长江上游 1～3 号洪峰先后出现，与中下游干流、鄱阳湖、巢湖和太湖洪水遭遇，使中下游首先发生特大洪水，长江中游监利以下干流长时间超警戒水位，三大湖泊先后出现超保证水位。为了减轻上游洪水对于中下游的影响，以三峡为主的上游水库群在保障上游城镇防洪安全的前提下，发挥了重要的调洪作用，累计调洪总量达到 229 亿 m^3，显著减轻了中下游防洪压力。进入 8 月中旬，长江上游又出现持续降雨，先后形成 4 号和 5 号洪峰，其中 5 号洪峰最大流量达到 75000m^3/s，为上游近 40 年来最大洪峰流量。8 月 20 日，上游 5 号洪峰和嘉陵江 2 号洪峰在重庆遭遇后，寸滩水文站水位达到 191.62m，超过 1981 年洪水位 0.21m，是重庆市 115 年来最高洪水位，随后三峡水库迎来建库以来最大入库流量 75000m^3/s，4 号和 5 号洪峰给重庆和宜宾等上游沿江城镇带来重大灾害损失。

2020 年 7 月洪水期间，三峡水库作为核心骨干工程，三峡工程拦蓄洪量超 100 亿 m^3，联合上中游控制性水库群拦蓄洪量约 300 亿 m^3。在防御 2020 年长江洪水中，三峡工程的有效运用极大减轻了长江中下游的防洪压力，使荆江地区 60 万人、3.287 万 hm^2 耕地免遭洪灾的威胁。

4.1.1.2　洞庭湖区超额洪量威胁依然存在

由于长江中下游地区汇流与泄流条件发生变化，长江水利委员会于 2023 年组织对《长江流域防洪规划》（以下简称《长流规》）进行了修编。经过多方案比选（表 4.1-2），初步推荐对城陵矶（莲花塘）站防洪控制水位由 34.4m 提高至 34.9m，对应泄流能力恢复至 2012 年《长流规》时 64000m^3/s，其余各站防洪控制水位保持不变。规划成果显示（表 4.1-3），如重现 1954 年实际洪水和 1954 年 300 年一遇设计洪水，城陵矶附近区的超额洪量分别为 191 亿 m^3 和 299 亿 m^3，而蓄滞洪区有效容积 334 亿 m^3，满足超标准洪水防御要求。如重现 1954 年洪水，长江中下游超额洪水出路安排见图 4.1-2。为应对超额洪量，蓄滞洪区的安全建设是新江湖关系下的重点内容。

4.1.1.3　频发的极端降水事件加大了区域性防洪安全风险

近年来，极端强降水事件频繁出现、多次刷新历史纪录，表明气候变化对暴雨洪水的影响已经逐渐显现。2017 年 6 月，湖南全省平均降水量达 397.4mm，为 1951 年有气象记录以来历史同期第一高位。2020 年，长江全流域发生暴雨，极端强降水事件的频繁发生，加大了区域性防洪安全风险。

4.1 防洪排涝形势变化

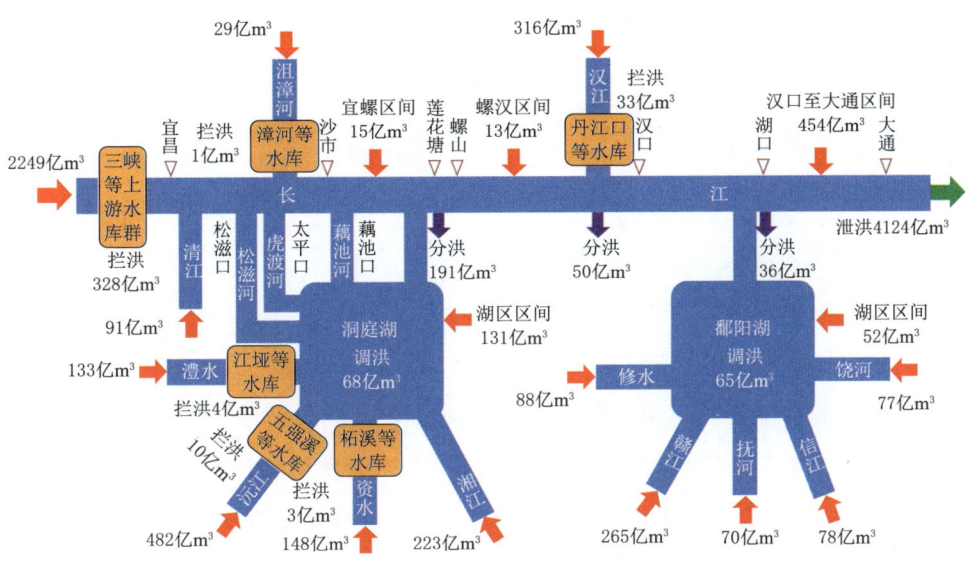

图 4.1-2　1954 洪水出路安排

表 4.1-2　　　　　　　　城陵矶防洪控制水位调整过程

方案	防洪控制水位（对应泄流能力）				超额洪量/亿 m³					上游水库群拦蓄量/亿 m³
	沙市	城陵矶	汉口	湖口	荆江	城陵矶	武汉	湖口	总量	
2012 年《长江流域防洪规划》（三峡工程建成后初期）		34.4m (64000m³/s)			0	305	56	40	401	151
2016 年蓄滞洪区布局调整专题（上游 21 库）	45m (53000m³/s)	34.4m (64000m³/s)	29.73m（分洪水位）29.5m, 71600m³/s	22.5m (83500m³/s)	0	233	53	39	325	233
2023 年现状防洪控制水位方案（上游 25 库）		34.4m (61000m³/s)			0	284	16	23	323	333
2023 年防洪控制水位优化方案（上游 25 库）		34.9m (64000m³/s)			0	191	50	36	277	328

4 江湖关系新变化对湖区水安全保障的影响

表 4.1-3　　1954 年洪水量级下长江超额洪水成果表

洪水工况		超额洪量/亿 m³				
		荆江	城陵矶	武汉	湖口	总量
1954 年实际洪水		0	191	50	36	277
1954 年 300 年一遇洪水		0	299	71	59	429
蓄滞洪区有效容积	原《长江流域防洪规划》	72	338	136	50	596
	2023《长江流域防洪规划》修编	69	334	103	50	556

注　以上数据来源于《长江流域防洪规划》修编成果。

4.1.1.4　洞庭湖淤积萎缩导致调蓄功能减弱

近 100 多年，洞庭湖逐渐淤积萎缩，湖泊面积由 6000km² 逐步减小为 20 世纪 50 年代的 4350km²，20 世纪 80 年代以来稳定在 2625km²。

1953—2019 年，洞庭湖淤积泥沙超过 61 亿 t，淤减湖容约 45 亿 m³，调蓄能力减弱，遇同等级洪水较 20 世纪 50 年代洪水位抬升约 2m，堤防抵御洪水风险增大。

4.1.2　岳阳市湖区防洪排涝形势

4.1.2.1　多年的防洪体系建设极大提高了湖区一线堤防的防洪保障能力

对比三峡运行前 1996 年 8 月 8 日（城陵矶水位为 33.81m）和三峡运行后 2016 年 7 月 8 日（城陵矶水位为 34.71m）两期超警戒水位，如图 4.1-3 所示。三峡运行前，城陵矶水位在 33.81m 时，洞庭湖区大部分处于洪水淹没范围，钱粮湖垸、大通湖东垸以及共双茶垸均处于被淹状态；三峡运行后，尽管城陵矶水位已达到三峡运行后的最高水位 34.71m，但未见任何垸被洪水淹没的迹象。该成果与 1998 年特大洪涝灾害后洞庭湖区防洪治理工程发挥的重大工程效应是分不开的，充分说明了洞庭湖的洪涝灾害防治工程成效显著。2020 年，七里山站最高水位再次达 34.74m，且超警戒水位时间长达 59 天，未出现溃堤事件，防洪建设工作成效显著。

4.1.2.2　内涝问题突出

岳阳市湖区地势低洼，治涝调蓄工程主要依靠内湖蓄滞涝水，外排涝水则采用排水闸自排与泵站抽排相结合。气候变化及江湖关系变化造成内涝具有新的特点：一是灾害时段集中，雨季为 3 月末至 7 月初，城区内涝

4.2 水资源保障形势变化

 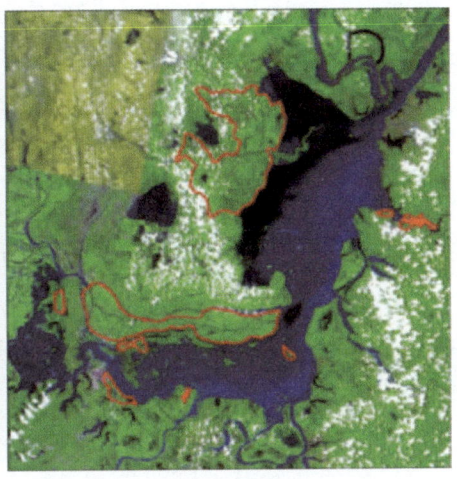

(a) 1996-08-08　　　　　　　　　　(b) 2016-07-08

图 4.1-3　三峡运行前后高洪水位下洞庭湖区淹没范围对比图

一般在 5—7 月；二是出现频率高，平均 2~3 年发生一次，有时一年多次。三是受损范围大，以前涝灾主要限于内湖周边的滨水区，现已扩大至地势较低的居民小区、地下停车场、街道等，波及范围、灾害损失日趋增加。江湖关系新形势下，由于长江干流 3—4 月补水，城陵矶水位抬升，遇极端雨情时加剧对岳阳地区的排涝产生压力。

4.1.2.3　湖区堤垸防洪标准偏低

从 2016 年、2017 年、2020 年等长江中下游洪涝灾害来看，长江中下游的防洪险情主要以湖区、支流堤防发生的险情为主。洞庭湖区的蓄洪垸、一般垸堤防虽然堤身形象已达标，但堤身堤基存在较大安全隐患，还有众多撇洪渠堤、内湖溃堤防洪标准低，亟待实施全面达标加固建设。

4.2　水资源保障形势变化

4.2.1　农业供水形势变化

5—10 月，为洞庭湖农业灌溉用水高峰。5—7 月，灌溉与雨季同期；9—10 月，三峡蓄水导致洞庭湖水位消落幅度加快，洞庭湖提前进入枯水期、枯水加剧且枯水延长。新江湖关系下城陵矶 9—10 月多年平均水位下降幅度为1.79m和1.23m，枯水期洞庭湖水资源减少，加水洞庭湖没有水位调控工程，湖泊水位与长江水位同涨同落，水留不住，造成湖区灌溉取水设施取水困难，灌溉缺水影响范围大，见表4.2-1。每年9—10月三峡及长江上游水库群集中蓄水时，洞庭湖水位迅速消落至枯水位以下，枯水期较三峡运行前提前30～40天。灌溉期水位下降导致沿线引水工程引水不足甚至引不到水（图4.2-1），大量涵闸、泵站的提水能力需要改造。

表4.2-1　　　　　　　七里山水文站水位变化对灌溉的影响

月份	多年平均水位/m		水位变化/m	影响灌面/万亩
	1991—2002年	2013—2021年		
9月	28.52	26.73	−1.79	599.75
10月	26.51	25.28	−1.23	1398.39
11月	23.89	23.45	−0.44	17.86
12月	21.75	21.48	−0.27	2.64

图4.2-1　临湘高新产业区水厂取水受影响

11月至次年3月，上游水库补水作用有限，不能抵消河道冲刷的影响，洞庭湖湖区城乡供水保证率下降，取水困难。

要解决洞庭湖湖区农业缺水，需要推进"四口"河系综合整治和城陵矶综合枢纽建设，并加强应急抗旱措施缓解当前缺水形势，保障湖南省洞庭湖湖区农业灌溉和生态环境的可持续发展。

4.2.2 安全饮水形势变化

目前,岳阳全市 655 个农村供水水源地中,地下水源 228 处,占比约 35%。岳阳市县级以上供水水源地统计见表 4.2-2。

表 4.2-2　　　　　　　　岳阳市县级以上供水水源地

编号	水源地名称	所属地区	所属流域	取水水源	水源类型	备注
1	岳阳市铁山水库水源地	岳阳楼区	洞庭湖	新墙河	水库	
2	岳阳市金凤水库水源地	岳阳楼区	洞庭湖	北港河	水库	
3	岳阳市君山区长江水源地	君山区	长江	长江	河道	
4	岳阳市云溪区双花水库水源地	云溪区	洞庭湖	太平河	水库	备用
5	岳阳市屈原管理区湘江湘阴段水源地	湘阴县	湘江	湘江	河道	
6	岳阳市岳阳县新墙水库水源地	岳阳县	洞庭湖	新墙河	水库	
7	岳阳市岳阳县新墙河水源地	岳阳县	洞庭湖	新墙河	河道	备用
8	岳阳市平江县尧塘水库水源地	平江县	洞庭湖	恩溪河	水库	
9	岳阳市平江县黄金洞水库水源地	平江县	洞庭湖	黄金河	水库	
10	岳阳市湘阴县地下水水源地	湘阴县	湘江	—	地下水	
11	岳阳市湘阴县湘江水源地	湘阴县	湘江	兰家洞水库	河道	
12	岳阳市汨罗市兰家洞水库水源地	汨罗市	洞庭湖	汨罗江	水库	
13	岳阳市汨罗市新市自来水厂汨罗江水源地	汨罗市	洞庭湖	游港河	河道	备用
14	岳阳市临湘市龙源水库水源地	临湘市	洞庭湖	长江	水库	
15	岳阳市华容县长江水源地	华容县	长江	长江	河道	
16	岳阳市洞庭湖水源地	岳阳楼区	洞庭湖	洞庭湖	湖泊	拟备用
17	岳阳市君山区地下水水源地	君山区	洞庭湖	—	地下水	拟备用
18	岳阳市华容县华容河水源地	华容县	洞庭湖	华容河	河道	拟备用
19	岳阳市临湘市城西水厂团湾水库水源地	临湘市	长江		水库	拟备用
20	岳阳市临湘市城西水厂栗楠水库水源地	临湘市	长江		水库	拟备用

岳阳市湖区华容县、君山区、湘阴县、屈原管理区一带城乡供水主要采用长江或湘江水源,少数几个水厂采用水库水作为水源外,其他农村供水工程均采用地下水作为水源。

4 江湖关系新变化对湖区水安全保障的影响

江湖关系变化导致"三口"断流时间延长，分流量明显减少，"四口"水系地区及湖区枯水期地下水水位下降。受沉积环境、弱酸性地下水和水动力条件的影响，洞庭湖区地下水普遍铁锰超标，加之水质恶化，水源保证率低，提水及制水成本逐渐上升。随着社会经济发展，人民群众对更优质的水源需求强烈，亟待通过优质水源和补水措施改善洞庭湖区安全饮水问题。

4.3 生态环境变化

洞庭湖是与长江干流并联的吞吐型湖泊，具有调节江河径流、净化水质、维护生物多样性和改善生态环境等多种生态服务功能，是长江经济带生态环境保护的核心区域之一。根据第三次全国国土调查全口径湿地资源统计，岳阳市有湖泊水面、河流水面、内陆滩涂等7种湿地类型，湿地总面积2852km^2，湿地率19.19%。岳阳市建有14处自然保护区、6处湿地公园、7处风景名胜区、1处地质公园、12处森林公园、6处水产种质资源保护区共46处保护地，包括水源保护区在内共有7种保护形式，湿地保护总面积1858km^2，湿地保护率达65.14%。岳阳市湿地率和湿地保护率均居全省前列，远大于国际湿地城市提名认证指标要求（指标分别为7%和50%）。

由于不合理的开发和利用、重大工程建设等因素影响，新江湖关系下洞庭湖湿地生态环境产生了较大的变化，如枯水期水域面积不断缩减、水体污染、渔业等生产资源下降、自然生境破坏时有发生等。

4.3.1 水面缩减、洲滩总体扩张

历史上，洞庭湖经历了沧桑的变化。魏晋南北朝时，洞庭湖区湖泊总面积6000km^2左右，唐宋时期减至3300km^2左右，元明时期，洞庭湖面积有所扩大，清朝末年进一步萎缩。

以防洪大堤与自然岸线为边界，其中有防洪大堤处以堤防中心线为界，自然岸线部分采用以城陵矶历史最高水位（35.94m）时洞庭湖水面所及的水涯线为界。

遥感影响研究表明：清末以来，通江湖泊面积❶经历了1896—1949年明显萎缩、20世纪50年代陡崖式萎缩、20世纪60—70年代快速萎缩和20世纪80年代以来基本稳定等四个时序变化阶段，湖泊面积从1896年的5216.37km²减少到2019年的2702.74km²❷，萎缩率48.19%，洞庭湖通江湖泊总面积变化见图4.3-1。空间演变上，主要表现为大通湖的封闭析出、南洞庭湖的南迁与湖垸置换、西洞庭湖的局部残存、东洞庭湖的三面合围以及1998年洪灾后的有限"扩张"，洞庭湖的形状向逐渐紧凑、逐步规则的方向演化，湖泊岸线越来越平直。1978年以后，洞庭湖区不再出现大的围垦，面积基本稳定为2702.74km²。各湖区水面面积变化见表4.3-1。

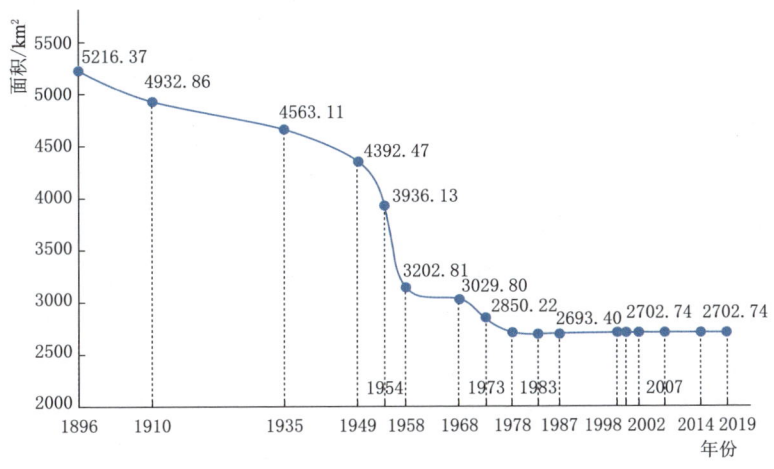

图4.3-1　1930年以来洞庭湖通江湖泊总面积变化图

东洞庭湖是各通江湖泊中萎缩面积最大的湖泊，由1938年的2130.02km²减少到目前的1307.18km²，减幅为822.84km²，占1935年以来洞庭湖萎缩总面积1860.37km²的44.22%。东洞庭湖的萎缩主要发生在1949—1958年，面积由2057.12km²减少至1498.57km²，10年间减幅达558.55km²，占1935年以来东洞庭湖萎缩总面积的67.90%。1978年以后，东洞庭湖面积稳定在约1307km²。

---

❶ 通江湖泊面积指洞庭湖的大堤、自然岸线和水体断面围限区域的湖盆面积，不论湖泊内洲滩出露面积有多大，洲滩中地表覆盖物的类型如何，都被统计在湖盆面积中。

❷ 遥感统计结果与洞庭湖通用特征统计结果（城陵矶水位33.5m时，水面2625km²）基本一致。

4 江湖关系新变化对湖区水安全保障的影响

表 4.3-1   1938—2018 年洞庭湖洲滩面积变化

时间	水位/m	东洞庭湖 湖泊面积/km²	东洞庭湖 洲滩面积/km²	南洞庭湖 湖泊面积/km²	南洞庭湖 洲滩面积/km²	西洞庭湖 湖泊面积/km²	西洞庭湖 洲滩面积/km²	合计 湖泊总面积/km²	合计 洲滩总面积/km²	洲滩占湖泊比例/%
1938 年	枯水位	2130.02	756.38	1349.66	554.68	1083.43	269.95	4563.11	1622.17	35.55
1948 年		2057.12	960.06	1297.2	479.47	1038.15	316.22	4392.47	1556.89	39.97
1958 年		1498.57	640.57	1095.19	316.66	609.05	119.96	3202.81	1101.26	34.38
1968 年		1494.49	782.42	931.18	314.37	604.13	192.51	3029.80	1355.41	44.74
1978-12-24	20.67	1307.42	758.46	911.74	439.21	488.68	192.66	2707.84	1441.94	53.25
1988-12-06	20.42	1307.18	981.85	900.05	489.21	486.17	246.74	2693.4	1771.96	65.79
1998-12-20	20.66	1307.18	1065.45	898.89	650.85	486.17	305.41	2692.24	2077.9	77.18
2008-12-26	20.97	1307.18	1056.14	901.29	601.66	494.27	276.67	2702.74	1990.51	73.65
2018-12-27	20.76	1307.18	1046.5	901.29	579.76	494.27	279.96	2702.74	1962.28	72.60

自 1951—1998 年淤积湖内的泥沙总量约为 60 亿 m³，湖床平均每年淤高 3.7cm，每年新增洲土 4130hm²；与 1949 年相比，洞庭湖容积减少了 126 亿 m³，减少 43%，以致州滩面积增加，调蓄能力下降。洞庭湖演变主要受地壳沉降、水沙冲淤和人类活动等三大因素影响。民国中期以来洞庭湖区围湖垦殖 2150.83km²，这是引起洞庭湖萎缩的直接原因。

新江湖关系下，湖盆整体布局没有改变，但未来洞庭湖的演变趋势主要受制于三峡水库的下泄水沙。洞庭湖入湖泥沙减少，出湖沙量略大于入湖沙量，改变了洞庭湖的淤积态势，湖区水面面积及湖容的减速趋缓，但年际水位变化直接影响湖区水面面积。三峡工程运用后，根据 1991—2002 年、2003—2019 年实测水位数据分析，七里山站多年平均水位下降 0.54m，4—12 月平均水位降低了 0.10~1.65m，10 月降幅最大，枯期水面减小，出现洲滩旱化、湿地碎片化、水生生物生存空间被压缩等问题。

三峡水库运行后洞庭湖的高洪水位明显减少，导致部分洲滩难以淹没，原来的湖泊消落区常年裸露地表，自然环境改变，生物的多样性与动植物群落将随之发生调整。

4.3.2 水体富营养加剧

自 20 世纪 80 年代工业发展后，洞庭湖的水质污染明显加重。据统计，每年约有 8 亿 t 未经处理的废水直接排入湖中。随着入湖污染负荷增加，湖泊富营养化问题呈发展趋势。

同时，受江湖关系调整影响，湖区的水质呈营养盐富集、富营养化有加重的趋势。一方面，入湖水量的减少、湖体流速降低使得洞庭湖换水周期延长，水体交换能力与自净能力减弱，尤其是流速较低的东洞庭湖湖滩区；另一方面，入湖泥沙大幅减少，水体透明度增大，水体中的光合作用增强，影响富营养化的藻类繁殖能力增强。

三峡蓄水期富营养化风险上升，枯水三峡补水与泄水期洞庭湖水质有所改善，富营养化风险降低。湖泊营养状态评价指标为总氮（TN）、总磷（TP）、化学需氧量（COD_{Mn}）、叶绿素（Chla）和透明度 5 项指标。洞庭湖主要污染指标为化学需氧量（COD）、总氮（TN）和总磷（TP）。TN、TP 是洞庭湖的两个关键水质指标，氮主要来自过量施用的化肥，磷主要来自三口四水的农业面源污染。从洞庭湖岳阳湖区主要污染物来看，COD 主要来源于城镇生活和畜禽及水产养殖，TP 主要来源于畜禽及水产养殖和城镇生活，NH_3-N 和 TN 均主要来源于城镇生活污水和农村生活污水的排放。

根据 2023 年 6 月湖南省生态环境中心的发布的地表水水质公告，洞庭湖全湖水质为轻度污染。洞庭湖外湖 11 个国控监测断面监测结果显示，营养状态断面 6 个，占 60%；轻度富营养状态断面 4 个，占 36.4%。洞庭湖富营养的空间分布总体表现为东洞庭湖＞西洞庭湖＞南洞庭湖。东洞庭湖区受大小西湖的影响，附近连通水域水流缓慢，营养盐浓度较高，在 2008 年首次出现水华，2013 年 9 月水华面积达 $400km^2$，呈中度富营养。2020—2022 年，洞庭湖岳阳湖区 7 个国控断面中，扁山、岳阳楼和东洞庭湖断面 TP 年平均浓度均出现高于 0.07mg/L（2025 年洞庭湖总磷控制目标）的现象，见图 4.3-2。同时，7 个断面 TP 呈现出明显的季节性特征，枯水期 TP 浓度显著高于丰水期与平水期。枯水期湖泊来水量减小，水体连通性差，水体流动与置换能力降低，湖泊水环境容量减小以及水体自净能力变弱，TP 浓度较高。

洞庭湖内湖水质堪忧。内湖作为洞庭湖水生态环境中的重要一环，在维持洞庭湖区域生物多样性、调蓄水量等功能上扮演着重要角色。由图

4.3-3可知,东洞庭湖内湖主要表现为总磷浓度超标,每年下半年的总磷浓度有上升趋势,总磷浓度较高月份主要集中在7月、8月、9月、10月。黄盖湖、冶湖和芭蕉湖湖总体水质良好,统计期内均达到地表水Ⅲ类水质标准,部分时段总磷浓度均高于0.05mg/L。

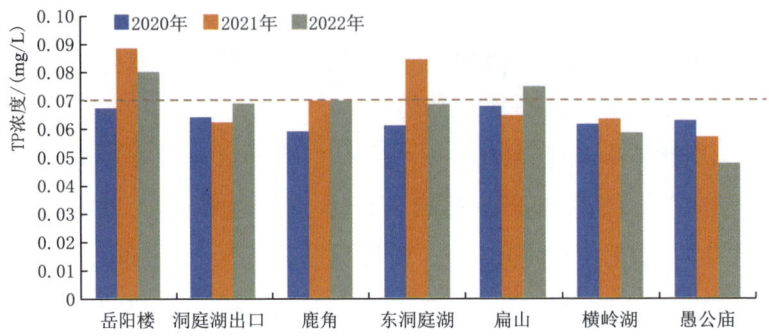

图4.3-2 2020—2023年洞庭湖岳阳湖区7个国控断面TP年平均浓度

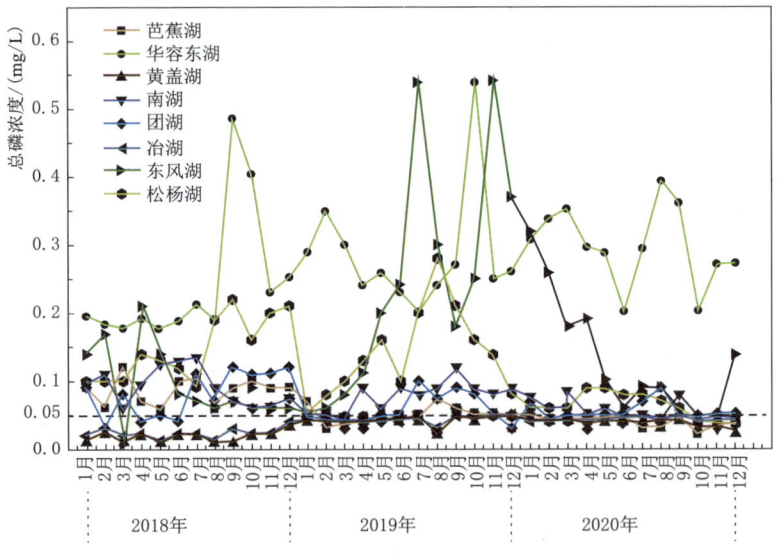

图4.3-3 东洞庭湖主要内湖总磷月均变化图

4.3.3 水生动植物适宜性生境减少,生物多样性减少

由于其独特的地理环境和气候条件,洞庭湖与长江自然连通、相互作用、相互影响,塑造了两湖季节性涨落的水文节律,加之"浅碟形"湖盆

地形，适宜于大量的野生动植物栖息、生长、繁殖，生物资源十分丰富，形成了独特的江湖复合生态系统，在长江乃至全球生态系统与生物多样性维系方面都具有独特价值。在江湖复合生态系统中，河流水流较急，为适宜流水环境繁殖的鱼类提供了繁殖场所和必要的水文条件；通江湖泊保持了缓流或者静止水流环境，湖泊中的浮游动植物、底栖动物、水生高等植物丰富，鱼苗孵出后需要由江入湖索饵育肥。这种静动复合的生态环境条件，孕育了长江中下游特有的生物多样性。长江中游是长江江豚等珍稀水生动物、"四大家鱼"（青、草、鲢、鳙）等重要经济鱼类的栖息地与繁育场所。

江湖水体交流是江湖之间生物与物质交流的基础，江湖水位周期性涨落是鱼类及湿地生态环境保持健康状态的重要条件。东洞庭湖、南洞庭湖的物种丰富度均呈下降趋势，主要表现在一些对生态环境变化敏感和不耐污染的种类消失。从20世纪60年代开始，东洞庭湖鱼类产量在20世纪50年代和60年代呈现快速的增长，从20世纪70年代开始，鱼类产量呈现较快的下降趋势，至20世纪90年代，年平均鱼类产量已经下降到1.25万t。在洞庭湖地区，1963年"四大家鱼"在渔获物中占21%，而鲤、鲫、鲶等湖泊定居性鱼类占63%左右；1981年"四大家鱼"的比例下降至14.1%，而湖泊定居性鱼类占63.7%；1999年江湖半洄游性鱼类下降至10%左右，其中"四大家鱼"仅占9.3%，鲤、鲫、鲶等湖泊定居性鱼所占比例最高达86.1%。在近50年中，中华鲟、达氏鲟、鲥鱼、鳗鲡、胭脂鱼等典型洄游性鱼类种群迅速减小。

在天然情况下，9—10月湖泊水位缓慢降低，草洲逐渐出露，水域、浅水、泥滩、草洲维持了相对合理的比例，为不同越冬候鸟提供适宜的生态环境。三峡水库运用后，9—10月两湖水位消落加快、水面急剧萎缩，草洲提前出露疯长；当大批越冬候鸟到达时，部分草洲已经变老、泥滩板结、水域面积萎缩，越冬候鸟的食物源与栖息环境受到影响。洞庭湖是江豚活动的主要场所之一，9—10月水位降低、水域面积萎缩，限制了江豚的活动范围。

4.3.4 生物灾害时有发生

洞庭湖区主要生物灾害表现为血吸虫和东方田鼠暴发。

4 江湖关系新变化对湖区水安全保障的影响

洞庭湖区是全国有名的血吸虫疫区，湖区钉螺分布面积广。由于泥沙淤积，洲滩迅速扩展，杂草遍地丛生，为钉螺栖息提供了有利的场所。通过 70 年的防治工作，血吸虫病防治工作取得了显著成效。截至 2023 年，岳阳市 11 个县（市、区）均已达到血吸虫病传播阻断标准。全省 130 多处重度流行村的钉螺孳生地通过环境改造和药物灭螺，生态环境显著改善。但血吸虫病传播风险依然存在，特别是大洪水后，钉螺扩散，病疫区可能增加。2020 年大洪水后，湖南省 41 个血吸虫病流行县（市、区）有 11 个县（市、区）96 个环境出现钉螺扩散，扩散有螺面积 1084.09 hm^2。有些地方在多年前达到血吸虫病传播控制和传播阻断标准之后，疫情重新出现回升，对湖区人民群众的身体健康和生命生活安全仍是潜在威胁。

洞庭湖地区是我国重要的商品粮基地，该地区历史上鼠害频发，鼠害是影响农业生态系统健康发展的重要因素之一。东方田鼠枯水季节（10 月至次年 4 月）主要栖息在湖中洲滩上，洲滩为东方田鼠的最佳栖息地，栖息洲滩时为主要繁殖期，这个时期种群数量增长迅速，汛期（5—9 月）洲滩被淹后，东方田鼠被迫迁入垸内农田，其转移时期取决于洞庭湖湖水上涨的迟早，一般转移时期为 5 月下旬至 7 月中旬。三峡工程运行后，由于冬季水位的下降及连续的气候干旱，增加了东方田鼠在湖洲滩地的活动时间和活动场所，有利于田鼠种群的快速增长。当洪水到来时，容易引发鼠害。

4.4 江湖关系变化对湖区水安全影响综述

三峡及长江上游水库群在发挥巨大综合效益的同时，蓄水拦沙，清水下泄，出库径流过程改变，带来江湖关系新调整，长江中下游特别是洞庭湖区水文情势出现新变化。

4.4.1 流域防洪形势得到明显改善，"清水"下泄加剧河势调整及崩岸险情发展

三峡工程安排了 56.5 亿 m^3 防洪库容用于城陵矶补偿调度，联合长江上游水库群适时优化调度，大幅减少荆江河段洪峰流量，减轻了长江中下

游防洪压力，相应改善了洞庭湖防洪形势。近 20 年来，三峡水库入库流量 3 次达到或超过 7 万 m^3/s，三峡工程发挥拦洪削峰关键作用。2010 年 7 月 20 日，洪峰入库流量 70000m^3/s，最大下泄流量 41400m^3/s，削减率为 40.8%；2012 年 7 月 24 日，洪峰入库流量 71200m^3/s，最大下泄流量 44000m^3/s，削减率为 38.2%；2017 年 6 月下旬至 7 月上旬，长江中下游干流水位快速上涨，形成长江 2017 年第 1 号洪水。为缓解长江中下游干流防洪压力，三峡出库流量从 28000m^3/s 减至 8000m^3/s，削减出库流量累计超七成，发挥了重要的拦蓄洪水作用。2020 年 8 月 20 日，洪峰入库流量 75000m^3/s，最大下泄流量 49400m^3/s，削峰率 34.1%，累计 5 次拦蓄长江洪水 250 亿 m^3。

三峡及长江上游水库群蓄水拦沙，清水下泄，荆江河段冲刷加剧，湖南省长江干流新沙洲、七弓岭、荆江门等河段及四口河道崩岸的频次增多、河段延长、强度加大，崩岸切滩、主流摆动频繁等问题突出，虽经持续治理，仍有约 48km 长江岸线需进一步守护。

4.4.2 "水多"老问题仍未解决

洞庭湖出口的长江河段存在卡口，特别是螺山泄流能力有限，大量洪水在城陵矶附近集中、滞蓄，城陵矶附近超额洪量仍然巨大。据分析，遇 1954 年标准洪水，即便三峡联合上游水库群调度，城陵矶附近超额洪量仍超过 160 亿 m^3，分蓄洪任务依然繁重。

4.4.3 "水少"导致季节性干旱缺水

长江四口分流减少、断流时间延长。据统计，长江三口年均分流量由三峡工程建成前（1981—2002 年）的 685 亿 m^3 减少至 498 亿 m^3（2003—2020 年），减少 187 亿 m^3，其中 2022 年仅为 274 亿 m^3。

四口水系除松滋西河全年通流外，其他河段主汛期外基本处于断流状态，年均断流达 140~272 天，沿岸地区 460 万人的生产生活用水、575 万亩农田用水问题突出。

在三峡及长江上游水库群蓄水时来水明显减少，同时洞庭湖出流加快，水位快速消落，由 8 月底的 28m 迅速消落至 10 月底的 24m，枯水期平均提前了 30~40 天，滨湖区取用水及湿地生态保护难度加大。

三峡工程优化配置水资源，汛末蓄水，枯期下泄流量大于天然流量，提升了长江中下游取用水保障。但受江湖关系变化影响，三峡补水对洞庭湖的影响范围有限，仅城陵矶站水位略有抬升，无法改善洞庭湖全年特别是 9—10 月水位下降的趋势。因此，亟须通过四口水系整治将长江水"引进来"，通过洞庭湖出口水位调控让水"留得住"，以保障洞庭湖区供水安全。

4.4.4 "水少、水脏"影响水生态环境

由于多样的生境，洞庭湖是长江流域重要的生物多样性保护基地和重要的物种基因库。新江湖关系下，入湖水沙变化及时空分布导致洲滩扩张、水域面积缩减，湿地碎片化，鱼类、越冬水鸟和重要物种的栖息环境发生变化；湖体流速减缓，加之历来的 TN、TP 超标，洞庭湖营养状态有加重趋势。同时，枯水期受河道断流、湖泊水位降低影响，堤垸闸站引水入垸困难，补水受限，垸内水网生态基流难以保证，水网循环不畅、动力不足，水环境承载能力降低，堤垸及内湖水环境不容乐观。

5

水安全保障实践

为应对江湖关系新形势下的水情，岳阳市围绕防洪保障、水资源保障、水生态环境保障能力提升等全面开展了水安全建设实践，着重解决老问题，在掌握变化趋势的基础上科学应对新问题，并取得了一系列的实践成果。通过对现有实践成果的梳理，可以更深入地掌握水安全保障能力现状及其存在的不足，为进一步筑牢水安全保障防线提供参考。

5.1 防洪保障

由于长江、洞庭湖洪水的双重夹击，岳阳市的防洪安全是城市安全的重中之重。1992 年，岳阳市被列为全国重点防洪城市。从 1954 年开始整修长江干堤，1962 年开始整治长江崩岸，1990 年成立岳阳市长江修防处，2019 年成立长江修防中心，岳阳市开展了有效的防洪安全保障实践。

1996 年、1998 年长江流域特大洪水后，长江干堤岳阳段列入长江治理的整体规划。为应对江湖关系变化对区域防洪的新形势，岳阳市围绕防洪安全持续开展了长江干流湖南段干堤加固工程、河势控制工程、洞庭湖综合治理及市内防洪综合治理。1998 年长江流域大洪水以来，共加高扩建堤防 142.055km，整治长江岸线 66295km，全面加固了 24 个蓄洪垸堤防（加固堤防 90.158km），启动新一轮重点垸堤防加固建设；开展了黄盖湖防洪综合治理工程（加固堤防 97.75km），并有序推进了城陵矶附近 50 亿 m^3 重要蓄滞洪区分蓄洪设施建设，提升 9751km^2 易涝区排涝标准，基本形成了工程措施和非工程措施相结合的综合防洪体系，成功战胜 2017 年、2020 年大洪水，有效抵御了 2022 年重大干旱，有力支撑洞庭湖生态经济区高质量发展。截至目前，岳阳市洞庭湖区堤防基本情况统计见表 5.1-1。

表 5.1-1　　　　岳阳市洞庭湖区堤防基本情况统计

按堤防位置划分/km		按堤防类型划分/km		按堤防等级划分/km	
江（河）堤	1859.53	一线防洪大堤	997	1 级	12.18
湖堤	280.46	二线防洪大堤	1442.53	2 级	428.286
其他类型	299.54			3 级	397.887
				4 级	50.335
				5 级及以下	1550.84
合计	2439.53		2439.53		2439.28

5.1.1　长江干堤加固及河势控制工程

5.1.1.1　长江干堤湖南段加固工程

长江岸线守护、洲滩保护和长江干堤防御组合成了长江流域防洪的综合整体。长江湖南段河道全长163km，一线防洪干堤长142.055km，沿线经华容县、君山区、岳阳监狱（原建新农场）、云溪区、临湘市等5个县级行政区域，保护136万亩耕地、160万人口及京广铁路、高速公路、重要港口和岳阳市城区的防洪安全。

1. 建设背景

1998年，长江发生全流域特大洪水，8月20日达到了35.94m的历史最高水位，超1954年历史高洪水位1.39m。1998年洪水期，沿江堤防共发生管涌、滑坡、崩岸等各类险情2700多处；全堤有120km堤段加筑了子堤，华容洪山头最高子堤高达2.5m，最大挡水深1.8m。干堤有严重当冲堤段36.9km，砂基管涌堤段19.3km，堤身散浸87.5km，堤身裂缝、滑坡24.3km，两水夹堤21km；原大堤面宽仅5~6m，有1/3的堤段堤顶高程低于1998年最高水位；66处穿堤建筑物有34处涵身断裂，13处漏水。不仅如此，因河势变化剧烈，湖南省境内长江下荆江、新沙洲、天字一号、洪水港、荆江门以及城陵矶以下的城螺、界牌河段崩岸频繁，均被列为长江中下游重点守护段。

加修前的湖南长江干堤长137km。受江湖关系历史演变影响，1934—1998年，沿江崩岸线长达101km，占整个长江湖南段长度的62%，崩失面积12万亩，拆迁房屋22万m^2。

2. 干堤加固主要建设内容

长江干堤湖南段湖南省实施部分工程于1998年10月开工，至2005年12月完成，实际总工期87个月，实际总投资180981万元。建设内容见表5.1-2。

工程共加高扩建堤防长142.055km，其中土堤加高培厚133.725km，新修土堤6.931km，新建防洪墙1.40km，堤防堤身防渗处理121.588km，堤基防渗处理69.686km，混凝土预制块等护坡92.110km，内外坡草皮护坡190.600km，修建堤顶防汛公路140.655km，新建加固护岸工程

21.949km，整修加固穿堤建筑物 66 处。增加观测管理设施 1 套。这些措施不仅提升了长江干堤湖南段的防洪能力，还兼顾了生态保护和景观提升，成为守护区域安全的重要屏障。

表 5.1-2　　　　　　　　长江干堤湖南段加固工程建设内容表

建设项目	建 设 内 容
堤防加固与提升	堤防加高培厚：增强防洪能力 堤身防渗处理：堤身和堤基防渗工程 堤顶道路建设与亮化：提升防汛交通条件
护坡与护岸工程	水上护坡：宽缝加筋混凝土、混凝土联锁植草砖等生态护坡工艺 水下护脚：软体排、网模卵石排、钢丝网石笼等新工艺 护坡修补与新建：总长度达数百公里
穿堤建筑物整治	新建、改造和加固：提升防洪和运行能力
岸滩整治与生态修复	岸滩整治：减少崩岸险情，稳定河势 生态护岸模式：复绿面积达 31 万 m^2，生态与防洪融合
信息化管理与监测	安全分析与预警系统：堤防工程安全分析、评估、预警 智慧岸线预警监测网络：提升岸线管理科学化水平
其他配套设施	巡逻道路、防守屋、仓库：保障防汛工作 景观项目：观景平台、休闲中心、生态公园

3. 主要技术指标

（1）堤防等级。长江干堤湖南段分三个堤段，其中保护岳阳城区的中段莲花塘至道仁矶码头长 12.182km 为Ⅰ级堤防；上段华容县五马口至君山农场的穆和铺长 76.80km 和下段道仁矶至黄盖湖农场铁山咀长 53.073km，两堤段总长 129.873km 为Ⅱ级堤防。

（2）设计洪水位。根据《长江流域综合利用规划报告（1990 年修订）》和 1998 年洪水水位高出 1954 年洪水实际，按 1954 年型洪水位加 2m 超高加修。Ⅰ级堤防设计堤顶宽为 10.00m，其他Ⅱ级堤防均为 8.00m。五马口、荆江门、螺山的设计洪水位（85 黄海基面）分别为 35.84m、33.90m、32.07m，堤防防洪能力得到极大提升。

（3）堤身加培。堤顶高程按堤内外坡比均为 1∶3.0。

（4）填塘固基及压浸平台。将堤内脚 100m 内的各种水塘沟渠等全部回填，堤脚修筑高出地面 1.0～2.0m、宽 10～60m 的压浸平台。

（5）堤顶路面：按 6m 宽泥结石路面建设防汛通道。

4. 重要技术措施

(1) 堤防渗控措施。

长江干堤堤段粉细砂基础发育，堤基防渗是难点。工程实施中研发了多种防渗工艺，采用了土工防渗膜、多头小直径深层搅拌柔性防渗墙进行防渗，对50m深度以下粉细砂堤基采用可拆洗式减压井导渗；对穿堤建筑物和防洪墙基础则采取水泥土和水泥粉喷桩复合地基加固，有效地解决了基础防渗问题。

(2) 崩岸治理措施。

在局部险段，水下采用钢筋石笼、混凝土异形块、混凝土四面透水框架抛投护脚等新工艺、新材料，进行崩岸险情整治。

5. 工程建设进程及效益

长江干堤加固后，与三峡等控制性水利枢纽、沿江蓄滞洪区联合运用，可以保障长江再遇1954年型洪水时防洪区的安全，提高了长江中下游防洪能力。工程建设改善了沿江地区的交通条件、环境状况，促进了当地的城镇化建设，对改善当地群众生产生活和地区经济增长有促进作用。

5.1.1.2 长江河势控制工程

1. 河势变化

岳阳市境内有新沙洲、天字一号、洪水港、荆江门、七弓岭、城螺、界牌7个重要险工段，崩岸线长142.2km，占岸线总长的87%。根据表3.3-3统计结果，三峡工程运行加剧了长江干流崩岸，大部分河岸近岸河槽整体呈现冲刷状态。究其原因，一是中枯水位维持时间长，河岸侧向压力加大，易发生失稳；二是江水含泥量大幅减少，水流挟沙能力增强，河床冲刷加剧。岳阳市典型河段崩岸情况见图5.1-1。

2. 崩岸治理

长江湖南段崩岸治理始于1962年。1996年和1998年长江发生特大洪水后，中央加大了治理力度，通过系统整治，有效遏制了长江崩岸岸线大规模崩退险情，构筑起综合防洪屏障，直接保护了沿江5个县（市、区）以及民生、建设、建新、君山、永济、陆城、江南、黄盖湖8个堤垸的135万亩耕地、158万人、376亿元固定资产及京广铁路、京珠高速、京深高铁、重要港口和岳阳城区的防洪安全。

(a) 荆江门河段　　　　　　　(b) 七弓岭河段

图 5.1-1　岳阳市典型河段崩岸情况

2003年三峡工程建成运行后，从根本上改善了荆江与岳阳河段这一防洪重点区域的防洪形势，有效保护了中下游防洪保护区人民生命财产安全，增加了枯水期流量，总体改善了中下游航运条件。与此同时，由于下泄泥沙量锐减，引起河道冲深、崩岸加剧，荆江河段河势发生较大变化。针对河势变化趋势，在堤防无滩、弯道险工险段需进行超前预防、加固设防，以确保长江防洪安全。

为减缓或消除三峡工程运行后续所带来的不利影响，保障长江中下游沿江地区经济社会可持续发展，针对边治理边出险的情况，2011年国务院批复了《三峡后续工作规划》，涉及岳阳市境内的华容县、君山区、云溪区、临湘市。作为国家和省、市重大水利工程，三峡后续工作长江中下游影响处理湖南段河道整治工程实施整治岸线78.985km，其中新护33.895km、加固40.08km，概算总投资13.56亿元，包括"三峡后续2011年度项目""三峡后续一期项目""三峡后续二期项目""三峡后续熊家洲项目""三峡后续三期项目"共五个单项工程，工程于2016年3月启动建设，2024年6月完工，具体工程概况如下：

（1）三峡后续2011年度项目。该项目位于下荆江河段的洪水港、张家墩、天字一号。2014年8月，湖南省水利厅批复初步设计报告，工程概算总投资6230.93万元。主要建设内容为枯水位以下为水下抛石、网模卵石排、钢筋混凝土护底促淤网架箱、散抛卵石；枯水位以上主要为混凝土预制块护坡等。实际施工工期12个月，实际完成整治岸线5.15km。

（2）三峡后续一期项目。项目位于下荆江河段的新沙洲、洪水港、七弓岭和岳阳河段的北尾、道人矶、儒溪、鸭栏和界牌。2016年6月，湖南省水利厅批复初步设计报告，工程概算总投资20995.69万元。主要建设内容为枯水位以下为水下抛石、网模卵石排、网筋人工石群等；枯水位以上主要为混凝土预制块护坡等。实际施工工期27个月，实际完成整治岸线17.42km。

（3）三峡后续二期项目。项目位于下荆江河段的新沙洲、天字一号、洪水港、荆江门、七弓岭和岳阳河段的新设、界牌。2017年5月，湖南省水利厅批复初步设计报告，工程概算总投资68508.76万元。主要建设内容为枯水位以下为水下抛石、铁丝网石笼、软体排护脚；枯水位以上主要为联锁植草砖、混凝土预制块护坡等。实际施工工期24个月，实际完成整治岸线33.415km。

（4）三峡后续熊家洲项目。项目位于下荆江河段的荆江门、张家墩、七弓岭。2017年5月，湖南省水利厅批复初步设计报告，工程概算总投资15171.98万元。主要建设内容为枯水位以下为水下抛石、钢丝网石笼；枯水位以上主要为混凝土预制块及钢丝网石垫护坡等。实际施工工期24个月，实际完成整治岸线10.31km。

（5）三峡后续三期项目。项目位于下荆江河段的天字一号、洪水港、张家墩以及岳阳河段的云溪城螺、临湘界牌。2022年11月，湖南省水利厅批复初步设计报告，工程概算总投资24655.51万元。主要建设内容为新建护岸工程7.185km（天字一号680m、洪水港1000m、张家墩2575m、云溪擂鼓台630m、临湘边洲和新州脑2300m），加固护岸工程5.5km（临湘孙家门至大清江段）。实际施工工期9月，实际完成整治岸线12.685km。

经过多期治理，华容县、君山区、云溪区、临湘市78.985km长江岸线得到了治理，长江湖南段河势得到了有效控制，对稳定长江中游河势、提升长江流域防洪能力起到了重要作用。以历来崩案最严重的新沙洲为例，2020年以后，崩岸频次明显减少，统计成果见表5.1-3。同时，河势控制工程的实施极大地改善了当地的生态环境，是"守护好一江碧水"的实践成果，整治成效见图5.1-2和图5.1-3。

5.1 防洪保障

表 5.1-3　　　　　新沙洲 2003—2023 年崩岸长度统计表

年　份	崩　岸　类　别	崩　岸　日　期	崩岸长度/m
2003	窝崩	2003-11-20	134
2004	窝崩	2004-03-09	134
2005	窝崩	2005-03-12	266
2006	窝崩	2006-11-07	304
2007	窝崩	2007-11-15	345
2008	窝崩	2008-03-10	295
2009	窝崩	2009-03-14	1039
2010	窝崩	2010-11-23	50
2011	窝崩	2011-03-09	132
2012	窝崩	2012-03-10	138
2013	窝崩	2013-03-11	138
2015	枯水平台下挫	2015-11-08	5000
2016	条形倒崩	2016-08-11	880
2017	条形倒崩	2017-08-11	1460
2018	条形倒崩	2018-08-11	2400
2019	枯水平台崩塌	2019-11-12	1482
2020	窝崩	2020-09-03	260
2021	窝崩	2021-12-10	50
2023	条形倒崩	2023-11-05	270

天字一号27+150~28+650　　　荆江门4+160~4+380　　　七弓岭14+000
　　剧烈崩岸险段　　　　　　　　崩岸险段　　　　　　　　崩岸险段

图 5.1-2　长江干堤整治前后对比图

以上三峡后续系列工程实施后，重点崩岸险情得到有效控制，生态环境得到了较好的改善，对稳定长江中游河势、提升长江流域防洪能力、守

图 5.1-3　长江干堤君山瓦湾段治理成效图

护好一江碧水具有重要意义，但省内仍有约 51.8km 崩岸险情有待治理（其中新护 20.5km，已护段加固 31.3km），估算投资 8.64 亿元，已纳入《湖南省"十四五"水安全保障规划》。其中三峡后续工作湖南段三期河道整治工程重点对下荆江河段的天字一号、洪水港、张家墩以及岳阳河段的云溪城螺、临湘界牌共 12.685km 河段进行整治，工程主要包括 7 段护岸工程，其中新护工程 7.185km（天字一号 680m、洪水港 1000m、张家墩 2575m、云溪擂鼓台 630m、临湘边洲和新洲脑 2300m），加固工程 5.5km（临湘孙家门至大清江段）。工程概算总投资 24655.51 万元，资金来源为财政资金，其中三峡后续专项资金 60%，省财政配套资金 40%。工程采用 EPC（设计施工总承包）建设模式，已于 2023 年 4 月 27 日开工。

3. 护岸技术创新

长江湖南段河道整治工程建设始终贯彻"生态优先、绿色发展"的理念，突破传统护岸方式，采用集防洪、生态、景观、自净效应于一体的生态护岸新措施。工程实施后，治理段相对稳定，充分保证了长江干堤防洪功能的发挥。护岸技术创新主要如下。

（1）水下生态护脚新工艺。

水下护脚由过去的块石逐步向网模卵石排、软体排、钢丝网石笼等新措施转变，这些新措施抗冲能力强，柔性好，能适应河床变形，使用的主要原材料是天然的鹅卵石和土工材料，节能环保，大大减少了块石开采量，实现了生态保护与项目建设融合发展。水下生态护脚新工艺工程实践成果见图 5.1-4。

软体排施工

水下抛石称重

图 5.1-4 水下生态护脚新工艺

（2）水上生态护坡新工艺。

水上护坡工程采用分格现浇生态混凝土护坡、钢丝网石垫（简称石垫）护坡、工格栅石垫水上护坡、预制混凝土四方块护坡（也称宽缝加筋生态混凝土护坡）、混凝土联锁植草砖护坡等新工艺，既经济合理、满足护坡功能，又满足生态功能，具有适应坡面变形能力强、强度高、耐久性好、取材容易等优点。水上生态护坡新工艺工程实践成果见图 5.1-5。

5.1.2 洞庭湖综合治理

1949 年以来，党和国家高度重视洞庭湖治理和保护，立足不同阶段的发展需求，先后进行了四个阶段的洞庭湖治理，基本形成了以堤防为基础，上游水库、蓄滞洪区等相配套的防洪减灾工程体系。

第一阶段，从 1949 年到 1985 年，主要是进行堵支并垸、排涝建设、撇洪河配套等建设，湖区堤垸数由 933 个减少到 226 个，一线堤防长度由 6400km 缩短到 3471km，基本形成目前的防洪治涝格局。

第二阶段，从 1986 年到 1996 年，实施洞庭湖区一期治理，主要是对重点堤垸进行堤防除险加固，对蓄洪安全设施、洪道整治进行试验性建设，改善防汛通信报警设施，增强了湖区堤防的抗洪能力。

第三阶段，从 1996 年到 2008 年，实施了洞庭湖区二期治理工程建设，国家共安排投资 104.1 亿元，进行了三个单项工程（重点垸堤防加固、南

(a) 分格现浇生态混凝土护坡　　　　(b) 钢丝网石垫护坡

(c) 工格栅石垫水上护坡　　　　(d) 预制混凝土四方块护坡

(e) 混凝土联锁植草砖护坡

图 5.1-5　水上生态护坡新工艺实践成果

洞庭湖洪道整治、藕池河洪道整治）和澧南、围堤湖、西官等蓄洪垸应急安全建设以及"平垸行洪、退田还湖、移民建镇"、城市防洪、灌排泵站更新改造、水利血防等工程建设。自此，以堤防为基础，防洪水库、蓄滞洪区、河道整治相配套，电排建设和其他工程措施与非工程措施相结合的洞庭湖综合防洪减灾体系逐步开始构建。

第四阶段，从 2009 年开始，启动实施了以《洞庭湖区治理近期实施方案》为重点的近期治理，工程总投资 129 亿元，现已安排投资 27.06 亿元（其中国家投资 14.9 亿元），基本完成钱粮湖等 3 个蓄洪垸堤防加固工程、围堤湖等 10 个蓄洪垸堤防加固工程，安化等 9 垸堤防加固、三垸安全建设一期和分洪闸、大型泵站更新改造、水利血防、三峡后续规划项目等工程，正在实施重点垸堤防加固，重要蓄滞洪区安全建设，洞庭湖区综合治理进一步提速。

5.1.2.1 重点垸堤防加固

洞庭湖区重点垸堤防主要经过了一、二期治理，其中一期治理自1986年开始至1995年完工；二期治理从1996年开始至2010年完工。具体治理情况如下：

(1) "一期治理"概况。

1982年，湖南省水利厅根据1980年长江中下游防洪座谈会精神编报了《洞庭湖区近期防洪蓄洪工程建设规划》。1983年12月，水利电力部以[(83)水电水规字第(65)号]对该规划进行了批复。根据批复意见，湖南省水利水电勘测设计院和湖南省洞庭湖水利工程管理局于1984年编制了《洞庭湖区近期防洪蓄洪工程初步设计书》，习称"洞庭湖一期治理工程"。由于洞庭湖区防洪战线长，加之当时国家财力有限，在批复一期治理工程设计时，明确提出了"为使堤防在设计情况下不至于溃堤，近期先安排一些急办的堤防加固、蓄洪安全建设和扩大洪道工程，主要对重点垸堤防加高培修处理应急险工险段"的治理原则。一期初设主要工程项目包括大堤培修、堤身堤基防渗、护坡护脚和涵闸整修接长等。1986年6月，由国家计委、水利部组织竣工验收。

(2) "二期治理"概况。

一期治理工程仅安排了当时急需治理的险工险段，因此各重点垸堤防还存在不少的隐患，部分堤段仍未达标。1993年9月，湖南省水利水电勘测设计院和湖南省洞庭湖水利工程管理局编制了《湖南省洞庭湖区1994—2000年防洪治涝规划报告》，并于1995年得到国家计划委员会的批复（计农经〔1995〕1432号），习称"洞庭湖近期治理二期工程"。建设内容含重点垸堤防加固工程、南洞庭湖整治工程、藕池河整治工程的三个单项工程等7大项。1997年，国家计划委员会批复了《湖南省洞庭湖区二期治理三个单项工程可行性研究报告》。水利部同年以水规计〔1997〕536号对"二期初设"进行了批复。在二期初设工程实施的过程中，洞庭湖区连续遭受1996年、1998年、1999年大洪水的袭击，尤其是1998年洪水最高洪水位远远超过二期治理批准的设计洪水位，其水位之高，持续时间之长是1949年以来罕见。针对存在问题,根据中发〔1998〕15号和国发〔1999〕12号文件精神,湖南省水利水电勘测设计研究总院于1999年编制了《湖南省洞庭湖区二期治理三个单项工程补充项目可行性研究报告》(简称"送审补充可研")。2000年,水利部将审查意见报国家发展计划委员会。

二期治理主要是在"一期"防洪工程建设的基础上,采用堤身加高扩建、填塘固基、大堤灌浆、护坡护脚以及涵闸整修接长等工程措施,继续对防洪大堤进行清隐除险加固。洞庭湖区重点垸二期治理从1996年10月开始至2010年3月完工,历时15年。从2010年开始,湖南省洞工局开始组织验收,2012年10月完成所有单位工程验收,2013年2月通过竣工财务决算审核,2013年3月通过档案专项验收,2013年4月28日通过竣工验收。

(3)重点垸近期治理(重点垸堤防加固工程)。

在防御2016年、2017年和2020年洪水过程中,洞庭湖区11个重点垸一线堤防暴露出堤身质量差、蚁穴严重、堤基渗漏、穿堤建筑物年久失修等问题。经水利部、湖南省水利厅研究确定,分两期加固实施,其中一期治理烂泥湖、沅澧、安造、长春、华容护城、松澧共6个垸,加固一线堤防长度648.3km;二期为沅南、安保、育乐、大通湖、湘滨南湖共5个垸堤防进行加固达标治理,一线堤防总长567.3km。一期堤防加固于2020年开工,计划总工期为45个月,概算总投资85亿元;二期工程正在开展可行性研究。

岳阳市湖区重点垸堤防加固工程包含华容县护城垸、永固垸、湘阴县烂泥湖垸、湘滨南湖垸4个重点垸,堤线总长262.752km(全省洞庭湖区共11个重点垸堤线总长1221.05km)。其中,华容护城垸一期工程加固堤防89km、改造穿堤建筑物44处;湘阴烂泥湖垸一期工程加固堤防60km、改造穿堤建筑物17处;育乐垸(华容永固垸)二期工程新建隔堤1处(长3.907km),加固堤身26km,改造穿堤建筑物17处;湘滨南湖垸二期工程加固堤防83.845km并改建相应穿堤建筑物。

通过重点垸堤防加固工程的实施,岳阳市湖区抗洪排涝能力有了较大提高,工程成效图见图5.1-6。一是提高了重点垸的抗洪能力,减少了溃垸损失;二是险工险段明显减少,防汛抢险及水毁工程恢复费用大大降低;三是重点垸堤防标准提高,减轻了蓄洪垸的分洪压力,相应减少了湖区蓄洪垸分洪损失。工程有效确保了重点垸堤防安全,同时对保障岳阳市湖区人民生命财产安全和促进全市经济发展发挥了较大的作用。

图 5.1-6　重点垸堤防加固建设成效图

5.1.2.2　平垸行洪退田还湖

长期以来,由于泥沙淤积、人口增长和血防建设等原因,洪道、湖泊洲滩被不断围垦开发,使河湖行蓄洪能力下降、洪灾频繁。特别是1998年的长江流域特大洪水,使沿江人民生命财产遭受了巨大损失。洪水过后,党中央、国务院及时作出了灾后重建、整治江湖、兴修水利的重大决策,国务院提出了"封山育林,退耕还林,平垸行洪,退田还湖,加固堤防,疏浚河湖,以工代赈,移民建镇"的32字政策措施。其中,实行"平垸行洪,退田还湖"政策,是防御大洪水、保障沿江(河、湖)两岸群众生产生活条件、促进社会经济可持续发展的基本措施。

1. 平退方式

于1999年5月31日发布的《国务院批转水利部关于加强长江近期防洪建设若干意见的通知》(国办发〔1999〕12号)明确提出了对长江中下游洲滩民垸的治理措施:对严重影响行洪的洲滩民垸,采取退人又退耕的"双退"方式,坚决平毁。对其他洲滩民垸,有条件的可采取退人不退耕的"单退"方式,即平时处于空垸待蓄状态,一般洪水年份仍可进行农业生产,遇较大洪水年份滞蓄洪水。对"双退"的洲滩民垸,要坚决平毁,保证不再复耕,并切实落实好移民的耕地和生活出路问题。对"单退"的洲滩民垸,可选择一些容积较大、蓄洪效果较好的区域,修建简易进洪设施,确保在超过规定水位时顺利进洪。根据以上文件精神,洞庭湖区亦采取以下平退方式：①双退，即退人又退耕，移民搬出平退堤垸异地安置，一般适用于阻碍行洪严重，需要实施平垸行洪，刨毁堤防的堤垸、巴垸、江心洲垸等；②单退，即退人不退耕，移民依托平退堤垸就近安置，一般适用于阻洪不严重，具有利用价值和移民生产安置有较大难度的堤垸。

2. 规划情况

2000年7月，《湖南省洞庭湖区"平垸行洪、退田还湖、移民建镇"3～5年水利规划报告》，列入平退堤垸314处，平退总面积236.8万亩（1578.6km²），计划搬迁22万户、81.6万人，其中单退104处（包括蓄洪垸7处）、双退210处。范围涉及湘水至长沙市开福区，资水至安化县，沅水至桃源县，澧水至临澧县城，汨罗江至平江县，湖区至临湘市区，长江从华容县洪山头到临湘市儒溪镇。

3. 建设成效

为增加河湖行蓄洪能力，保证重点地区的防洪安全，岳阳市积极贯彻落实"平垸行洪、退田还湖"政策，涉及10个县（市、区），共计155个垸子，平退总面积38万亩，其中退人又退耕的双退堤垸101个，面积134654亩；退人不退耕、小水收大水丢的单退堤垸54个，面积239744亩。拆迁安置移民59034户，212785人。该政策的实施，产生了较大的社会、经济和生态效益，特别是抗御高洪水位取得了非常直接和显著的成效。

（1）扩大了行洪蓄洪面积。岳阳市平垸行洪、退田还湖工作完毕以后，不仅清除了行洪障碍，增加了蓄洪面积，相应增加蓄洪量约15亿m³。

（2）减轻了堤防防洪压力，降低了灾害造成的损失。由于调蓄容积的增加，沿江、沿湖地区堤防的防洪压力得到了缓解。全市实施平退的101个退人又退耕的双退堤垸，一线防洪大堤166.6km早已刨除，不需防守。54个退人不退耕的单退堤垸，防洪大堤232.9km，只在高洪水位前期防守一段，高危水位期间按预案有计划主动蓄洪，极大地减轻了防守压力。

（3）促进了地方经济发展。平垸行洪、移民建镇，国家给予了大力支持，投入了巨额资金，加上地方配套和农民自筹，产生了很好的经济效益。全市一至四期国家投入资金总额近10亿元，地方配套和农民自筹资金达 15 亿元，共约 25 亿元资金的投入极大地拉动了内需，带动了相关产业的发展。特别是平垸行洪、移民建镇的实施使移民告别了低洼湖汊，改善了居住条件，提高了生活质量。

5.1.2.3 蓄滞洪区建设

蓄滞洪区是指包括分洪口在内的河堤背水面以外临时贮存洪水的低洼地区及湖泊等，是保证重点城市和地区防洪安全的最后手段，也是重要的防洪工程设施。蓄滞洪区历史上多为江河洪水淹没和蓄洪的场所，包括行洪区、分洪区、蓄洪区和滞洪区，必须由批准的流域防洪规划或区域防洪规划确定。

1. 洞庭湖蓄滞洪区建设及运用历史

洞庭湖蓄滞洪区的安全建设始于 1970 年，建设内容主要是安全台、安全树、安全仓库等，当时的蓄洪垸是 37 个，1984 年一期初设上报 30 个，水电部 1987 年批复 24 个。随着转移安置方式的改变，1986 年开始的一期治理，安全建设的内容为楼、台、路、桥、船、库、树等❶。由于安全楼与垸内安全台均存在二次转移的问题，从 1996 年开始的二期治理逐步调整为结合小城镇建设，增设安全区，并加强了分洪口门、电排月围、渡口码头等工程措施，其主要内容可概括为区、台（顺堤台）、路、桥、船、库等。

1995 年围堤湖破垸蓄洪；1996 年围堤湖再次破垸蓄洪，共双茶、钱粮湖、大通湖东三垸自然溃口蓄洪；1998 年澧南、西官二垸自然溃口蓄洪；1999 年民主垸自然溃口蓄洪；2003 年澧南垸破堤再次蓄洪。历史上洞庭湖各主要蓄洪垸主要运用情况如下。

（1）澧南垸：1998 年 7 月 23 日白芷棚、汪家洲和刘家祠堂三处自然溃口，总长 712m，拦蓄水量 2.72 亿 m³，死 49 人，倒房 5148 间，损失粮食 1084 万 kg；2003 年 7 月 10 日 0 时接蓄洪命令，主动分洪；1 时 30 分宋

---

❶ 楼：指安全楼房，一、二层为框架结构，蓄洪时，垸民上楼避水。
台：包括顺堤台（紧傍防洪大堤，连成一体）和垸内台（呈梯形，高达十余米，面积大小不等，需占用大量土地）。
路：指转移公路和道路。桥：指公路桥和渠道桥。
船：抢运人员和物资的运输船只。库：指储备粮食和防汛抢险物资的仓库。
树：指安全树，以备来不及撤离的人员临时上树避水。

家渡堤段实施爆破蓄洪，破口长 310m（因分洪闸在建，不能使用），蓄洪 5 小时后，澧县县城兰江闸站水位降低 1.02m，效果显著，但由于安建设施未完全建设，造成蓄洪损失较大。蓄洪后批准补偿资金 2898.61 万元，补偿比例较低。因新建了乔家河、张家滩两个集镇，垸内居民于 2001 年年底全部迁出，故仅农业和基础设施受损失。

（2）西官垸：1980 年鸟儿洲堤段先管涌后溃垸，死 2 人，倒房 1.119 万间，损失粮食 415 万 kg；1998 年 7 月 24 日，学堤拐段溃口，长度 390m，最大冲深 16.5m，拦蓄水量 5.584 亿 m³，死 7 人，倒房 8.1816 万间，损失粮食 750 万 kg。

（3）围堤湖垸：20 世纪 80 年代以来遭受了数次洪水的侵袭，尤其是 1995 年、1996 年两次损失惨重，1995 年 7 月 3 日凌晨 3 时破堤，破口长 833m（上口长 458m，下口长 375m），拦蓄水量 2.59 亿 m³，倒房 1200 间，损失粮食 22 万 kg；1996 年 7 月 19 日水漫堤顶，0 时 33 分再次破垸，破口长 960m（上口长 530m，下口长 430m），拦蓄水量 2.93 亿 m³，倒房 1500 间，损失粮食 22 万 kg。

（4）共双茶垸：1996 年 7 月 22 日 12 时，新华轮窑处溃决，长 510m，最大冲深 5.5m，24 日出现最高水位，垸内两道间堤失守，共华、双华、茶盘洲全部被淹，拦蓄水量 17.02 亿 m³，倒房 2.441 万间，损失粮食 49776 万 kg。

（5）民主垸：1999 年 7 月 23 日甘溪港河中洲堤段先管涌，后塌陷溃堤，溃口桩号 14＋870～15＋118，长 248m，冲深 12～18m，因有间堤，故只造成张家塞乡和茈湖口镇受灾，死 8 人，倒房 2.27 万间，损失粮食 7363 万 kg。

（6）钱粮湖垸：1996 年 7 月 19 日，团洲垸溃决，死 14 人，倒房 26364 间，损失棉花 9 万担；同次，钱粮湖农场溃决，死 17 人，倒房 38270 间，损失粮食 3980 万 kg。

（7）大通湖东垸：1996 年 7 月 21 日溃决，死 24 人，倒房 36852 间。

2. 洞庭湖蓄滞洪区建设规划

1998 年特大洪水后，国家着眼长远战略，治水思路从"洪水控制"向"洪水管理"转变。为承担长江中游调洪任务，抵御 1954 年量级超额洪水,城陵矶附近地区需承担 191 亿 m^3 的分洪任务,按照湖南湖北对等原则,"十四五"期间湖南需承担 80 亿 m^3 的分洪量。国家确定洞庭湖区 24 处蓄滞洪区,蓄洪容积 163.8 亿 m^3;9 处重要蓄滞洪区,蓄洪容积 84.5 亿 m^3;4 个一般蓄滞洪区,总容积 28.1 亿 m^3;11 个蓄滞洪保留区,蓄洪容积 51.2 亿 m^3。

现阶段,湖南省落实"分得进、蓄得住、退得出"工作要求,按"3+3+2"的次序推进洞庭湖区 8 个重要蓄滞洪区建设,提高应对大洪水的能力:围堤湖垸、澧南垸、西官垸已基本建成,具备启用条件,蓄洪容积 8.8 亿 m^3;截至 2023 年 11 月,洞庭湖区的钱粮湖垸、共双茶垸、大通湖东垸分洪闸工程已通过竣工验收,3 垸蓄洪容积 51.9 亿 m^3,安全区、安全台移民迁建工程等相继实施。城西、民主 2 垸蓄洪容积 18.8 亿 m^3,已启动可行性研究。

其中,各蓄滞洪区建设设计标准如下。

(1) 工程等级:堤防及穿堤建筑物级别为 3 级,顺堤台、机电设施保护等工程级别为 4 级。

(2) 设计洪水位:按 1949—1991 年期间的最高洪水位确定。

(3) 堤顶超高:安全区的围堤按河堤加 1.5m、其他堤段加 2.0m 确定,顺堤台均加 1.5m。

(4) 排涝标准:安全区采用十年一遇一日暴雨一日排干。

(5) 人口安置标准:安全区 100m^2/人,顺堤台 30m^2/人。

(6) 转移设施标准:公路干线按 4km 左右布置 1 条,宽 5~7m,碎石路面厚 0.25m;转移桥涵按实际情况确定;转移船只每个管委会一艘,80t。

3. 典型蓄滞洪区建设

随着长江上游水库群陆续建成运行,长江调控洪水能力增强,中下游超额洪量持续减少,根据长江水利委员会计算成果,现状条件下遇 1954 年洪水,城陵矶附近地区超额洪量由 320 亿 m^3 减少为 191 亿 m^3。1998 年长江流域大洪水后,鉴于长江防洪的主要矛盾集中在城陵矶附近地区,全面推进 24 个蓄洪垸建设难度较大,为保护武汉市、江汉平原及洞庭湖区等重点地区的防洪安全,国家要求在城陵矶附近先行重点建设好 100 亿 m^3 的蓄滞洪区，湖南、湖北各承担50亿 m³，洞庭湖区钱粮湖垸、共双茶垸、大通湖东垸蓄洪工程作为湖南省新时期蓄滞洪区建设"3＋3＋2"次序的第二个"3"，被列入国家172项重大水利工程先行建设。三垸同期建设，最大蓄洪容积达 50 亿 m³。其中，三大垸分洪闸是蓄滞洪区的拦洪、进洪、退洪控制性枢纽工程，也是长江中下游防洪体系的重要组成部分。

岳阳市是洞庭湖防洪主要阵地，岳阳市有蓄洪垸18个，蓄洪区总面积265万亩，承担85.71亿 m³ 洪水的蓄洪任务，占全省蓄洪任务的一半以上。"十三五"期间，岳阳市积极响应国家172项重大水利工程政策，分期实施了钱粮湖垸、大通湖东垸（岳阳部分）蓄洪工程安全建设一期工程，建成了两垸蓄洪工程分洪闸工程，并有序推进了两垸蓄洪工程安全建设二期工程前期工作。

（1）洞庭湖区安化等十个蓄洪垸堤防加固工程。

工程涉及岳阳市的有城西垸、屈原垸、建新垸等三个堤垸。工程项目概算总投资 8.88 亿元，其中中央投资 4.44 亿元，共加高加固堤防 106.3km，加固、重建或改建穿堤建筑物 24 处。工程于2010年启动建设，2022年完成竣工验收。

（2）洞庭湖区安化等九个蓄洪垸堤防加固工程。

工程涉及岳阳市华容县集成安合垸、君山区君山垸、湘阴县义合金鸡垸、北湖垸等四个堤垸。项目概算总投资 6.29 亿元，其中中央投资 3.13 亿元，共加高加固堤防 90.2km，30 处穿堤建筑物改（重）建和整修加固接长挖废等。工程于2014年启动，2022年竣工验收。

（3）钱粮湖蓄滞洪区。

钱粮湖垸总面积 67.67 万亩，设计总蓄洪量 22.2 亿 m³，涉及一线大堤 149.58km、人口 25.06 万人，均居洞庭湖 24 个蓄洪垸之首。钱粮湖蓄滞洪区工程是处理城陵矶地区超额洪水，保障荆江大堤、武汉市防洪安全的一项重要工程设施，亦是国家172项重点水利工程建设项目之一。

钱粮湖垸安全建设一期工程涉及岳阳市华容县、君山区两地 5 个乡镇。项目新建安全区 5 处，包括君山区方台湖和良心堡安全区，华容县治河渡、插旗和团洲安全区。安置总面积 13.6km²。工程主要建设内容为新建和加固堤防 37.04km，新建穿堤建筑物 15 处，概算总投资 17.5

亿元。

钱粮湖分洪闸位于君山区钱粮湖镇防洪大堤桩号 4km 处，距岳阳市 60km。设计分洪流量为 4180m³/s，分洪设计水位 33.06m（国家 85 高程），共 28 孔，过流总净宽为 280m，闸室总宽为 329m，闸顶高程 35.60m，闸室堰顶高程 28.0m，闸门为弧形钢闸门。工程等别为Ⅱ等，主要建筑物分洪闸为 2 级建筑物。工程投资近 3.17 亿元，其中国家投资为 1.4 亿元，省级投资 1.77 亿元。该工程于 2017 年 10 月开工，施工总工期为 30 个月，2023 年 11 月完成验收。钱粮湖分洪闸建成后，是钱粮湖垸运行的前提，可在需要时及时分洪运用，灵活调度，保证重点地区的防洪安全。钱粮湖分洪闸工程面貌见图 5.1－7。

图 5.1－7　钱粮湖分洪闸工程面貌图

（4）大通湖东垸蓄滞洪区。

大通湖东垸蓄滞洪区总面积 31.76 万亩，设计总蓄洪量 11.20 亿 m³，涉及一线大堤 43.36km、人口 12.90 万人，为洞庭湖第三大蓄洪垸。

大通湖东垸安全建设一期工程涉及岳阳市华容县注滋口镇。项目新建安全区 2 处，分别为注滋口和团山安全区。安置总面积 6.0km²。工程主要建设内容为新建和加固堤防 16.47km，新建穿堤建筑物 12 处，概算总投资 5.76 亿元。

大通湖东垸分洪闸位于华容县注滋口镇东浃村湖堤。该蓄滞洪区辖南县华阁镇、华容县注滋口镇，保护面积 220.69km²，其中耕地面积 15.59

万亩，垸内人口 14.24 万人。工程于 2017 年 11 月工程正式开工，2021 年 12 月完工，总投资 2.023 亿元。该工程已经历 2019—2022 年四次洪水考验，是洞庭湖区一项防洪重器，其分洪闸工程面貌见图 5.1-8。

图 5.1-8　大通湖东垸分洪闸工程面貌图

5.1.2.4　一般垸堤防建设

岳阳市开展了东风湖垸、南湖垸、麻塘垸、黄盖湖内垸等一般垸堤防加固，提高城市部分重要防洪保护圈的防洪能力，保障了居民的生命财产安全。

典型工程：黄盖湖防洪治理工程。

黄盖湖地处长江中游南岸，是湖南省临湘市与湖北省赤壁市的界湖，湖泊面积 70km^2，黄盖湖是湖南省湖区仅次于大通湖的第二大内湖。黄盖湖是本流域洪水主要的调蓄场所，上游新店河、源潭河及湖州地区来水经黄盖湖调蓄后，向北由鸭棚口河铁山咀闸排入长江。黄盖湖流域总面积 1538km^2，其中临湘市 1106km^2，赤壁市 432km^2，设堤防 43 处，直接保护 10 个乡镇 12.5 万人、18 万亩耕地。临湘市涉及黄盖、坦渡、聂市、江南、羊楼司 5 个乡镇，人口 8.3 万人，耕地面积 9.1 万亩。

岳阳市境内黄盖湖湖堤 61.095km，原堤顶高程 30.5～32m，铁山咀闸内水位是黄盖湖的标志水位。有资料记载以来，闸内实测最高水位为 1998 年的 30.18m，2010 年黄盖湖铁山咀闸内水位最高水位达 30.14m。铁山咀闸内保证水位 29.5m，警戒水位 28.00m。堤内建有内排机埠共 28 处 51 台 6548kW，外排铁山咀电排 3 台 6000kW，最大排水流量 108m^3/s。

随着水利设施的增加，黄盖湖垸区的排涝与防洪矛盾日益加剧。

为提升黄盖湖防洪排涝能力，2017年国家发展改革委正式批复了黄盖湖防洪治理工程，工程总投资16.31亿元，其中湖南部分投资10.57亿元，占比64.8%。该项目为全国172项节水供水重大水利工程，涉及湖南、湖北两省43个堤垸，防洪治理工程总长度159.71km，其中湖南部分堤垸26个，堤防总长103.6km。

工程建设规模为：加高加固堤防97.749km，新建护岸工程长度11.01km（其中黄盖垸1.64km护岸工程与堤防加固工程有重合）；迎水侧硬护坡32.946km；新建草皮护坡162.552km，其中迎水侧草皮护坡64.803km，背水侧草皮护坡97.749km；堤身隐患锥探灌浆处理49.601km；白蚁堤段巡查防治82.415km；堤基防渗墙处理长度1.1km；填塘固基长度为49.605km；堤顶防汛道路97.749km，其中混凝土路面16.302km、泥结石路面81.447km；恢复上堤坡道37处，长2.29km；重（改）建穿堤建筑物103座；种植防浪林10.80km；新建分洪口门裹头5处。工程建成后，将现有堤防标准由不足5年一遇提高到10~20年一遇。黄盖湖治理成效见图5.1-9。

图5.1-9 黄盖湖治理成效图

5.1.2.5 涝区治理

洞庭湖区是我国最大的水稻生产区，粮食产能地位突出，泵站提排、撇洪河高排、内湖滞蓄的排涝体系虽基本构建，但存在排涝标准低、中小排涝设施不配套、灌溉水资源优化配置能力不足等问题，有待进一步提升灌排保障能力。岳阳市湖区由于地势低洼，受堤垸阻隔，涝区分布范围广，且随着江湖关系变化，3—4月洞庭湖区水位上涨，雨季叠加增加了湖区排涝压力。此外，由于内湖及排涝沟渠被侵占，垸内排涝消纳能力和排水能力减弱、排水成本高，更加恶化了湖区排涝形势。

为满足最新防洪排涝标准，近年来岳阳市湖区大力开展了涝区治理，重点建设内容包括撇洪工程、水闸工程、内湖治理及泵站建设。对湘滨南湖涝区、华容护城涝区、岳阳长江段涝区、汨罗江尾闾涝区、大通湖东垸涝区、烂泥湖涝区、育乐涝区等重点涝区进行治理，治理涝区面积超2000km^2，使岳阳市南湖涝区达到20年一遇治涝标准，其余涝区达到10年一遇治涝标准，基本形成了"撇洪、闸排、滞涝、电排"相结合的工程体系，有效预防和减少由于降雨引起的洪水灾害，提高了城市抗灾能力。

1. 撇洪工程

洞庭湖区撇洪工程的修建始于1958年，1973年以后又陆续修建了一批规模较大的撇洪工程。据统计，湖区共有撇洪渠304条，长度1299.3km，撇洪面积6406km^2，撇洪流量14129m^3/s。其中，湖区大中型（撇洪流量＞50m^3/s）撇洪渠40条，长度521.5km，撇洪面积6730km^2，撇洪流量10578m^3/s。"十三五"及"十四五"期间对80km撇洪渠进行了整治，典型项目有东风湖撇洪渠、屈原撇洪渠等。

2. 闸排工程

岳阳市共有水闸713座，设计排水流量17256.1m^3/s，其中大中型水闸31座，设计排水流量16134.7m^3/s。"十三五"及"十四五"期间对19座中型水闸和86座小型水闸进行了除险加固，典型项目有黄棠、新泉寺、营田闸等。

3. 内湖治理

岳阳市骨干内湖35个，总水面面积297km^2，总蓄水量约11.85亿m^3，可调蓄水量约5.20亿m^3，内湖水面比1964年减少563km^2，占湖区总面积约5%。内湖萎缩的直接后果就是涝渍灾害加重，因此在堤垸内保留10%～15%的湖泊率是非常必要的。通过内湖清淤疏浚、堤防加固等措施陆续对东风湖、吉家湖等内湖开展整治。典型内湖（东风湖、吉家湖、南津港）堤防建设前后对比见图 5.1-10。

1992年城区东风湖大堤

2005年拓建后的东风湖大堤、
吉家湖大堤与沿湖风光带融为一体

1992年城区吉家湖大堤

2005年拓建后的东风湖大堤、
吉家湖大堤外滩景观

1994年城区南津港大堤

2009年拓宽后的城区南津港
防洪大堤固若金汤

图 5.1-10　典型内湖堤垸建设前后对比图

4. 泵站建设

岳阳市很多湖区电排站建于 20 世纪六七十年代，设备老化，加之外江外湖泥沙淤积，机组扬程普遍增高了 1~2m，排涝能力不能满足要求。为提升主动排涝能力，岳阳市开展了多处泵站设备更新改造，配套和新建了大量电排工程项目，目前已基本形成"以排为主，排灌结合"的网络格局，为湖区抗御洪涝旱灾、促进工农生产持续发展和保障人民生命财产的安全发挥了巨大的作用。

2009—2019年，岳阳市实施完成洞庭湖区大型灌溉排水泵站更新改造工程，湖区新建泵站90座装机容量12.67万kW，更新改造泵站529座装机容量20.55万kW。整治撇洪沟及渠系684km，加固内湖堤防221km，新增、改善除涝面积926.1万亩。2020年汛期连续几场大雨，洞庭湖区灌排泵站全线开机，累计排水96亿m^3，减少受淹耕地810万亩。

"十三五"及"十四五"期间，岳阳市启动了华容护城涝区和湘滨南湖涝区等7处重点涝区排涝能力建设，重点实施了中州泵站等骨干电排改造；建成了中心城区南湖电排、华容六门闸电排、临湘铁山咀电排、湘阴新泉寺电排、范家坝电排和君山友谊电排等骨干排涝泵站；新建和扩容大中型泵站20座，装机45553kW，排涝流量512m^3/s。其中华容县六门闸排涝工程、临湘市黄盖湖铁山咀泵站扩机增容工程被列入湖南省洞庭湖区治涝近期重点工程：

（1）华容县六门闸排涝工程为华容河入洞庭湖的控制工程。工程包括自排闸和排涝泵站两个部分，自排闸为开敞式水闸2孔，单孔净宽6m、净高9m，平板钢闸门，底板吴淞高程25.0m，设计流量286m^3/s，排涝泵站装机容量8400kW，6台单机容量1400kW，设计流量190m^3/s，工程总投资3.15亿元。六门闸排涝工程面貌见图5.1-11。

图5.1-11 六门闸排涝工程面貌图

（2）铁山咀泵站位于湖南省临湘市与湖北省赤壁市的交界位置，是黄盖湖流域的入江排洪设施，排区汇水面积 1128km²。泵站原有总装机容量 6000kW（3×2000kW），设计排涝流量 108m³/s，2016 年扩机增容装机容量 6000kW（2×3000kW），新增排涝流量 72m³/s，泵站改造后总装机容量 12000kW，为岳阳市第一大泵站。枢纽主要建筑物由引水渠、泵房、进出水建筑物及 35kV 变电站组成。黄盖湖铁山咀泵站扩机增容工程面貌见图 5.1-12。

图 5.1-12　黄盖湖铁山咀泵站扩机增容工程面貌图

5.1.3　防洪非工程措施

防洪非工程措施是指通过法令、政策、行政管理、经济和防洪工程以外的技术等手段，以减少洪泛区洪水灾害损失的措施。相对于工程措施而言，非工程措施相当于"软措施"，投资小、见效快，能为防洪工程充分发挥效益提供保证，是防洪工作中广泛应用的一种措施。防洪非工程措施一般包括防洪法规、洪水预报预警、洪水调度、洪泛区管理、河道清障、超标准洪水防御措施、防洪抢险技术、洪水保险、洪灾救济等。

在防洪非工程措施方面，近年来岳阳市充分运用信息化技术，实施了防洪、灾害监测预警，总结并优化了防汛抢险技术，为减轻灾害损失作出了突出贡献。

5.1.3.1　雨水情监测及视频监控系统

岳阳市及所辖县（市、区）建成了防汛会商局域网，实现了部-省-

市-县-乡五级远程视频会商，强化了与湖南省水利厅、岳阳市气象局的政务外网网络连接，基本形成了岳阳市的水利公用网络平台、基本建成了大中型水库、小（1）型水库水雨情监测及视频监控系统，并在2016年、2017年和2020年大洪水应对过程中起到了重要的作用。

5.1.3.2 崩岸智能预警系统

岳阳市开展了长江湖南段重点堤段崩岸智能预警系统（图5.1-13）、崩岸治理过程监控及效果评价系统（图5.1-14）自主研究与应用试点，为长江干堤管理与风险预警提供了有力保障，为防洪争取了时间。

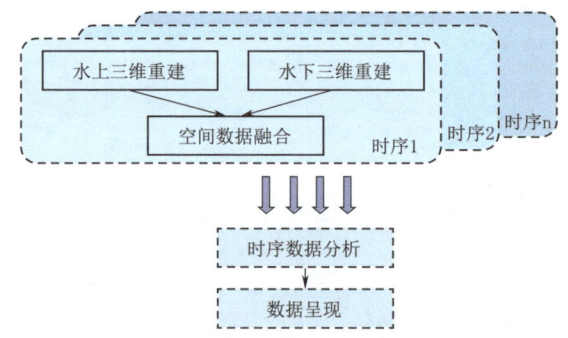

图5.1-13　长江湖南段重点堤段崩岸智能预警系统技术路线

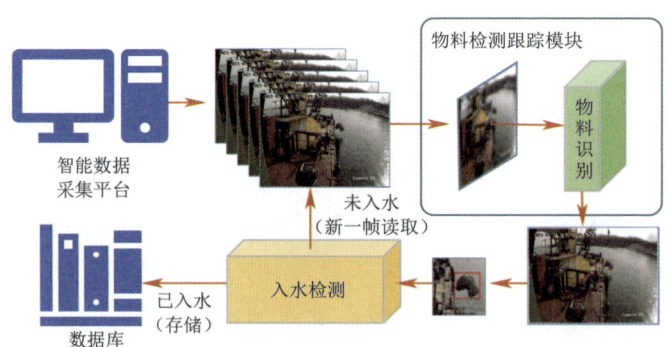

图5.1-14　崩岸治理过程监控及效果评价系统流程图

5.1.3.3 防汛抢险技术

湖区防洪工程在抵御洪水的运行中，常经受洪水的浸泡、冲刷，易造成工程隐患，特别是堤坝工程，在高洪水位渗透压力的作用下，易出现各种各样的险情。岳阳市在与洪水长期搏斗与共存的过程中，积累了丰富的防汛抢险经验，并对最常见的散浸、管涌、流土、漏洞、滑坡（脱坡）、跌窝、崩岸、裂缝、风浪、漫溢等 10 种险情做了完善的经验总结，形成了丰富的案例资源和常态化的防汛抢险培训体系，为湖区防汛抢险提供了有效的经验指导。

附录 1

岳阳市防汛抢险典型案例见附录 1。

5.2 水资源保障

5.2.1 安全饮水

围绕脱贫攻坚、乡村振兴、新型城镇化建设、城乡融合发展等相关要求，岳阳市大力推进"城乡供水一体化、区域供水规模化、工程建管专业化"建设，饮水保障体系初步建成，供水保障能力明显提升，实现大旱年（2022 年）无大灾。

岳阳市城乡供水一体化工程等供水工程的成功建设，使得城乡供水管网向农村延伸，逐步实现了城乡供水同网、同质、同服务，2023 年规模化供水工程（供水人口＞10000 人）覆盖农村人口比例 76.65%。市中心城区、临湘市、岳阳县、平江县、华容县、湘阴县、汨罗市等县市区均已建成应急备用水源，集中式饮用水水源地水质达标率达 100%，城市供水安全保障能力进一步提升。

农村饮水安全方面，截至 2023 年年底，岳阳市现有农村集中供水工程 550 处，其中"千吨万人"工程 99 处，千人工程 130 处，千人以下工程 321 处。2021 年以来，我们聚焦农村供水安全，大力推进农村供水保障工程。全市通过新建、改扩建、管网延伸等措施建设农村供水工程 50 处，受益人口达 34 万，农村自来水普及率达 89.80%。其中，平江县通过向上级争取、平台融资贷款、县财政统筹整合、银行贷款等方式，共投入资金 10.35 亿元，按照"大水源、大水厂、大管网"的思路，以 3 大供水枢纽（东部长寿水厂、北部南江水厂、西部青冲水厂）覆盖近百万居民；岳阳县实施城乡供水一体化工程，总投资 7.49 亿元，将原采用地下水和河流水水源替换为铁山水库优质水源，受益范围 7 个乡镇 31.15 万人。同时，通过水质提升专项行动，全市所有千人以上供水工程均配备了净化消毒设施设备，农村水质合格率保持在80%以上，较2020年提升约10个百分点。

在安全引水工程的建设和运行管理上，成功探索了多种建设和经营模式。岳阳市自来水行业通过智慧水务建设和城乡供水一体化推进，成功实现了供水服务的物业化管理。岳阳市水务集团利用智慧水管家平台，实现了供水设施的数字化管理、全生命周期监控和智能调度，提升了精细化管控能力。

典型案例：岳阳县城乡供水一体化建设项目。项目采用PPP模式实施，总投资约7.49亿元。岳阳县城乡供水一体化PPP项目的授权主体为岳阳县人民政府，授权岳阳县水利局作为项目的实施机构。岳阳县城市建设投资经营有限责任公司作为政府出资代表，与中标的社会资本方岳阳市公路桥梁基建总公司共同出资组建了项目公司——岳阳县岳路供水有限公司，负责项目的投融资、建设、运营和维护。项目公司中，政府方与社会资本方的股权比例分别为40%和60%。项目资本金占总投资的20%（其中政府方出资5996.8万元，社会资本方出资8995.2万元），项目融资部分占总投资的80%（约6亿元，由社会资本方通过融资方式获得）。项目采用"使用者付费+可行性缺口补助"的回报机制，当项目公司运营收入不足以覆盖总成本及合理回报时，不足部分由岳阳县财政局根据绩效考核和审计结果支付可行性缺口补助。项目合作期为30年，其中建设期2年，运营期28年，目前运行良好。

5.2.2 节约用水

近年来，全市基本建成以引提水工程为主体、蓄水工程为重要支撑的工农业用水体系，积极推进国家节水行动方案，印发《国家节水行动岳阳市实施方案》，印发市、县两级《"十四五"节水型社会建设规划》；大力实施水资源消耗总量和强度双控行动，全面建立了市、县两级"十四五"用水总量和强度双控目标体系，推动水资源集约节约高效利用。全市现状用水总量约27亿m^3，有力支撑了经济社会的平稳快速发展。全市节水型社会建设稳步推进，用水效率明显提高，万元GDP用水量从2018年的约

108m³ 降至 2023 年的约 70m³，万元工业增加值用水量逐年下降。

5.2.2.1 优化产业布局

引导工业企业进园区。结合地方自身发展的需求，通过分类水价、政策导向等调控手段，引导工业企业尤其是高用水、高耗水、高污染企业向园区集中，提高工业化集约强度。鼓励有条件的工业园区，统筹水处理及分质供水系统，进行水的梯级利用和集中处理，推进再生水循环利用，提高园区用水高效集约水平。

加快推进产业转型升级。加快调整产业结构，严格控制化工等高耗水行业新增产能，落实高耗水行业发展市场准入负面清单和用水指标、用水效率准入条件，严格执行禁止和限制发展的行业、生产工艺、产品目录。通过科技和制度创新形成聚集度高、竞争力强的产业集群，着力构建高端制造业产业创新体系，促进绿色生产技术在工业企业中的普及、应用。

5.2.2.2 灌区节水改造和现代化建设

围绕"节水高效、设施完善、管理科学、生态良好"的目标，开展灌区节水改造和现代化建设。铁山灌区"十四五"续建配套及现代化改造一期工程，新增恢复灌溉面积 9.19 万亩，改善灌溉面积 4.16 万亩；开工建设铁山灌区"十四五"续建配套与现代化改造工程（二期）。"十四五"期间完成汨罗市汨罗江灌区等 9 处中型灌区续建配套与节水改造，新增恢复灌溉面积 9.61 万亩，改善灌溉面积 15.34 万亩；正在实施屈原灌区等 13 处中小型灌区续建配套与节水改造项目。完成华容县东山水库灌区等 7 处灌区农业水价综合改革项目，改革面积 31.3 万亩；正在实施华容县沙河灌区、君山区华洪运河灌区农业水价综合改革项目，计划改革面积 10 万亩。农田灌溉水有效利用系数提升至 0.5658，农业用水效率进一步提升。

铁山灌区位于湖南省北部岳阳市新墙河中下游的丘陵地带，是湘北地区最大的自流引水灌溉工程，承担着岳阳县、汨罗市、临湘市、岳阳楼区和岳阳经开区等 5 个县（市、区）19 个乡镇 165 个行政村农田的灌溉任务，控灌面积 85.41 万亩，占岳阳市耕地总面积的 1/5，为湖南省第二大灌区。铁山灌区"十四五"续建配套与现代化改造工程旨在提升灌区的灌溉能力、水资源利用效率以及生态环境保护水平。项目总投资 4.03 亿元，分 5 年实施。项目实施后，灌溉水利用系数达到 0.596，灌溉保证率达到

85%，骨干渠道和渠系建筑物完好率达到90%，能够大幅提升灌溉供水保障能力和用水效率，增加灌区粮食产量，保障粮食生产安全。项目一期工程已于2022年6月取得环评批复并实施。二期工程正按计划开展。

5.2.3 水资源优化配置

岳阳市降雨较充沛，但年内降雨大部分集中在5—9月，区域内水资源时空分布不均，导致灌溉枯水季节缺水严重。过去区域内以破坏生态基流为代价，灌溉保证率低，河流、渠系、内湖的生态需水得不到满足。此外，区域内部分水体水质有逐年恶化的迹象，高锰酸盐、总磷、总氮浓度总体呈上升趋势，河道、内湖等水体内富营养化严重。因此，解决水资源空间分布不均问题以及整治区域水生态水环境，对于改善民生和促进当地经济绿色健康发展具有十分重要的意义。

近年来，岳阳市依托环洞庭湖区水库、河湖、沟渠，结合湖区实情实施了洞庭湖北部地区分片补水工程等水资源时空配置优化工程，完善了洞庭湖区灌排体系，有效提升了引水排水蓄水效率，改善了247万人、300万亩耕地的生活生产用水条件，有力保障了湖区粮食产能。2022年大旱年未发生大灾。

为践行习近平总书记"节水优先、空间均衡、系统治理、两手发力"治水思路，坚持生态优先、绿色发展，优化配置岳阳市水资源，2017年12月，岳阳市水务局编制了《岳阳市长江补水工程项目建议书》，明确岳阳市长江补水工程的主要任务：自长江（君山区建设垸洪水港段）取水，输水经华洪运河到华容河，沿河道两岸涵闸、泵站向两岸垸内供水，解决沿线农田灌溉水源问题，改善当地内湖水生态环境。一期工程主要分布在洪水港、沿华洪运河与华容河的两岸；二期工程供水至华容护城垸、钱粮湖垸、君山垸等多个堤垸。

5.2.3.1 岳阳市长江补水一期工程

洞庭湖北部地区分片补水应急实施工程岳阳市长江补水一期工程（以下简称"岳阳市长江补水一期工程"）作为洞庭湖区北部补水项目核心的湖南省重点工程，旨在从长江取水通过华洪运河调水至华容河，解决岳阳市君山区和华容县沿线农业灌溉用水和生态用水问题，以实现区域性水资

5.2 水资源保障

源配置,在改善运河沿线地区河湖水环境、水生态的同时形成水生态景观,达到"水活、水清、水美"的目标。

(1) 工程概况。

岳阳市长江补水一期工程项目合同金额 3.54 亿元,于 2018 年 9 月 30 日开工,2021 年 4 月 30 日通过完成验收,工程质量评定等级为优良。工程建设范围包括君山区建设垸、建新垸、许市镇、钱北垸(原采桑湖地区)、钱南垸、华容县新太垸,主要建设内容分为如下三部分:①取水枢纽工程,包括长江岸坡护脚、固岸,取水泵船、水泵及金结机电设备,人行栈桥及输水钢管排架,输水压水钢管,双孔输水箱涵,引水防洪闸,消能防冲设施等;②水系连通工程,包括一支渠运河闸拆除及重建,一支渠、西干渠整治,西干渠公路桥及渡槽,西干渠节制南北闸新建,潘家渡运河大闸拆除重建等;③华洪运河整治,包括堤防工程,白蚁防治,锥探灌浆,堤顶公路,河堤防护工程,拆除、重建、维修及新建涵闸 24 处(新建 4 处,拆除重建 18 处,维修加固 1 处,封堵 1 处),泵站更新改造及拆除重建 10 处(拆除重建 8 处,更新改造 2 处)等。

(2) 建设成效。

岳阳市长江补水一期工程是一项在长江经济带"生态优先、绿色发展"战略前提下实施的惠民生、利长远的工程,也是湖南省同类型、同规模工程中建设速度最快、资源利用效果最佳的工程,又是岳阳水利建设史上的里程碑,创造了水利建设的"岳阳速度"(两年工期,1 年完成主体工程建设)。项目新建洪水港取水泵站(泵站工程等别为Ⅲ等,泵站规模为中型),建造了国内同类型最大取水泵船(如图 5.2-1 所示,船长 66m,宽 14m,流量 $19.54m^3/s$,取水量 $70000m^3/h$,设计扬程为 9.5m,装机功率为 2800kW)。这是湖南省内唯一从大江大河取水的泵船,能在低枯水期随时抽水,补水至华洪运河和华容河,长江补水工程主要建设项目布置见图 5.2-2。工程建设的核心部分为取水泵船及取水枢纽,创造了三个国内第一:取水泵船船体尺寸及吨位最大、船岸连接输水管道管径最大及并联管道数量最多、总装机功率及总流量最大。

岳阳市长江补水一期工程建成后,每年可从长江补水的水量相当于一个大型水库水量,四季水量充盈,河道告别断流,有效解决了华容河及华

图 5.2-1 新建取水泵船

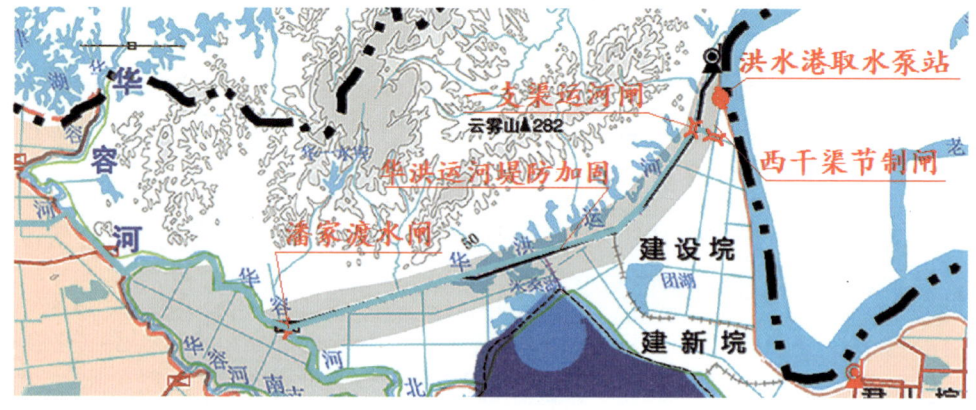

图 5.2-2 长江补水工程主要建设项目布置图

洪运河沿线水资源季节性缺水和水质性缺水问题，对岳阳市人民安居乐业、保障社会的稳定具有十分重要的作用，社会效益显著。2022 年，长江中下游地区出现罕见的"汛期反枯"，湖南遭遇 1961 年以来最严重的干旱。岳阳市长江补水工程引"长江水"解"洞庭渴"，发挥了巨大的工程效益，交出大旱之年无大灾的精彩答卷。抗旱期间，泵船补水平均取水流量 18m³/s，日均补水量 150 万 m³，连续运行了 109 天，补水 16800 万 m³，确保了华容、君山等地 11 个堤垸 95 万亩农田得到有效灌溉，北部补水水利工程发挥巨大效益，确保了当地生产生活用水安全，最大限度减轻了干旱灾害的损失。加固整治后的华洪运河见图 5.2-3。

5.2.3.2 岳阳市长江补水二期工程

受江湖关系持续变化影响，三口分流减少，枯水期提前、时间延长，四口水系断流加剧，工程性缺水和季节性缺水问题突出，岳阳市华君灌区

图 5.2-3 整治后的华洪运河

105 万亩耕地灌溉用水得不到保障,粮食生产安全受到威胁。为充分发挥已实施的长江补水一期工程的补水效益并扩大受益范围,改善华君灌区灌溉缺水问题,确保农业生产和粮食安全,实施了岳阳市长江补水二期工程。

依照"醴水东调,北连长江,南引草尾,分片配置,分散补水"的总体补水思路,聚焦洞庭湖北部地区民生急需,坚持立足现有水源基础条件、不与四口水系综合整治工程重复建设等原则,依据 2020 年湖南省水利厅编制的《湖南省洞庭湖区北部地区分片补水二期工程规划报告》,规划的 6 个洞庭湖北部地区分片补水二期项目中,岳阳市有华容县护城垸补水工程和君山区君山垸补水工程两大工程,项目整体布置图如图 5.2-4 所示。

岳阳市北部补水二期工程开发建设以农业灌溉为主,兼顾水生态环境改善。工程建设内容为:岳阳市北部补水一期工程引长江水至华容河,抬高华容河水位,二期工程在一期的基础上将华容河水利用现有涵闸泵站引至君山钱粮湖垸及华容护城垸,改善灌溉取水条件,并利用护城垸内湖调蓄作为灌溉水渠;远期结合四口水系综合整治,实现华洪运河、藕池河双向引长江水,解决华君灌区农业灌溉缺水矛盾,改善垸内水生态环境。工程建成后,可有效解决华君灌区 105 万亩耕地灌溉水源不足的问题,有效

5 水安全保障实践

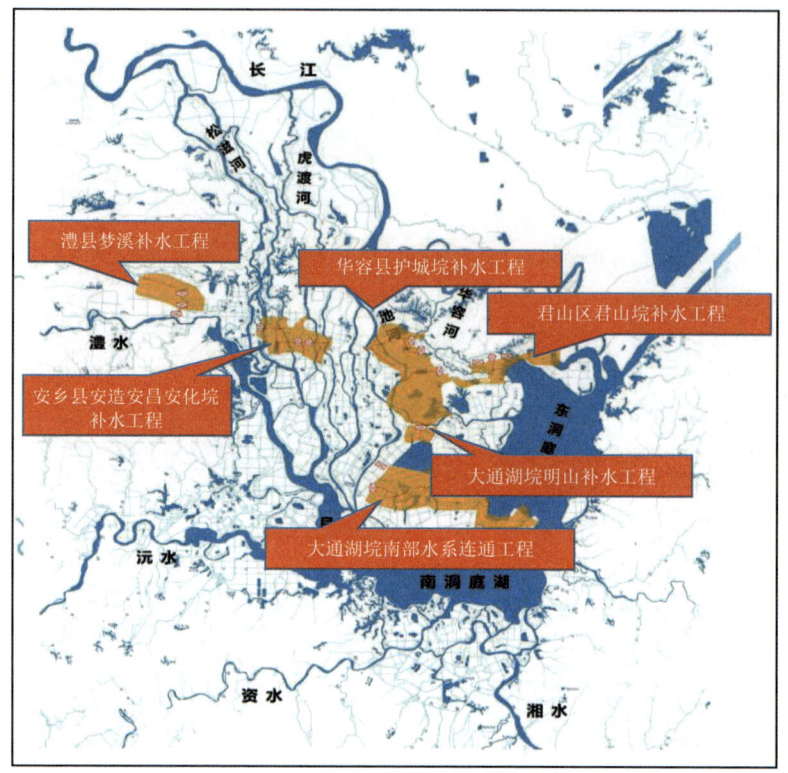

图 5.2-4 洞庭湖北部地区分片补水二期项目整体布置图

支撑华君大型灌区建设和粮食生产安全,同时可显著改善华容、君山河湖水动力条件,维护河湖健康水生态环境。

(1)华容县护城垸补水工程。

华容县护城垸补水工程在已实施的岳阳市长江补水工程(一期工程)基础上,通过引华容河水至护城垸和新生垸。利用华容河现有的万庚大闸、石山矶低闸和鱼口低闸向垸内塌西湖、蔡田湖、东湖集中补水,经内湖调蓄后,利用现有渠系对护城垸内平原地区进行灌溉,改善护城垸灌溉面积达34.3万亩,受益人口达22.8万人。此外,工程对东湖进行生态补水,改善了东湖水质,优化了区域内水资源配置,为区域水生态、水安全提供了充分保障。该工程已于2023年7月全面完工。

(2)君山区君山垸补水工程。

君山垸补水工程通过引水工程、灌排渠道工程、渠系建筑物工程、输水管道工程等工程措施，将长江水引入垸内渠道和君山水厂。项目通过改扩建长沟子取水泵船，改建水闸 6 处，衬砌加固渠道 3.58km，新建输水管道 6.4km，城区供水规模由 3 万 t/d 扩大至 6 万 t/d，灌溉引水流量由 1.5m^3/s 扩大至 5.11m^3/s，保障了君山水厂供水范围生活用水，解决了君山灌区 6.89 万亩农田枯水期灌溉补水问题，并为垸内主要水网和濠河的生态补水提供了可靠的水源和水动力，有效缓解了垸内水资源供需矛盾，改善垸内水生态环境和提升了居民生活环境。该项目主体工程已 2022 年 12 月 24 日完工。

5.3 水生态环境保障

洞庭湖吞吐长江，形成复合型湿地生态系统。洞庭湖有水生植物 160 多种、鸟类 300 多种、鱼类 100 多种，已建立 2 个国家级、2 个省级自然保护区。洞庭湖既是珍稀水生生物及资源性鱼类的繁衍地和活动场，也是具有世界意义珍稀迁徙性鸟类的越冬场和栖息地，又是长江流域生态安全的重要屏障。

三峡工程建成运行后，三峡及长江上游水库群在发挥巨大综合效益的同时，蓄水拦沙，清水下泄，出库径流过程改变，带来了江湖关系新变化。受江湖关系变化影响，四口河道枯期断流普遍，生态环境恶化；洞庭湖枯期水位降低，湿地表现正向演替，林地、沼泽依次向湖心推进，对湖区重要的生物多样性产生威胁；湖泊水量减少，鱼类、豚类等水生动物生活空间变窄，生态系统呈退化态势。具体表现如下：

（1）水体交换不畅影响垸内水生态环境。枯水期受河道断流、湖泊水位降低影响，堤垸闸站引水入垸困难，补水受限。垸内水网生态基流难以保证，水网循环不畅、动力不足，导致水环境承载能力降低，易形成黑臭水体（图 5.3-1）。

（2）洞庭湖洲滩过度发育，枯水期水面减少、水深变浅。据图 5.3-2，洞庭湖 12 月平均水面面积由 20 世纪 50 年代的 1030km^2 减小至现在的 475km^2，减少了 555km^2。特别是 2022 年 7 月以后持续干旱，11 月 12 日城陵矶站水位为 19.12m 时（当年最低），洞庭湖水面仅 311km^2、水量不

图 5.3-1　湖区垸内水体污染现状图

到 5 亿 m^3。枯水期水域空间变小，大量洲滩长时间裸露，导致洲滩旱化、湿地景观碎片化，江豚等大型水生生物生存空间被压缩且容易滋生血吸虫，洞庭湖湿地生态功能呈退化态势。

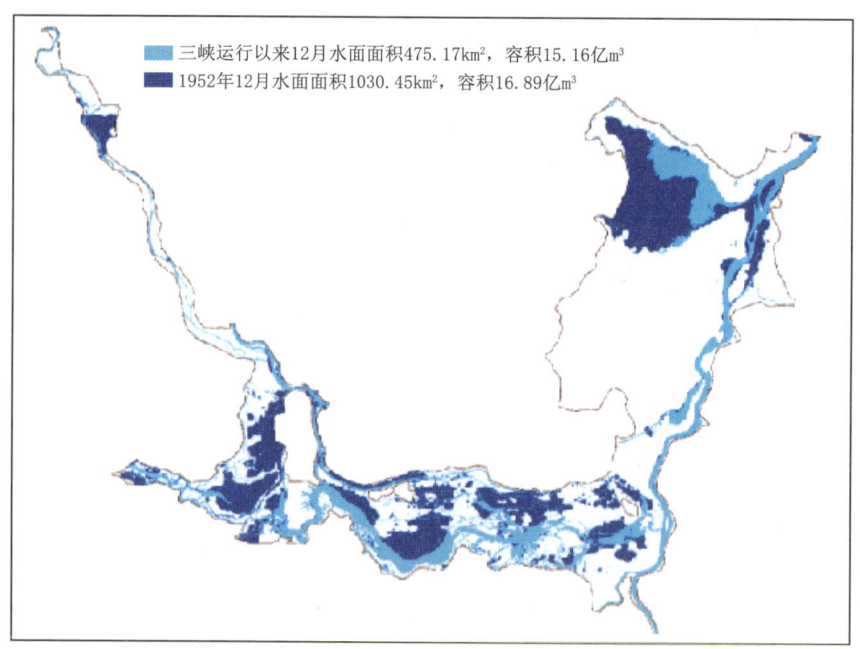

图 5.3-2　洞庭湖不同时期 12 月水面面积变化图

针对以上水环境恶化、湿地生态系统退化等主要生态环境问题，岳阳市积极开展了湿地保护、水环境综合治理等措施。一方面以全面落实河长制湖长制为统领，加强河湖水域和岸线保护，维护河湖生态空间，强化水污染治理源头控制,全面落实减污拦污治污措施,保护河湖水质,还洞庭湖"一湖清水"。另一方面加快推进水生态治理和修复,打造最美长江岸线,实施垸内补水,连通垸内河、湖、渠系,分区分片构建水清岸绿、绿水长流的垸内生态活水网络,打造长江最美岸线。推动山水林田湖草沙一体化保护修复,促进水生态系统的良性循环和动态平衡。

西洞庭湖水质连续2年达到Ⅲ类,南洞庭湖水质突破性达到Ⅲ类。

5.3.1 湿地生态保护

当前岳阳市湿地保护管理机构齐全、法制保障措施有力、制度建设不断完善、投入机制逐步健全。近年来,岳阳市陆续建立了1个市级、9个县(市、区)级湿地保护机构、1个国际重要湿地和6个省级重要湿地管理机构;岳阳市人民代表大会常务委员会颁布了2部与湿地保护有关的法规,市、县两级政府出台了13件与湿地保护有关的规范性文件;岳阳市已将湿地保护纳入《"十四五"国民经济和社会发展规划和国土空间总体规划(2021—2035)》,《岳阳市湿地保护专项规划》也正在编制之中。

岳阳市创新湿地保护模式,以"河湖长制""林长制"等推动"湿地之治",将湿地保护率、湿地生态状况等指标纳入工作考核,建立了"水、陆、空"立体化综合巡护系统。东洞庭湖保护区内的大小西湖封闭管理模式先后被国家林草局、世界自然基金会(WWF)列入长江流域湿地保护的十大经典案例之一。岳阳市林业、生态环境、农业等多部门共同开展湿地修复、守护好一江碧水、污染防治攻坚、洞庭湖综合治理、十年禁渔等湿地保护工作。

岳阳市湿地保护成效正在凸显。经科学考察,岳阳市湿地范围内已记录到鸟类378种,包括国家一级保护鸟类白鹤、白头鹤、东方白鹳、黑鹳、大鸨、中华秋沙鸭、白尾海雕等18种,二级保护鸟类小天鹅、鸳鸯、灰鹤、白额雁等74种,中日和中澳候鸟保护协议的鸟类158种。区域内淡水鱼类记录117种,野生植物和归化植物1186种,还栖息有江豚和麋鹿(国家一级保护野生动物、长江流域湿地旗舰物种),见图5.3-3。其中,东洞庭湖麋鹿为我国最大的自然野化种群,洞庭湖长江江豚数量占全球江豚总数近13%。

图 5.3-3　湖区江豚和麋鹿

5.3.2　水环境综合治理

基于相关调查研究与测算，洞庭湖岳阳湖区的磷污染负荷主要来自畜禽及水产养殖污染，排放量占总污染负荷的 52.65%；其次为城镇生活污水排放和农业面源污染，分别占 14% 和 7%。直接入湖的 4 条河流中，藕池河东支和华容河输入量最大，其次为新墙河和汨罗江。入湖河流总磷浓度由高到低排序，依次为藕池河东支（0.09mg/L）、新墙河（0.087mg/L）、华容河（0.085mg/L）、汨罗江（0.082mg/L）。历年来，岳阳市积极推进水环境综合治理，大力推行河长制湖长制，加强水环境问题整改，在水质保护和水土保持等方面初具成效。

5.3.2.1　控源减污

近年来岳阳市积极落实洞庭湖总磷污染控制与消减攻坚行动，截污减排、活水增效。2022 年洞庭湖湖体总磷浓度下降为 0.06mg/L，比 2015 年下降 46.4%，水环境呈逐年改善、持续向好的良好态势。此外，持续开展洞庭湖区山水林田湖草沙一体化修复，共实施 13 个水系连通项目，提升水体生态容量和自净能力，推动大通湖水质实现了从劣Ⅴ类到Ⅳ类的转变，珊珀湖环湖沟成为水流清澈的生态沟，造就当地内湖生态景观新标杆。

伴随着一系列水污染治理措施的稳步推进，2020 年岳阳市 31 个地表水考核断面水质监测达标率为 96.2%，达到或好于Ⅲ类水质比例为 81.2%，整体水质稳步改善。长江岳阳段水质达标率为 100%，Ⅱ类水质占比 95.7％。洞庭湖水质综合评价达到考核标准，东洞庭湖总磷浓度为 0.063mg/L，年均浓度同比下降 7.4％。东风湖、松杨湖水质均由劣Ⅴ类改善为Ⅳ类，芭蕉湖水质由Ⅳ类改善为Ⅲ类，南湖水质有 7 个月时间达到Ⅲ类。

截至 2021 年，全市完成了 12 个县级及以上和 83 个千吨万人饮用水水源保护区划定，饮用水水源水质基本得到保障；累计建成城市生活污水处理厂 18 座，总设计处理能力 71 万 t/天；建成 12 个省级以上工业园区 14 个污水集中处理设施；对已登记的沿长江 11 个主要排污口和 43 个排渍口、洞庭湖 94 个入湖排口实施常态监管；市中心城区 32 处黑臭水体治理基本完成。

5.3.2.2　河湖清淤疏浚

针对垸内沟渠、湖泊淤塞和河湖流动性差导致垸内河流湖泊水质变差以及灌溉渠系"最后一公里"不通畅的问题，对垸内主要内湖和连通渠系进行清淤疏浚，可以有效促进水系连通性和流动性，达到改善水质、提升灌溉效益的目的，缓解垸内水质性缺水问题。

历年来，岳阳市充分利用四口水系地区沟通江湖的优势，积极应对江湖关系变化的不利影响，开展洞庭湖区沟渠塘坝清淤疏浚，扩挖河道水系，恢复骨干河道通流，增加四口河道进流，以保障四口水系地区供水、灌溉的水量要求，恢复垸内沟渠连通性能和塘坝蓄水能力。2016 年以来湖区各地共完成 10.78 万 km 沟渠疏浚和 13.64 万口塘坝清淤，构建了旱能灌、涝能排的沟渠塘坝生态活水网，达到"活水""清水""蓄水"的效果。典型排渠清淤前后对比见图 5.3-4。

5.3.2.3　水土保持

岳阳市水土流失点多面广，全市各地均有分布，侵蚀地类以耕地、疏林地为主，荒草地、农用地次之。根据公布的岳阳市第三次土壤侵蚀遥感调查数据，岳阳市水土流失总面积 1574.32km^2，占岳阳市土地总面积的 10.6％。

历年来，岳阳市十分重视水土保持工作，水土流失治理工程先后安排过国债水保工程、农发水保工程、国家水保重点工程，其中岳阳县、平江县、临湘市、汨罗市、湘阴县、华容县均被列为全国第二批水土保持监督

5 水安全保障实践

图 5.3-4　典型排渠清淤前后对比图（汉新排、永新排）

管理能力建设县。伴随着各类水土保持工程的稳步推进，治理水土流失面积 367.47km²，岳阳市轻度以上土壤侵蚀面积持续下降，水土流失危害减轻，林草植被覆盖度逐步增加，治理区生产条件显著改善，水源涵养能力日益增强。

5.4　河湖管理

历年来，岳阳市政府加强组织领导、切实保障规划实施，加强依法治水、深化改革创新，深化投融资改革、保障水安全建设资金，提升监管能力、强化风险管控，强化科技支撑、提升行业能力，切实保障了岳阳市湖区的水安全。

5.4.1　强化河湖管护，实现人水和谐

深入推进河长制湖长制，坚持河长制促河长治，2217 名市、县、乡、

村四级河长湖长巡河51.8万人次，交办整改问题2.01万个，清理销号河湖"四乱"994处。在全省率先出台巡河"五有标准"、河长制工作"十全法"、河湖管理"十条禁令"，积极开展"清河净滩""小微水体整治""南湖流域水环境综合治理"等专项行动，创新"河长＋检察长"、"党员协理长"、跨界河湖联防联治等协作机制，南湖、东风湖、黄盖湖、汨罗江、铁山水库等19个河湖被评为省级美丽河湖，实现长江岳阳段水质优良率、岸线码头复绿率、重点水域禁捕率"三个100％"。做好涉河涉湖审批，积极与水利部长江水利委员会、湖南省水利厅对接汇报，确保了乙烯炼化一体化、虞公港码头建设等一批涉水重点项目有序推进。

5.4.2 坚持依法治水，稳控水事秩序

严格落实《中华人民共和国长江保护法》《湖南省洞庭湖保护条例》《湖南省河道采砂管理条例》，加快地方立法，先后颁布实施《岳阳市城市规划区山体水体保护条例》《岳阳市东洞庭湖国家级自然保护区条例》《岳阳市铁山水库饮用水水源保护条例》等，为依法治水管水打下坚实基础。落实最严格的水资源管理，规范取水许可证审批，按标准足额征收水资源费，全面推进节水型社会建设，实现水资源集约安全利用。时刻紧绷生态环保之弦，依法依规规范有序做好砂石开采，率先全省出台《岳阳市河道采砂政府统一经营管理办法》，严格落实"七项制度""六控措施"，完善电子围栏、视频监控等河道采砂综合监管平台建设，确保"依法、阳光、绿色、科技"采砂。持续高压打击河道非法采砂，牵头组织公安、海事等部门，协调常德、益阳、荆州、咸宁、马鞍山等地开展联合执法220余次，查处涉水涉砂违法行为60余起，移送公安20余起，江湖河库水事秩序稳定可控。

5.4.3 推进智慧管理，提升治理效能

近年来，岳阳市主要围绕水库安全监测运行管理、灌区和铁山水库现代化建设、河道采砂监管等方面，以业务需求为主导，开展了分业务线的水利信息建设。一是建设了高标准的水利调度中心。利用岳阳市水利信息化建设项目，对市局局域网进行全面改造升级，整合了现有的部分业务数

据和平台,建设高标准的调度中心。二是开展了长江岸线(湖南段)监测建设。通过与长江水利委员会信息中心、湖南理工大学等高校合作,整合堤防、水闸、水功能区等19类对象的非空间数据及行政区划、道路交通、河湖水系、水利工程等18类对象的空间数据,搭建了长江岸线三维模型,覆盖了142km长江堤防和163km长江岸线,并结合重点险工险段的雨量水位、视频监控等数据,实现了长江岸线的智慧管理。三是开展洞庭湖一线堤防隐患排查监测探索。通过堤防巡查车拖拽瞬变电磁、地质雷达等设备对洞庭湖区一线防洪大堤进行安全隐患排查形成分析报告。四是开展了铁山灌区现代化建设。通过铁山水库、灌区水雨情、水质、工程等信息自动采集,健全水库、灌区监控、无人机、卫星遥感监测等信息化系统,实现河湖水域岸线、渠道、供水管线等远程监管、水库大坝安全监测自动化、水情自动测报和水库防洪优化调度系统,提升了铁山水资源优化调度和利用、保护、水旱灾害防治、水生态修复、水环境治理能力。五是正在开发水利工程巡查系统。通过对巡查人员的定位以及巡查轨迹管理,分析和考核汇总巡查人员行为,加强巡堤查险、水库日常巡查管理,落实巡查责任。以上信息化建设促进了智慧管理,极大地提升了治理效能。

5.5 水安全保障能力与现存问题

5.5.1 水安全保障能力建设主要成效

通过几代人的努力,一批批水安全保障规划项目相继建成投产,岳阳市湖区水工程体系逐步完善,区域防洪减灾能力、供补水民生保障能力和生态综合治理能力明显提升。一是防洪减灾能力持续提升,全面落实"两个坚持、三个转变"防灾减灾新理念,成功战胜了2017年、2020年洞庭湖大洪水。二是水资源优化配置能力不断增强,2022年成功应对了1961年以来最严重水文气象干旱,实现了"有大旱、无大灾"。与2013年典型干旱年比较,农作物受灾、成灾、绝收面积同比减少80%左右。三是河湖水生态环境得到有力改善,抓实河长制湖长制工作,强化山水林田湖草沙一体化保护,打造"水美湘村"示范村。

5.5.2 水安全保障现存问题

水安全保障体系为岳阳市经济社会发展、人民群众安居乐业提供了重要支撑,但与人民群众日益增长的水安全现实需求和岳阳市高质量发展的实际需要相比,水安全保障能力仍然存在一定的差距。

5.5.2.1 防洪保障体系存在薄弱环节

历年来岳阳市湖区遭受洪水灾害频繁,这给当地人民的生命财产带来了威胁,严重制约了经济社会的健康发展。经过多年的防洪减灾建设,岳阳洞庭湖区现状防洪保障能力见表 5.5-1。

表 5.5-1   岳阳洞庭湖区现状防洪保障能力统计

分类	区域		堤防等级	建设标准	现状保障能力	问题
防洪	长江干堤	中心城区、云溪区永济垸	Ⅰ级堤防	1998年洪水+超高(2.5m)	100年	
		其他段	Ⅱ级堤防	1998年洪水+超高(2.5m)	50~100年	
	重点堤垸	临洞庭湖侧		1954年洪水+超高(2.0m)	50~100年	堤基险情
		临河侧		1954年洪水+超高(2.0m)	50~100年	
	蓄洪垸	临洞庭湖侧		1954年洪水+超高(2.0m)	50~100年	
		临河侧		1954年洪水+超高(1.5m)	50~100年	
	一般垸			1954年洪水+超高(1.5m)		
排涝	中心城区			20年一遇24小时暴雨24小时排干		
	一般堤垸			10年一遇三日暴雨三日末排干至水稻的耐淹水深(50mm)		

由前述可知,湖区防洪建设取得了很大成绩,一般常遇洪水依靠堤防的严密防守,基本可以安全度汛。然而洞庭湖防洪问题的复杂性决定了防洪治理的艰巨性。随着经济的发展,沿岸地区发展对防洪的要求也将愈来愈高,现阶段,岳阳市防洪减灾面临的新形势如下。

1. 长江岳阳河段仍存在防洪短板

长江洪水来水量远超过河段的安全泄量。长江岳阳河段虽经过多年堤防加高加固及河道整治，安全泄量较以往有了明显扩大，但上荆江仍只能安全下泄 60000~68000 m^3/s（含松滋、太平两口分流入洞庭湖流量），城陵矶附近下泄量约 61000 m^3/s。而城陵矶以上干流和洞庭湖四水及区间来水的汇合洪峰流量（考虑洪水传播时间后的峰值）在 1931 年、1935 年、1954 年等几个大水年均为 100000 m^3/s 以上，1998 年也超过 90000 m^3/s。洪水来量大与河道泄洪能力不足的矛盾非常突出，只能采取分蓄洪措施，以保证重点区和重要城市的安全，尽量减少淹没损失。岳阳长江干堤 1998 年大洪水后经加高加固，堤防高度、断面虽已达标，但堤防工程面广线长，高洪水位下管涌、渗漏等险情众多，防汛抢险任务艰巨。新的江湖关系导致长江干流河道冲刷下切，崩岸险情增多，河势控制亟须进一步加强。

2. 洞庭湖区防洪隐患突出

一是湖区堤防未全面达到规划的治理标准。岳阳市涉及的华容护城垸、湘滨南湖垸、烂泥湖垸（湘资垸、岭北垸、沙田垸）、育乐垸（华容永固垸）4 个重点垸堤防经过洞庭湖一期、二期治理，堤防断面基本达标，但限于当时堤防建设的认识水平、建设能力等因素，建设标准普遍不高，且主体工程大部分实施于 1998 年大洪水前，历经近 20 年运行，堤身堤基存在隐患，部分堤段如育乐垸（华容永固垸）与湖北石首市久合院省行政分界处堤段未达标准；蓄洪垸堤防虽已完成达标建设，近年来高洪水位时局部堤段险情频发，亟须除险加固；一般垸堤防从未实施系统治理，大部分未达规划标准，堤身质量差、断面不够，防御高洪水位能力不足。

二是蓄洪垸安全建设滞后。钱粮湖垸、大通湖东垸已完成安全建设分洪闸一期工程，但由于移民迁建难度大，进展缓慢；其余承担蓄洪任务的 9 个蓄洪垸安全建设尚未启动，难以达到"分得进、蓄得住、退得出"的要求。

三是洪道治理仍需加强。洞庭湖区及湘、资尾闾部分洪道淤积严重；湘江下游尾闾局部河势演变加剧，湘阴县、屈原管理区等县（市、区）崩岸频度和强度增加，威胁防洪安全，河势控制与河道治理任重道远。

四是重点涝区治理滞后。内湖渍堤建设标准低,撇洪渠淤积严重,整体治理达标率低,泵站排涝能力亟待提高;农田排涝能力普遍偏低,部分地区高水低排现象突出,排涝出路不畅,亟须系统整治与提升。

3. 城镇防洪排涝仍存在薄弱环节

一是城市防洪保护圈尚未完全达标。中心城区及各县(市、区)部分防洪保护圈未完全闭合,部分堤防未完全达标建设。二是城镇排涝问题突出。随着城市化进程加快,相应排涝工程配套建设的任务更加繁重;城市调蓄容积萎缩,产汇流速度加快,排涝设施标准不高,排水管网"关门淹"式内涝灾害时有发生。

4. 防洪非工程体系不完善

莲花塘站的保证水位与洞庭湖区以及长江干流城陵矶河段防洪情势不协调;君山垸、江南陆城垸(陆城垸部分)经济社会发展迅速,与城市规划定位不相匹配;湖区单退垸运用管理体制机制不健全;汛期防守仍以人力为主,现代化手段和装备运用滞后,洪水风险管理和突发性洪水的综合应对能力有待提升等。

5.5.2.2 水资源保障体系亟待再升级

(1)优质供水保障能力有待提高。受水土资源条件限制,优质水源空间分布不均。岳阳市大中型水库等优质饮用水源主要分布于中东部山丘区,西部洞庭湖环湖区农村安全饮水工程虽已全面覆盖,但主要水源为江河水、铁锰超标的地下水,主要涉及华容、君山、湘阴、屈原管理区,且部分地区在旱季或者供水高峰期供水能力不足,与群众喝上安全水、放心水的要求存在差距。

(2)城乡供水一体化辐射范围有限、品质不高。受行政区划壁垒限制,城乡供水一体化辐射范围和规模有限。2023年年底,岳阳市千人以下农村集中供水工程仍有321处,城乡居民生活用水标准不均衡,现状农村居民生活净用水量约90L/(人·天),与城镇居民生活净用水量125L/(人·天)仍有较大差距;部分农村居民饮水水量水质保障程度不高。

(3)应急备用水源建设薄弱。屈原管理区等城市供水以及各县市区多数乡镇供水水源单一,抗风险和应对水污染、工程故障等突发事件的应急供水保障能力不足。

（4）供水工程多、管理难度大。2023年年底岳阳市仍有550处农村集中供水工程，运营管理难度大，智能化、自动化管理水平不高，工程维护资金难落实。目前岳阳市城乡供水管网漏损率约20%，局部地区接近30%，与华中地区平均水平（15%）和先进水平（9.6%）仍有较大差距。

（5）水资源配置体系有待优化、配置能力亟待提高。岳阳市水资源时空分布不均，水资源调蓄能力有限，特别是洞庭湖区受江湖关系影响，三口分流减少，枯水期提前、时间延长，断流加剧，季节性缺水问题日益突出。经水资源供需分析，充分节水条件下岳阳市农业灌溉缺水约6亿 m^3，水资源配置能力亟待提高。铁山、向家洞、兰家洞、黄金洞等水库承担的城乡供水任务日益繁重，农业灌溉用水得不到保障，城乡争水、行业争水日益突出，亟须开展水资源优化配置，加强灌溉水源工程建设。

5.5.2.3 水生态环境需要改善

（1）环洞庭湖区河湖保护与治理任务艰巨。松滋、虎渡、藕池长江三口入湖水量大幅减少，断流提前、时间延长，丰枯季节水位落差变化大，洞庭湖湿地季节性萎缩，水生生物多样性减小，部分生境遭到破坏，生态功能呈退化趋势。环湖区部分河流湖泊淤积严重，水体水动力条件差，水体更新速率慢，水质相对较差。

（2）河湖生态流量保障不足，水生动植物适宜生境萎缩严重，水生物多样性降低。一方面主要水库工程和水电站缺少生态流量下泄及监控设施，部分河段存在水力和生态联系阻隔问题；另一方面主要湖泊缺乏生态调度措施，河湖水系连通性不足，对河湖生态流量保障造成一定影响。

（3）农村水系现状与水美乡村目标仍有差距。农村河道、山塘淤积堵塞、平原河网断头河现象较为普遍。农村生活污水、规模化养殖及中小型企业废水、采矿行业尾水、农业面源污染等大多直接排入水体，严重影响河流生态环境，与"水美乡村"建设和人居环境改善的要求不相适应，难以满足人民群众对优良生态环境的需求。

（4）水土保持工作仍需加强。岳阳市仍有10.57%的面积存在轻度以上水土流失，局部地区治理任务依然繁重。汨罗江、新墙河等流域以及铁山水库等饮用水水源地的水土流失治理需求较为迫切，流域生态系统整体性治理与保护有待加强。城市水土保持治理要求日趋严格，生产建设项目水土保持监管力度需进一步强化。

（5）水利风景区文化内涵传承不足。水利风景区建设相对滞后，特色水文化的彰显不够充分，部分具有良好自然条件的湖库景观文化内涵传承不足，景观品质有待提升，水系生态景观格局有待优化。

5.5.2.4 水利管理体系有待完善

（1）水利监管体系不完善。江河湖泊、水资源、水利工程、水土保持等涉水事务监管能力和手段仍较为薄弱，缺乏标准化、规范化的管理。水利监管层级间、区域间业务协调不够，现代化监管体系有待完善。

（2）重点领域改革有待深化。库区、蓄滞洪区生态补偿机制、自然资源资产产权制度等协调区域发展的环境保护政策尚不完善，良好的水利投融资体制机制仍在探索，政府和社会资本合作机制尚未全面形成。

（3）水利信息化水平有待持续推进。岳阳市涉水事繁重，防汛人力投入巨大，在洞庭湖管理、河湖水域水质、用水智能监测与水资源配置、排水控制、工程查险与抢险等应用领域传统的工作模式尚未根本改变，在人口萎缩而经济体量不断增长的社会背景下，利用先进科技手段提升涉水管理水平的需求迫切。

（4）水库移民后扶工作仍需持续实施。库区和移民安置区产业规模化程度不高，销售渠道不广，种植基地和养殖基地等标准化建设相对滞后。基础设施和公共服务设施不完善，部分移民居住区生产生活资源匮乏，移民创业就业能力建设有待加强。

（5）水利人才队伍建设亟须加强。目前岳阳市水利专业人才短缺，人才储备存量不够、增量不足，队伍老龄化、专业不齐、人才断档严重，特别是基层水利人才和年青优秀技术人才尤为缺乏，机关科室、人员编制配置有待优化。

6
新时期水安全保障策略

6 新时期水安全保障策略

针对岳阳市洞庭湖区现阶段水安全保障的短板和因长江-洞庭湖关系变化产生的长江干流冲刷、洞庭湖超额洪水应对、北部湖区取水困难、水生态环境恶化等新问题，有关部门在深入研究人类活动影响和现有工作基础上，充分结合区域实际，在新时代治水、治江思路的指导下，坚持"维持格局，长期监测，修复生态，工程辅助，江湖库三利"原则，制定了一系列新时期水安全保障策略，更加注重系统治理、多目标治理，以提升湖区水安全保障能力。围绕岳阳市区域发展战略，统筹全市水安全保障需求，加强与国家、省级骨干网衔接，优化市级水网，保障防洪、饮水、用水、河湖生态安全。

（1）"一江一湖九城"的防洪格局。

围绕筑牢保护人民群众生命财产安全底线的目标，贯彻长江经济带发展新要求，促进恢复健康江湖关系，处理好蓄泄空间与经济社会发展用地之间的关系，以长江防洪为基础，东、南洞庭湖区防洪为中心，以9个县（市、区）为重点保护对象，实施堤防、蓄滞洪区、河道整治、水库、山洪灾害防治以及洞庭湖区和城市排涝能力提升等防洪排涝工程建设，实现岳阳楼区、云溪区、君山区、岳阳县、汨罗市"Y"形骨架支撑，华容县、临湘市、湘阴县、平江县四翼齐飞的"一江一湖九城"防洪格局。

（2）"四片多点"的饮水格局。

推进以优质饮水为核心，"大水源、大水厂、大管网"为载体，现代化管理为抓手的饮水网络建设，近期打造"四片多点"的饮水格局。"四片"：岳中岳北片，以铁山、龙源、团湾等水库为骨干，建设岳阳楼区、云溪区、临湘市和岳阳县优质饮水网络；岳西北片，以长江引水为主，保障君山区、华容县饮水；岳西南片，以向家洞、兰家洞为骨干水源提升汨罗市饮水保障能力，以湘江水保障屈原管理区、湘阴县饮水；岳东南片，以黄金洞、尧塘、大江洞等水库为核心，保障平江县城乡居民饮水安全。"多点"：难以通过大水源、大管网覆盖供水的区域，主要通过现状供水工程的提质升级提高饮水安全保障能力。远期根据国家水网及湖南省水网建设情况，以湘江沿线水资源配置工程解决湘阴县饮水，并将岳中岳北片、岳西南片骨干水源供水管网连通，向北连接长江等国家骨干水网，向南连接湖南省水网，建设国家-省-市三级水网，打造"一带两片多点"的饮水格局。

(3)"一环四带"的用水格局。

围绕深化供给侧结构性改革、促进水与产业协同发展的目标,坚持适水发展、以水而定,加强供需两侧双向调控,强化全社会、全行业、全过程节水,构建"一环四带"的用水格局,促进水资源配置体系提档升级,保障粮食安全、产业用水安全。"一环"即环洞庭湖生态经济区,以引江济湖、引提洞庭湖水为主解决工农业用水需求;"四带"即长江、新墙河、汨罗江、湘江沿线,其中岳阳市北部长江沿岸片区以引长江水为主解决工业用水,中部、南部以新墙河、汨罗江、湘江干支流天然河道为骨干,蓄、引、提水相结合,解决区域工农业用水需求。

(4)"一江两湖四片"的水生态格局。

深入推进水生态文明建设,构建"一江两湖四片"的水生态格局。"一江"即长江,重点推进岸线功能区划分,建设生态堤防,打造长江最美岸线。"两湖"即洞庭湖环湖区和黄盖湖,加强生态空间管控,重点推进环湖区水系连通,恢复洞庭湖生态功能,修复和保护黄盖湖水生态。"四片"即新墙河片、汨罗江片、四口水系片、湘资尾闾片,保障河湖生态流量(水位),加强水土流失综合治理,建设造福人民的幸福河。

6.1 防洪安全保障能力强化

经过几代人的努力,以堤防为基础的防洪工程体系虽初步建成。新时期,岳阳市湖区聚焦防洪基础设施的薄弱环节,完善防洪工程建设和非工程措施保障,优化行蓄洪空间布局,全面加强洪水风险管理,深度融合信息技术,逐步提升防洪减灾信息化服务能力,全面建成具有充足韧性和向上弹性的防洪体系,强化防洪安全保障能力。

6.1.1 洞庭湖防洪蓄洪格局调整

随着江湖关系变化及社会经济发展形势变化,长江流域正对原有防洪规划进行修编。我市立足洞庭湖调蓄洪水的功能定位,衔接长江流域防洪规划修编成果,优化蓄滞洪区布局,蓄滞洪区调整前严格蓄滞洪区分类管控。保障蓄滞洪区建设空间，重点实施重要蓄滞洪区建设，兼顾推进一般蓄滞洪区和蓄滞洪保留区建设，完善应急转移预案，渐进式推进居民迁建。随着各项工程措施建设，城陵矶防洪控制水位的提高也值得进一步研究。

6.1.2 长江干堤提质升级

长江干流（湖南段）堤防提升工程全部位于湖南省岳阳市境内，涉及华容县、君山区、岳阳监狱、岳阳楼区、云溪区、临湘市，沿线共10个堤垸。长江流经湖南总长163km，沿岸长江干堤142.055km，以城陵矶（三江口）为界分成上下两段，上段由华容县五马口至君山区穆湖铺，长76.8km，下段自莲花塘至临湘市黄盖湖铁山咀，长65.255km，保护区内总面积2096km^2，总人口158万人。

1998年大洪水后，国家对约142km长江干堤进行全线除险加固，总投资18亿元，于2005年完工，加固后的堤防断面标准基本达标，但经过20多年的运行，随着水情的变化及社会经济高质量发展提出的新要求，长江干流（湖南段）现暴露出一些安全隐患和薄弱环节：一是受三峡运行清水下泄影响，崩岸险情时有发生；二是部分薄弱堤段仍存在管涌、散浸、白蚁等险工隐患；三是水闸、泵站等穿堤建筑物年久失修，易出现止水失效、结构变形等安全隐患；四是堤防管理标准和设施较为落后，目前长江干堤汛期基本依靠人工巡堤查险，效率较低，影响防汛抢险时效性。同时，长江堤防和岸线长达涉河建设项目多，缺乏相关信息管理设施，堤防及河道等管理部门无法有效对全线进行系统管理，每临汛期要投入大量人力、物力，防汛负担很重，出现险情后如未能及时发现或处置不当，可能造成较大损失。因此，长江干堤亟须进行提质升级。

经积极争取，长江干流湖南段堤防提升工程已列入《长江流域综合规划（2012—2030年）》《长流域防洪规划》《"十四五"水安全保障规划》《湖南省"十四五"水安全保障规划》《湖南省现代水网建设规划》等一系列国家级和省级重点项目规划。工程计划实施干堤加培31km、护坡29km、护坡修补113km、防渗33km、白蚁防治109.56km、堤顶道路硬化黑化115km、穿堤建筑物维修改造47处、岸线护砌加固55.94km以及对堤防全线信息化监控等，系统解决长江干流崩岸加剧、堤防基础薄弱、穿堤建筑物年久失修等问题，工程估算投资约54亿元。

工程实施后，长江干流湖南段不利河势将得到有效控制，总体防洪能力和堤防岸线的信息化管理能力将明显提高，城市和乡村滨水文化带有机融合为沿江地区经济社会的绿色可持续发展提供支撑和保障。

6.1.3 洞庭湖防洪能力提升

针对洞庭湖防洪重点问题，新时期相关水利部门计划以堤防加固、蓄滞洪区建设、排涝能力提升等为重点，有效强化洞庭湖防洪安全保障能力。

（1）加快堤防加固工程。以推动重点垸、蓄洪垸等堤垸形成完整防洪闭合圈为目标，推进洞庭湖区重点垸堤防加固、蓄洪垸薄弱堤段治理及一般垸等堤防加固。

1）重点垸堤防加固。岳阳市重点垸堤防加固工程包含华容县护城垸、永固垸、湘阴县烂泥湖垸、湘滨南湖垸4个重点垸，堤线总长275km，是湖南省洞庭湖区11个重点垸，也是1221km重点垸堤防加固工程的重要组成部分。

按照水利部"突出重点、分批实施，逐垸建设销号"的要求，2019年2月，经湖南省政府统筹研究确定，从全省11个重点垸中挑选湘阴烂泥湖垸和华容护城垸等6个堤垸作为第一批实施堤防加固的重点堤垸向国家申请立项。经省市县各级各部门多方努力下，一期工程于2022年在国家发展改革委完成立项批复，列入了"十四五"国家150项重大水利工程和2022年湖南省十大基础设施建设项目，涉及岳阳市以及长沙、常德、益阳四市，岳阳市湘阴县烂泥湖垸和华容县护城垸纳入一期工程。工程于2022年9月30日在湘阴县举行开工仪式，计划于2027年完工。涉岳阳市一线防洪大堤约150km，投资约18.965亿元，建设总工期45个月，计划2026年完工。其中湘阴县将系统治理烂泥湖垸共60km堤防，涉及新泉、岭北两个乡镇，总投资10.11亿元；华容县将系统治理护城垸共90km堤防，涉及鲶鱼须镇、新河乡、北景岗镇、禹山镇、章华镇和万庾镇共6个乡镇，总投资8.855亿元。一期工程建成后，将有效提高岳阳市防洪抗灾能力，总保护面积 611km²，保护耕地 60.38 万亩，保护人口 55 万人。

二期工程目前正在全面开展前期工作，已完成可研报告复审工作。工程涉岳阳市一线防洪大堤约 105.395km，投资约 18.15 亿元，其中湘阴县将系统治理湘滨南湖垸共 83.845km 堤防，涉及湘滨和南湖洲两个乡镇，总投资约 15.96 亿元；华容县系统加固现有 21.55km 堤防，涉及梅田湖镇共 1 个乡镇，总投资约 2.19 亿元。工程总保护面积 239.5km²，保护耕地 21.66 万亩，保护人口 16.05 万人，工程建成后对进一步提高湖区防洪保安水平、保障人民群众生命财产安全、推动社会经济持续稳定发展具有重大意义。

2）蓄洪垸薄弱堤段治理工程。我市有蓄洪垸 18 个，蓄洪垸堤防 472km，经过上一轮治理后仍存渗漏、堤防开裂、滑坡等险情，下一步拟对蓄洪垸 180km 存在险工险段的薄弱堤段景象治理，匡算总投资 25 亿元，项目的实施可进一步提高蓄洪垸堤防的防洪能力，减少垸内群众的财产损失。

3）一般垸（洲滩民垸）堤防治理工程。加强一般垸分类治理和保护。在 1998 年后实施的"平垸行洪、退田还湖"的基础上，根据近年来汛情，复核已平退的单退垸行蓄洪实施效果，分析现有一般垸进一步平退、增大河湖行蓄洪空间的潜力；从流域防洪体系层面研究湖区一般垸（含单退垸）分类布局调整，配套实施蓄洪控制性工程和安全建设工程，研究其配合流域控制性水库的调度运用方式，探索一般垸保护和发展管理方案；加快实施中洲磊石垸、洋沙湖垸、人民垸、双楚垸、麻塘垸等堤垸系统治理。

（2）加快蓄滞洪区建设。以提升可用可控蓄洪容积为目标，加快实施重要蓄滞洪区安全建设及分洪闸工程，有序推进居民迁建试点。

为了确保蓄滞洪区满足启用条件，加快实施钱粮湖、大通湖东垸（岳阳部分）蓄洪工程安全建设二期工程，新建潘家渡、团洲湖、东洰河、新洲等 4 处安全区，为渐进式推进居民迁建创造条件，实现设防标准下有计划分蓄洪，做好遇大洪水分蓄洪临时转移准备。开展蓄滞洪区居民迁建先行先试，居民迁建按照分步实施和用时间换空间的总体思路，遵循居民意愿和"有利生产、方便生活"的原则，拟利用 8 年时间（2023—2031 年），分 3 个阶段逐步启动居民迁建，采取"先行试点、分期分批"模式，形成示范效应，引导群众主动搬迁。共迁建 86193 户 239677 人，测算投资 198.4 亿元。并加强规划引领，引导人口、产业有序集聚，引导钱粮湖、大通湖东（岳阳部分）居民迁建，鼓励多途径就业，促进当地企业吸纳劳动力就近就业与劳务输出，支持搬迁群众自主创业。

统筹实施城西垸、建设垸、屈原垸、建新垸、江南陆城垸分洪工程和安全建设；加强集成安合垸、义合垸、北湖垸、君山垸等蓄滞洪保留区的管控。适时启动城西垸蓄洪安居建设，打造成近长沙、临湘阴、望洞庭的鹤龙湖生态安居旅游区，湘阴县城西蓄洪垸安全建设工程新建安全台 2 处，总面积 3.0km²；新建、扩建转移生产道路 17 条，总长 66km，改造桥梁 42 座及其他设施。完成建设垸与建新垸、江南陆城垸与永济垸等蓄滞洪区的隔堤建设，使蓄滞洪区形成封闭保护圈，方便蓄滞洪区运用。

健全蓄滞洪区生态补偿机制。通过实施差异性的区域政策，鼓励蓄滞洪区内实行与防洪功能相适应的、环境友好型的生产生活方式，在投资项目、产业发展和财政税收等方面加大支持力度，推动蓄滞洪区基础设施建设，按照"谁受益、谁补偿"原则建立蓄滞洪区补偿基金，将受益区资金转移支付至蓄滞洪区进行纵向补偿或横向补偿，帮助蓄滞洪区加快发展。

（3）强化洪道整治。统筹洞庭湖区洪道、河道、航道功能，疏浚洞庭湖及四水尾闾河湖通道，畅通堤内外水网联系，兼顾生态修复和保护，构建江湖两利、河湖连通的生态格局，打造河湖美丽岸线。实施境内洞庭湖区和湘、资尾闾洪道疏浚、卡口拓宽工程和湘江河势控制治理工程，主要包括清除废堤、拓宽卡口、疏挖阻水河段、生态护岸等，保障河湖蓄泄能力。

（4）重点涝区治理。对洞庭湖区受灾频发、涝灾影响人口多、经济损失大、影响国家粮食安全、治理需求迫切的重点易涝区进行系统治理，在完成 2018—2024 年度重点易涝区治理工程基础上，谋划新一轮涝区治理建设，统筹推进四水尾闾及洞庭湖平原水网区排涝能力薄弱环节建设，采取新建排涝泵站和更新改造排涝泵站、撇洪排涝河渠整治、内湖溃堤加固等措施，完善洞庭湖区"撇洪、闸排、滞涝、电排"相结合的治涝工程体系，进一步提升涝区排涝能力，降低内涝风险。重点完成湘滨南湖涝区、华容护城涝区、岳阳长江段涝区、汨罗江尾闾涝区、烂泥湖垸涝区（岳阳部分）、大通湖东垸涝区（岳阳部分）、育乐涝区（岳阳部分）等7个重点涝区整治工程；推动农田涝片排涝能力提升，新建、改建和扩建一批电排，达到农田规划排涝标准。

洞庭湖区防洪蓄洪工程体系布置如图6.1-1所示。

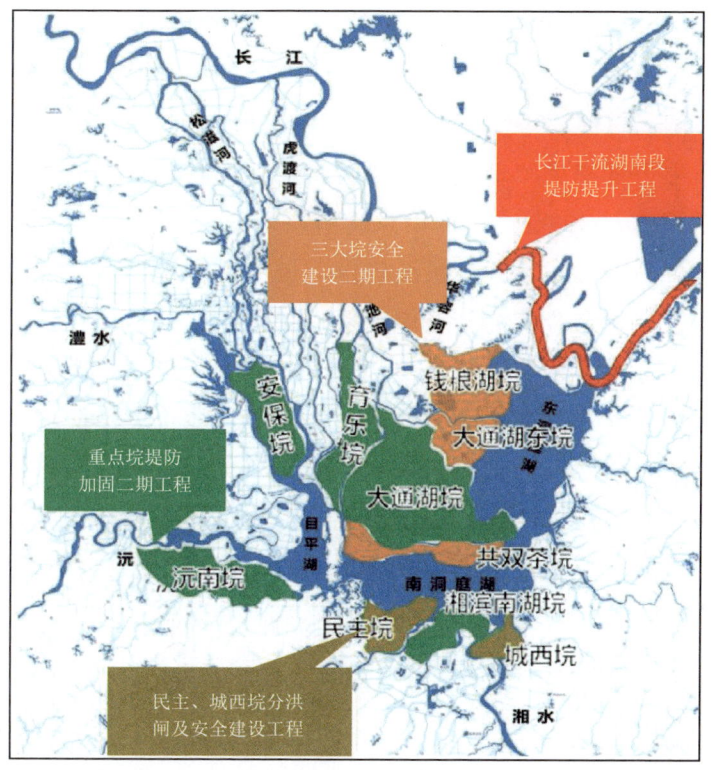

图 6.1-1　洞庭湖区防洪蓄洪工程体系完善规划图

6.1.4　防洪薄弱环节补强

6.1.4.1　加强城市防洪能力建设

筑牢城市防洪排涝安全屏障，着力城市防洪堤防工程和排涝基础设施建设，完善城市防洪排涝体系，增强城市韧性。推进岳阳市主城区、平江县、岳阳县、华容县、汨罗市、湘阴县、临湘市等防洪保护圈的封闭和达标建设，部分存在移民拆迁等制约因素的城市防洪保护圈，采取临时或非工程措施保障城市防洪安全，新建城区务必先期完成城市防洪堤防达标建设。开展中心城区和各县（市、区）城区易涝区和易涝点治理，加强城市水系连通、河湖清淤、低洼地段排涝设施和地下排水系统建设。

6.1.4.2 加快中小河流系统

坚持以流域为单元，按照整流域推进、整河流治理的思路，开展主要支流、中小河流以及重点山洪沟治理。一是开展湘江、汨罗江等2条流域面积3000km^{2}以上主要支流治理及汨罗江分洪道前期论证，重点提升沿河城镇和居民集中河段防洪能力。二是推进游港河、镜明河、昌江、罗水、车对河、钟洞、乌江、平江河等19条流域面积200～3000km^{2}中小河流系统治理，集中力量解决"十四五"期间发生洪灾险情河段防洪问题。三是开展流域面积20～200km^{2}重点山洪沟治理，分类分区做好重点河段防护，结合自动监测站网和预警预报系统建设，加快完善山洪灾害危险区工程措施和非工程措施相结合的综合防御体系。

6.1.4.3 增强水库洪水调蓄能力

统筹存量与增量，聚焦水库增蓄、挖潜、复容，突出防洪水库扩容和病险水库（闸）除险加固，增强洪水拦蓄能力。一是充分挖潜已建水库防洪潜力，扩建扩容防洪水库，有序推进安乐堰水库扩容等工程。二是牢牢守住水库安全底线，恢复水库蓄滞洪水功能，推进中洲垸六门闸等骨干水闸除险加固工程，全面完成存量病险水库水闸除险加固任务。加强水库和水闸安全监控，定期开展水闸、水库安全鉴定，对新出险的水库和水闸，及时消除隐患。

6.1.5 非工程措施

为给全市防洪安全提供具有向上弹性的非工程措施保障，新时期相关部门将充分运用专业前沿科学技术，积极提升全市洪水预报、水工程安全预警能力、防洪应急能力和洪水管理水平。

6.1.5.1 提高洪水预报预警能力

搭建集水物理网络、水信息网络和水管理网络于一体的岳阳市水利信息化系统；构建覆盖所有防洪工程的运行监控网络体系，获取精准实时数据，依托长江流域管理机构与省级技术支撑，提高洪水预报、水工程安全预警能力。

6.1.5.2 提升防洪应急能力

开展各县（市、区）洪水风险区划和洪水灾害防治区划工作；加强和完善各县（市、区）山洪灾害预警群测群防体系建设，提升山洪灾害防御能力；细化制定防御超标洪水和特大洪水年度预案，加强防洪预案演练，增强居民应急避险和自救互救能力；强化全民防灾意识，开展防灾减灾知识宣传和科普教育，鼓励公众有序参与抗洪抢险，提升公众防洪应急能力，强化社会抗洪应急合力。

6.1.5.3 提升洪水管理水平

以预防和减轻风险为导向，严格行蓄洪空间管控，统筹协调经济社会发展空间与洪水活动空间，加强洪水风险管理。

（1）严格行蓄洪空间管控。

系统整治、管控影响防洪行为，持续整治河湖乱占、乱采、乱建、乱堆等突出问题，严厉打击各类非法侵占河湖、影响行洪的行为；完成河湖水域空间划定，统一纳入国土空间管理，严格河道、湖泊管理范围内非防洪建设项目洪水影响评价，严格建设项目准入，避免新增影响防洪的重大安全风险；规范蓄洪垸经济社会活动，调整区内经济结构和产业结构，积极发展农牧业、林业、水产业等，因地制宜发展第二、三产业，限制蓄洪垸内高风险区的经济开发活动，鼓励人口、企业向低风险区转移或向外搬迁。

（2）提升行蓄洪能力。

进行现有空间挖潜增效，研究恢复扩大河道过流能力、湖泊面积和蓄洪容积的措施；合理调整必要空间，结合城市建设，建设部分城区调蓄水面，提高滞涝能力的措施。

（3）加强洪水风险管理。

加强洪水风险评估，在全市开展洪水风险区划工作，结合社会经济发展，确定不同县（市、区）不同区域洪水风险和风险等级，作为国土空间规划和社会经济发展规划的重要依据。

6.2 水资源保障措施优化

岳阳市环抱洞庭湖的地理位置具有得天独厚的水资源条件，而由于地形原因，岳阳市洞庭湖区缺少骨干水利工程，加之江湖关系变化对取水期洞庭湖水位的降低影响，湖区工程性缺水问题加剧。此外由于自然禀赋和人类活动影响，湖区水质型缺水问题突出。为了解决湖区"水窝子里缺水"困境，新时期岳阳市湖区遵循"节流—开源—修复"的思路进行水资源保障战略优化，全面节约用水、完善水资源配置，保障饮水安全，逐步改善湖区水资源问题。

6.2.1 水资源优化配置

新时期，岳阳市将围绕保障粮食生产安全、工业企业用水安全等目标，因地制宜、突出特点，加强已建工程挖潜，优化现状水资源配置工程体系，统筹谋划和有序推进一批重要骨干水源工程建设，着力构建布局合理、保障有力的用水安全保障体系。

6.2.1.1 岳中岳北片区

城乡饮水：统筹岳中岳北片区优质供水水源，建设以水库为主体的优质水源供给体系，保障中心城区、临湘市、岳阳县饮水安全。调整铁山水库、龙源水库等大中型水库的工程任务，突出城市供水功能；实施岳阳市中部水资源配置工程，新建铁山至金凤水库等引水工程；开展以铁山、龙源、团湾等水库为骨干水源的水资源优化配置与联合调度。开展铁山水库引调水工程、临湘市引团济龙等工程，开展以铁山、龙源、团湾等水库为骨干水源的水资源优化配置与联合调度。

生产用水：重点保障铁山灌区、龙源灌区等大中型灌区用水。新建坪费湖引调水工程，补充、置换铁山水库灌溉水量，解决铁山水库供水与灌溉的矛盾；实施新建豪洲背水库保障灌溉用水；实施以铁山、龙源、团湾、岳坊、大坳等大中型水库以及坪费湖引调水工程等为骨干的水资源优化配置，实现水工程联合调度。

6.2.1.2 岳西北片

城乡饮水：扩大长江水源覆盖范围，各乡镇铁锰超标的地下水供水工程逐步退出。实施华容县长江引水工程二期工程，辐射全县饮水；扩建君山城区二水厂长江取水工程；新建三峡后续工作——君山区集中供水工程（君山许市长江引水工程），覆盖许市镇、广兴洲镇、钱粮湖镇、良心堡镇饮水，并向君山城区提供应急备用水源。

生产用水：加快完成洞庭湖北部补水二期工程，推进四口水系综合整治工程——藕池河东支疏浚工程，建设华容河-藕池河连通工程，疏浚鲇鱼须河，建设节制闸等控制工程，提高水源调蓄能力，解决君山、华容农业灌溉用水保障能力不足的问题。

6.2.1.3 岳西南片

城乡饮水：因地制宜、蓄引结合。铁锰超标的地下水源工程逐步退出，千人及千人以下集中式供水工程基本退出。实施兰家洞水库引水工程，打造以向家洞、兰家洞水库为核心的汨罗市中北部优质饮水网络。汨罗市南部、湘阴县、屈原管理区近期采用"小集中"供水方案：屈原管理区以现状湘江水厂为区域中心水源，湘阴县新建湘江供水工程、资江供水工程辐射全县，汨罗市南部以现状水库为水源"分片集中供水"；远期结合环洞庭湖水资源配置工程、湖南省湘江沿线水资源配置工程建设情况统筹解决城乡供水。

生产用水：结合环洞庭湖水资源配置工程，新建、改扩建洞庭湖、汨罗江提灌机埠，实施湖区堤垸水系连通工程，解决枯水期屈原管理区、汨罗市、湘阴县湖区灌溉缺水矛盾。实施湘阴县虞公港临港新区（长仑片区）及西乡湖区水资源配置工程，解决湘阴县灌溉用水；新建城东水厂汨罗江取水工程，保障汨罗市循环经济园、飞地工业园用水。

6.2.1.4 岳东南片

城乡饮水：依托优质骨干水库工程，分区实施大管网集中供水——平江供水枢纽东部供水区、北部供水区以及其他独立供水区：东部供水区以黄金洞水库、尧塘水库为骨干水源，实施东部供水三期工程，覆盖城关、长寿等12个乡镇；北部供水区实施以大江洞水库为骨干水源的北部供水工程，覆盖南江、上塔市、梅仙、大洲、余坪等5个乡镇；其他独立供水区涉及板江、岑川、虹桥、石牛寨、三墩等5个乡镇。受水土资源条件限制，难以实施大管网一体化供水，重点对现状供水工程进行提质升级。

生产用水：实施安乐堰水库扩建，结合新建中型水闸、小型水库等工程保障农业灌溉用水。扩建青冲水厂汨罗江水源工程，保障平江高新技术产业园用水。

> **典型工程1——环洞庭湖水资源配置工程**
>
> 工程建设总体思路是依托铁山、兰家洞、龙源等骨干水源，实施坪费湖补水、昌江引水、汨罗江引水等工程，持续扩大长江、华容河补水工程效益，建设鲇鱼须河控制工程，解决区域水源问题。
>
> 东洞庭片区分两片实施，中北部以铁山、龙源水库为骨干水源，实施团湾水库向龙源水库补水工程，解决临湘、云溪区沿线灌溉用水需求；实施平江县昌江引水工程，为解决铁山灌区灌溉水源不足问题；实施兰家洞水库外引工程，解决向兰灌区灌溉用水问题。南部实施汨罗江提水工程，解决汨罗市南部及屈原管理区等地区缺水问题。四口水系片依托华洪运河、护城垸补水工程，建设鲇鱼须河控制工程，引长江、华容河水解决区域灌溉供水需求。
>
> **典型工程2——铁山水库引调水工程**
>
> 本工程开发任务为：城乡供水为主，兼顾改善农业灌溉和水生态环境。本工程实施后，可保障岳阳中心城区155万人的供水安全，退还被挤占的铁山北干渠灌溉输水能力，恢复铁山灌区灌溉保障能力，改善铁山水库下游水生态环境。
>
> 建设规模：新建铁山水库取水闸，从铁山水库库区取水，设计年引调水量19179万 m^3，设计引调水流量$6.1m^3/s$，沿程通过39.14km管道、1.12km隧洞输水，中间经铁山加压泵站（新建）加压后输水至金凤水库，经金凤水库调蓄后输水至现状第一、二水厂和规划第三水厂，输水线路途经岳阳县、临湘市、岳阳楼区；新建第二、三水厂洞庭湖取水备用泵站1座，新建金凤至二水厂复线输水线路3km，构建以铁山水库为主水源、洞庭湖应急备用的多水源供水保障体系。
>
> 工程建设内容：新建铁山取水闸1座；新建输水隧洞1.12km、管道39.14km，隧洞洞径、管道管径均为2.6m，并在沿途新建铁山加压泵站1座，装机2.13MW，新建长塘镇高位水池1处；新建梅溪支渠复线输水管道2.31km，管径2.6m；新建二、三水厂洞庭湖取水备用泵站1座；新建金凤至二水厂复线输水线路3km。

6.2.2 保障饮水安全

新时期,相关水利部门将围绕新型城镇化建设和乡村振兴战略发展要求,统筹城乡均衡发展,构建"四片多点"饮水格局,因地制宜建设"大水源、大水厂、大管网"饮水工程体系,满足人民群众对优质水、放心水的需求。

6.2.2.1 优质水源工程建设

聚焦人口与城镇发展布局,适应城乡居民饮水供求态势,构建以优质水库水源为主体、江河水为辅助的饮水安全保障体系,发挥优质水源供水效益。

1. 推进现有水源工程功能调整

在新建灌溉替代水源工程、保障农业生产用水和粮食安全的基础上,优化调整铁山水库、龙源水库、向家洞水库、兰家洞水库、黄金洞水库、大江洞水库、双花水库等水质较好的大中型水库的主要开发任务,实施优质水源置换、优水优用,提高城乡供水安全保障。持续推进洞庭湖区农村饮用水源置换,以长江水、湘江水等地表水取代地下水水源。

2. 强化水源保护

动态调整饮用水水源地名录,科学划定集中式饮用水水源保护区;推进集中式饮用水水源保护区标志设置、隔离防护设施建设;严格污染控制,加强水污染治理和水源涵养,开展水源地汇水河流生态治理与保护,有条件的水源地实施封闭管理。

6.2.2.2 统筹城乡饮水供给

以规模化集中式供水工程为主,小型集中式供水工程为辅,分区施策、梯次推进,高标准推进城乡供水一体化建设,促进城乡融合发展。

1. 持续推进城乡供水一体化工程建设,提升自来水普及率

依托优质骨干水源工程,结合现有供水工程及配套管网,突破行政边界,分区分片有序实施区域中心水厂和骨干供水管网建设,延伸城市供水管网覆盖范围,完善乡村供水管网配套建设,高标准推进城乡供水一体化工程建设。

推进君山区、湘阴县等城乡供水一体化工程建设，以地表水源工程供水覆盖原有乡镇水厂供水，实现集中连片规模化供水。确保到 2025 年，洞庭湖区农村自来水普及率达 88％以上；到 2030 年，洞庭湖区农村自来水普及率达 90％以上。

2. 统筹城乡供水服务

按照"基本公共服务均等化"的理念和要求，统筹城乡供水，逐步实现城乡供水"同网、同质、同服务"。工程规划设计中，农村与乡镇居民生活用水定额采用相同标准，乡镇、农村与城市居民生活用水定额标准尽可能减小差距。

3. 加强供水统筹管理

除偏远山区，逐步取缔千人及以下集中式供水工程、规模较小的千吨万人集中式供水工程以及铁锰超标的地下水供水工程，以同水源同管网统一管理、全局协调为原则，推进区域供水一体化统筹管理和信息化、智慧化管理平台建设，落实运维资金，加强管理队伍建设，提升供水管理技术手段。

6.2.2.3 加强应急备用水源建设

（1）岳中岳北片区：中心城区现状以洞庭湖、双花水库为备用水源；临湘市以团湾水库为备用水源；岳阳县以新墙河为应急备用水源。

（2）岳西北片区：华容县以华容河为应急备用水源；君山区现状以地下水为应急备用水源，远期依托三峡后续工作君山区集中供水工程，建设许市水厂（新建）至君山城区应急备用供水工程。

（3）岳西南片区：湘阴县以地下水为应急备用水源，湖南省湘江沿线水资源配置工程建成后，以湘江为备用水源；汨罗市以汨罗江为城市应急备用水源。

（4）岳东南片区：平江县以尧塘水库为应急备用水源。

岳阳市各片区城市供水主水源、应急备用水源见表 6.2-1。

6.2.2.4 推进工程建管专业化

建立健全供水管理体制和运行机制，强化现代化管理水平和应急管理能力，积极推动饮水工程建设和运维市场化运作，着力提升服务质量。

6.2 水资源保障措施优化

表 6.2-1 岳阳市各片区城市供水主水源、应急备用水源表

分区		主水源	应急备用水源	
			现状	规划
岳中岳北片	岳阳楼区	铁山水库	洞庭湖	铁山水库，洞庭湖互为备用
	云溪区	铁山水库	双花水库	双花水库，铁山水库互为备用
	临湘市	龙源水库	团湾水库	团湾水库
	岳阳县	铁山水库	新墙河	新墙河
岳西北片	君山区	君山二水厂长江取水工程	地下水	君山许市长江引水工程
	华容县	华容长江引水工程	华容河	华一水库
岳西南片	湘阴县	湘江	地下水	地下水
	汨罗市	向家洞、兰家洞水库	汨罗江	汨罗江
	屈原管理区	湘江	—	地下水
岳东南片	平江县	黄金洞水库、大江洞水库	尧塘水库	尧塘水库

（1）健全水资源调配体系。根据优质水源布局、配置能力和用水需求，制定水资源调配任务、目标、规程；加强水资源监控能力建设，实施立体监控；全面整合水资源数据和监测信息，分区分片推进城乡供水监控、调度、运维管理基础设施和应用平台系统建设，加强供水管理人才队伍建设，提升信息技术水平，实现供水统一调配和精细化管理，提升水资源综合利用和应急处置效率。

（2）供水管网运维管理。探索供水管网投资、建设、运维资金筹措模式，保障供水管网运维资金；稳步推进供水管网提质改造，引进供水管网漏损快速检测技术，加强供水管网检漏力度。

（3）创新市场化运营机制。引导供水企业向集团化发展，建立健全岳阳市场融资、资产重组等体制机制；鼓励社会企业参与地方水务建设和管理，探索政府与社会资本合作、委托运营等管理新模式；引入市场竞争机制，优化供水企业资源配置，完善水价形成机制和水费财政补贴机制。

（4）完善应急预案体系。推进水源环境风险管理，建立健全水源风险评估和预警预报系统，应用大数据等信息技术，提升风险评估和预测能

力；针对突发公共卫生事件、水源地水污染事故等供水风险事件，建立健全分类分级的供水应急预案、信息上报制度、社会响应机制和应急终止程序；对水厂主要制水设备和输配水管网关键部位开展实时监测，实现规模化供水工程自动化监测全覆盖。

6.2.3 用水效率提升

6.2.3.1 全面节约用水

新时期，相关水利部门计划将节水优先、水资源刚性约束贯穿治水全过程，坚持以水而定、量水而行、适水发展，实施用水总量和强度双控，开展全行业节水。

1. 实施用水总量和强度双控

深入落实最严格水资源管理制度，严格实行区域、流域用水总量和强度控制，健全用水总量、用水强度控制指标体系，加快落实主要领域（行业）用水指标，强化指标刚性约束；严格用水全过程管理，实行非居民用水超定额累进加价，严格执行取水许可和水资源论证制度，开展规划和建设项目节水评价。

2. 加强节水监督管理

加强用水计量，推动节水统计调查和基层用水统计管理，提高农业灌溉、工业和市政用水计量率；强化节水监督、考核管理，严格用水计划监管，建立重点监控用水单位名录，重点加强农业用水和工业用水大户的监督管理。

3. 开展全行业节水

城镇节水降损。加快实施城镇供水管网提质改造，实施供水管网分区计量管理，加强漏水检测，降低供水管网漏损率，到2025年岳阳市供水管网漏损率降低至10%以下。构建城镇高效供用水系统，深入开展公共领域节水，普及节水型器具，严控高耗水服务业用水；深入推进节水型城市建设，提高再生水利用率，城市园林绿化和市政清洁等优先使用再生水；深入推进城乡供水一体化，加快村镇供水设施和配套管网建设与提质改造。

工业节水减排。推广节水新工艺、新技术、新产品和新装备应用，完善供水计量体系建设及在线监控；推动高耗水行业节水增效，严控高耗水项目建设，对火电、化工等重点企业定期开展水平衡测试、用水审核及水效对标；推进产业园区水循环化改造，分质用水、一水多用和循环利用，推动企业间的用水系统集成优化。

农业节水增效。推进灌区续建配套和现代化节水改造，推动农田水利设施提档升级，推进高标准农田建设，推广田间喷灌、微灌、滴灌、低压管灌、水肥一体等高效节水灌溉技术；优化调整作物种植结构，推行先进适用的生态节水型畜禽、水产养殖方式；推进农业用水计量设施建设，加强农田土壤墒情监测，结合灌区信息化建设，推动农业灌溉精细化、精准化管理。

4. 提升全民节水意识

开展"节水知识进课堂"行动，"从娃娃抓起"，将节水、水资源保护融入九年义务制素质教育体系；开展世界水日、中国水周、全国城市节水宣传周等形式多样的主题宣传教育活动，向全民普及节水知识，提高全民节水意识；广泛发动社会组织和志愿者参与节水行动中，推进城市、企业和社团间的节水合作与交流。

5. 打造节水典型示范

进一步推进县域节水型社会达标建设。以市直机关单位、高校、社区、铁山灌区、巴陵石化等为典型，开展节水型企业、灌区、社区、公共机构典型示范载体建设，发挥示范效益；持续开展水效领跑和节水认证工作，树立节水先进标杆；规范节水市场，推行水效标志管理，禁止违法生产、销售不符合节水标准的产品、设备。

6.2.3.2 加强现代化灌区建设

1. 新建灌区工程

依托已建、在建、规划的骨干水源工程，新建华君灌区（128万亩）、汨罗江灌区等大型灌区及平江县三和灌区（2.95万亩）、平江县安乐堰水库中型灌区（2.17万亩）、平江县金坪中型灌区（1.76万亩）等中型灌区。按照灌排设施配套与水源工程同步、田间工程与骨干工程同步、农艺及生物措施与工程措施同步、管理设施与工程设施同步等现代化新型灌区要求，完善灌区配套工程建设，发挥灌区工程灌溉效益，保障粮食安全。

2. 灌区节水改造和现代化建设

围绕乡村振兴战略，按照"节水高效、设施完善、管理科学、生态良好"的目标，加快推进灌区节水改造和现代化建设，打造节水、生态、智慧、人文的现代化灌区。积极推进铁山灌区等大中型灌区现代化建设，完善灌溉计量实施和信息化管理能力建设；重点实施铁山大型灌区续建配套与节水改造，稳步推进中型灌区续建配套与节水改造，完善灌区灌排工程体系建设。

典型工程1——铁山灌区"十四五"续建配套与现代化改造工程（二期）

主要建设内容包括：干支渠道防渗衬砌389.7km，干渠除险加固0.6km，续建支渠21.4km，排水沟改造2.7km，渠系主要建筑物改造28处，渠系附属建筑物改造92处，新建泵站1座，输水管道17.9km，山塘、小型泵站、管理站房等其他工程设施改造和信息化建设。项目施工期为25个月。

项目完工后，灌区灌溉水有效利用系数达到0.596，恢复灌溉面积18.49万亩，改善灌溉面积7.44万亩，灌区灌溉面积达到85.41万亩，灌溉保障率达到85%，骨干灌排设施完好率达到90%以上，"两费"落实率达到98%，骨干渠道水量计量信息自动监测率达到100%。灌区有效灌溉面积范围内的农业水价综合改革任务全面完成，灌区标准化管理省级达标。

典型工程2——新建华君灌区

工程任务：合理利用配置水资源，提高华容县、君山区的灌溉水利用系数，形成可以统一调度管理的灌溉体系，保障粮食生产安全。

建设内容：灌区设计灌溉面积128.08万亩，实际灌溉面积101.83万亩，主要工程内容包括新建泵站2座、改造扩建泵站21座；新建干渠14条、支渠34条；改造干渠151条，支渠255条，建筑物改造，信息化建设。

3. 应急抗旱水源建设

积极完善缺水地区应急抗旱水源工程建设,特别是洞庭湖环湖区应重点加强河湖水系疏浚和提灌机埠建设,提高枯水期灌溉补水能力。通过科学配置和优化调度,充分挖掘已建工程抗旱潜力,同时应用遥感、人工智能等先进技术,完善易旱地区应急监测体系,加强旱情预测、预判、预警和指挥调度能力建设,提高应对特大干旱的能力。

6.3 水生态环境修复

6.3.1 湖区总磷达标攻坚

洞庭湖岳阳湖区总磷达标攻坚的治理目标如下:到 2025 年,东洞庭湖湖体总磷浓度持续下降,稳定达到国家考核目标,7 个洞庭湖国考断面中力争 3 个以上水质达到Ⅲ类,其余断面稳定达到国家考核要求;入湖河流总磷浓度持续下降;东洞庭湖湖区生态环境质量持续提升。

河湖污染"问题在水里,根子在岸上",污染防治要抓源头管控。相关研究指出,有效控磷可以使湖泊进入贫营养化,优先削磷是走好解决富营养化的第一步。削磷不仅要从外源减控,更要解决内源释放问题,将入湖通道及部分湖区底泥展开综合治理,净化内源污染物。

基于区域污染区调查与测算结果,洞庭湖岳阳湖区的磷污染负荷主要来自畜禽及水产养殖污染,排放量占总污染负荷的 52.65%;其次为城镇生活污水排放和农业面源污染,分别占 14% 和 7%。在直接入湖的 4 条河流输入中,藕池河东支和华容河输入量最大,其次为新墙河和汨罗江。入湖河流总磷浓度由高到低排序,依次为藕池河东支(0.09mg/L)、新墙河(0.087mg/L)、华容河(0.085mg/L)、汨罗江(0.082mg/L)。

洞庭湖岳阳湖区总磷达标攻坚的整体思路如下:

(1) 减污治污。针对农村畜禽养殖、水产养殖、城镇生活污水排放及农业面源污染几大主要污染源,抓住重点时段精准控磷。优先抓好初期污染负荷强度大的 6—9 月,水产养殖污染负荷高的 12 月至次年 1 月。

1) 加强畜禽粪污处理及资源化利用。优化调整畜禽养殖结构和布局,开展绿色种养循环农业试点。巩固畜禽粪污资源化利用成效,加快推进规模化畜禽养殖场粪污治理设施升级改造;鼓励规模以下畜禽养殖户采用"种养结合"等模式消纳畜禽粪污。

2)推进水产养殖尾水处理。合理布局水产养殖生产,深入实施水产绿色健康养殖"五大行动",加快推广示范生态养殖模式。严格落实湖南省水产养殖尾水污染物排放标准,加快推进规模企业水产养殖尾水综合治理和水产养殖池塘生态化改造,因地制宜推广人工湿地尾水处理、"三池两坝"(沉淀池、曝气池、生态净化池以及两级过滤坝)、池塘底排污等生态治理方式。

3)防治种植业面源污染。优化种植结构,改进种植模式,深入推进化肥减量增效。大力推广主要农作物测土配方施肥、绿肥种植、菜肥两用、有机肥替代化肥等技术或模式。全面开展农田面源污染综合防治试点,采用农田生态沟渠、地表径流蓄积池等措施治理农田退水,积极推进农田退水"零直排"综合试点工程建设。

4)推进农村生活污水治理。以环境敏感区周边村庄、乡镇政府驻地和中心村为重点,因地制宜梯次推进农村生活污水治理。稳步推进农村户用卫生厕所建设和改造,强化农户生活污水分类处理处置,改善农村人居环境。

5)提升城镇污水收集处理能力。加快建设完善城镇生活污水收集管网,更新修复混错接、漏接、老旧破损管网。因地制宜采取溢流口改造、增设调蓄设施等工程措施推进初期雨水污染控制。对进水生化需氧量(BOD_5)浓度低于100mg/L的城市污水处理厂服务片区,开展管网系统化整治。

6)推动城镇污水处理厂出水深度净化与资源化利用。推动重点污水处理厂强化除磷脱氮工艺,按照湖南省里统一安排,根据实际分类分步实施,执行湖区城市污水处理厂总磷特别排放限值标准。鼓励污水深度净化与资源化利用,因地制宜加快建设城镇污水处理厂出水人工湿地净化工程。

7)强化工业污染治理,深化重点涉磷企业整治。巩固"三磷"(磷矿、磷化工和磷石膏库)企业排查整治成果,引导石化、印染、农副食品加工及食品制造业开展清洁生产改造。到 2025 年，全面完成"一江一湖四水"干流岸线 1km 范围内 20 家化工企业的搬迁改造目标任务。

8）推进入河湖排污口综合防控，实施重点入河湖排污口环境综合整治。开展重点入河湖排污口排查与溯源，建设排污口动态管理系统。到 2025 年，基本完成重点排污口环境综合整治。

9）加强入河湖污染物生态拦截与净化。在重要入湖、入河口等位置，因地制宜利用废弃堰塘或河滩湿地等建设生态前置库及功能湿地，截留与削减入河湖污染负荷。到 2025 年，在新墙河、汨罗江、华容河入湖、入河口建设一批生态拦截与净化设施。

（2）持续治理与生态环境修复。

1）加强城乡黑臭水体整治。巩固提升地级城市黑臭水体治理成效。开展县级城市建成区水体排查，建立黑臭水体清单。到 2025 年，基本消除县级城市建成区黑臭水体，重点镇建成区黑臭水体整治取得积极进展。开展农村黑臭水体排查、整治和长效管理，统筹农业农村污染防治、沟渠塘坝清淤疏浚等工作或项目，开展农村水系综合整治，逐步消除农村地区房前屋后河塘沟渠和群众反映强烈的黑臭水体。

2）突出生态保护与修复。持续推进湖区生态水网体系建设，推动实施洞庭湖北部地区分片补水二期工程，推进河湖连通和清淤疏浚，保障河湖生态用水，系统治理重点内湖及内河水生态环境。综合采取截污、治污、清淤、修复等措施对重点内湖、内河进行系统整治。在汨罗江、新墙河、华容河重点控制断面上游 3km、下游 300m 以及大面积水产养殖区域，因地制宜划定河湖生态缓冲带。在华容东湖、冶湖、黄盖湖等重点内湖周边 1km 开展生态缓冲带建设试点。

3）加强河湖湿地生态修复。开展河湖湿地生态系统现状调查与监测评估，通过平垄填沟、微地形改造、植被控制等技术措施，逐步恢复湿地生态功能。

6.3.2 重点河湖综合治理

6.3.2.1 洞庭湖综合调控

随着长江上游干支流控制性水利枢纽的建设运行，长江干流、三口分流及洞庭湖四水水沙条件的变化，洞庭湖枯水位降低和枯水期延长这一水文情势成为常态。天然水文节律的变化将影响江湖、河湖生态系统的完整性与稳定性、江湖蓄泄能力、水生生物多样性、湿地功能以及水资源的开发与保护，降低洞庭湖的经济承载能力和生态承载能力。洞庭湖区水安全保障需要合理的生态水位保障。为科学调整江湖关系，恢复洞庭湖水文节律和自然生态，提高枯水期水资源和水环境承载能力，促进洞庭湖和长江中下游生态环境保护，发挥供水、灌溉、航运等综合效益，启动和推进以城陵矶枢纽控制工程为龙头的一系列应对措施的深入研究是十分必要的。

2012年开始，由院士领衔，国内权威科研院所联合开展了围绕城陵矶枢纽控制工程的生态影响、水资源配置、泥沙淤积、水沙调控、生态安全、渔业资源变化等9大专题研究，2015年11月完成专题验收，提出了在城陵矶出口兴建综合枢纽的方案。2023年完成约2700km^{2}的湖盆及四口水系河道水下地形测量并实现数字化，启动了江湖关系变化及趋势、建设必要性及功能定位、调度方案、工程布置与施工方案、枢纽替代方案等5个专题研究工作。

城陵矶综合枢纽工程遵循"调枯畅洪、江湖两利、生态优先、综合利用"原则，汛期敞泄，枯水期恢复洞庭湖出流达到三峡工程建成前的水位节律，改善江湖关系，解决枯期水"留不住"问题，充分发挥洞庭湖调蓄空间及生态屏障功能，促进生态系统良性循环，提高水环境容量，改善水资源利用和航运条件，提高洞庭湖区的经济和生态承载能力。

根据《城陵矶综合枢纽总报告》（2024年12月，长江勘测规划设计研究有限责任公司）设计方案，闸址位置推荐城陵矶出口河段岳阳洞庭湖大桥下游约1.8km处，杭瑞洞庭大桥上游1.4km处，右岸连接岳阳东风湖大堤，左岸连接长江U形河槽的导流隔堤。闸址轴线总长3480m，闸顶高程38.00m，最大闸高36m。枢纽主体建筑物由62孔泄水闸、4线一级船闸、三线4条鱼道和连接挡水建筑物组成。从左至右依次布置有：滩地过流段（515m，含左线鱼道）、左岸滩地泄水闸段（1378m）、船闸段（392m）、中线鱼道段（35m）、右岸主河槽泄水闸段（1044m）、右岸挡水连接坝段（含右岸鱼道116m）。城陵矶综合枢纽工程坝址位置及平面布局如图6.3-1和图6.3-2所示。

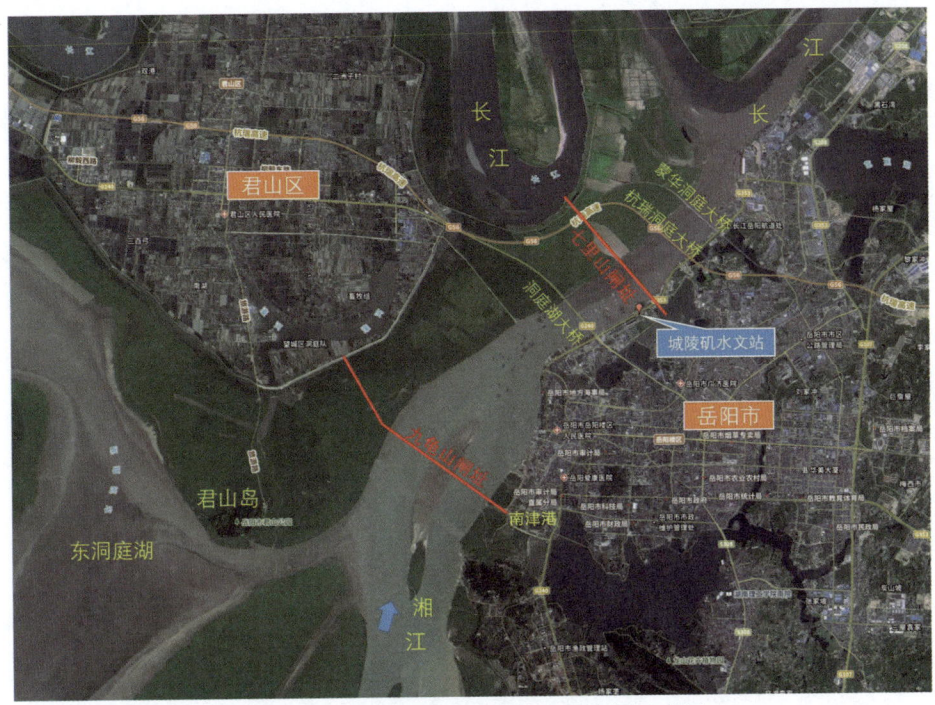

图 6.3-1　城陵矶综合枢纽坝址位置示意图

工程的调度原则：畅洪调枯，以维护洞庭湖生态系统稳定性、生物多样性为目标。城陵矶枢纽调度方案的关键节点为：

（1）枢纽总调控期：8月至次年3月。

（2）8月至次年3月，在下泄流量不小于七里山站最小下泄流量1080m³/s 的前提下，考虑适当的水位年际波动，根据当年水情，按照七里山站丰、平、枯水年水位变化节律对枢纽闸上水位进行调度。

（3）服从流域供水、生态、环境应急调度需求。

工程实施后可使洞庭湖9—10月湖泊（含东、南、西洞庭湖）水面面积增加约400～600km²、水量增加约10亿～35亿 m³；满足秋季灌溉水量约11亿 m³，增加自流灌溉面积约100万亩；推迟洲滩出露时间，抑制湿地正向演替，洲滩湿地植被生长规律达到候鸟所需的适宜状态；东洞庭湖航道达到Ⅰ级通航标准；水环境容量、水生动物生活空间增加。

6.3.2.2　河湖水系连通与生态疏浚

积极推进四口水系综合整治工程，疏浚藕池河、华容河等骨干河道，整治华洪运河，新建泵站与低水闸，改善江湖连通通道；重点对环湖水系

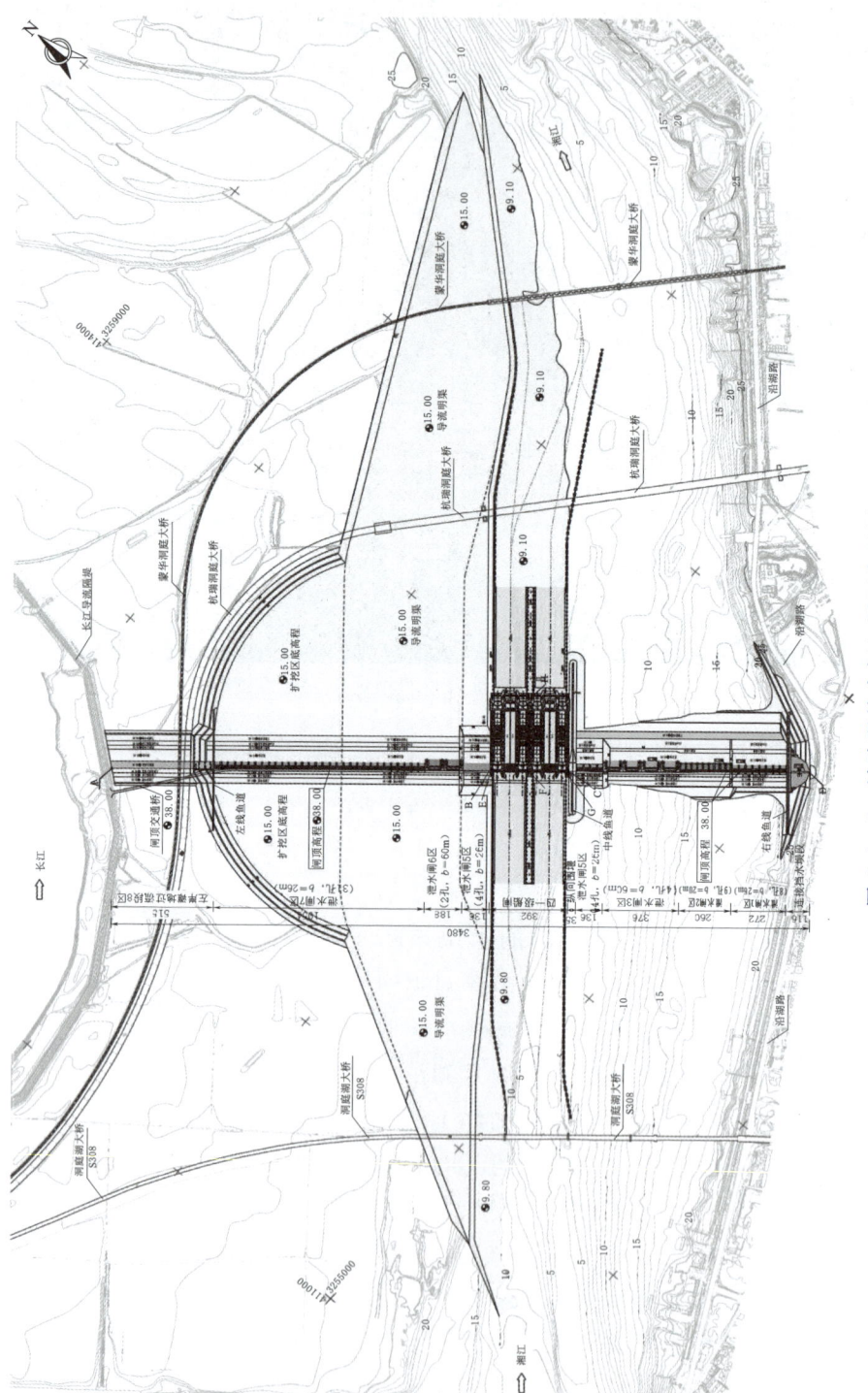

图 6.3-2 城陵矶综合枢纽平面布置图

阻隔严重、水动力条件差的地区实施水系连通工程，科学合理调度各类水工程，构建江湖联动、内外相通的河网格局；改善城市、堤垸水系的水力联系，提高湖泊、垸内沟渠水体流动性，增强自净能力；推进河道清淤疏浚工程，对河道内阻水的淤泥、砂石等进行清除，开展河道疏浚砂综合利用，恢复河道功能，提高行洪排涝能力，增强水体流动性、改善水质。

洞庭湖四口水系综合整治工程

洞庭湖四口水系分流长江洪水入洞庭湖调蓄，大大减轻了长江荆江河段的防洪压力，对长江中游地区的防洪起着十分重要的作用；四口水系是枯水期长江向洞庭湖补水的重要通道，是四口水系地区的灌溉、供水水源，对于保障区域供水安全、粮食安全和生态安全具有重要作用。四口水系还是洞庭湖区重要的河流湿地，是长江鱼类资源进入洞庭湖的主要通道之一。江湖关系新形势下，长江中游将长时期内面临"清水"下泄的情况，长江干流河道将持续发生大范围、长历时的冲刷，荆江河段中枯水位将进一步降低，会导致干流河道与四口河道冲刷速率差将更大，三口分流进一步减少、断流时间进一步延长，华容河河口进流不畅，四口水系地区的水资源和水环境问题将更趋严重。因此，四口水系综合整治影响着长江与洞庭湖的江湖关系，对于长江中游和四口水系地区防洪和水资源开发、利用与保护均具有重要意义，也是洞庭湖区和长江中游综合治理的重要内容。

洞庭湖四口水系综合整治工程立足于四口水系为荆江分洪通道、长江流域生态廊道、洞庭湖枯期补水通道的功能定位，积极应对江湖关系变化，采取"建闸错峰防洪、疏挖畅洪补枯、控支建库蓄水、引流活水连通"等综合措施，全面统筹解决区域防洪、水资源、水生态问题。

拟建松滋口1处闸错峰防洪，实施松澧错洪峰，提高松澧地区防洪能力；改造虎渡河南闸、拆除重建华容河调弦闸2处闸引江水，畅通枯水期江湖水力联系关键节点；新建藕池西支、陈家岭河、鲇鱼须河等3个平原水库蓄尾洪；疏浚松滋河、虎渡河、藕池河、华容河四口水系489km主干河道引水，维持四口水系骨干河道全年通流，四口水系综合整治工程平面布局见图6.3－3。其中岳阳市部分主要包括藕池河、华容河开挖工程、鲇鱼须河水资源利用工程、华洪运河洪水港闸站工程、河湖连通工程、堤防加固及护岸工程等。工程建成后，可以将松澧地区防洪标准从目前的不到 20 年一遇提高到 50 年一遇，增加灌溉面积 65 万亩，实现四口水系主要河道全年通流。

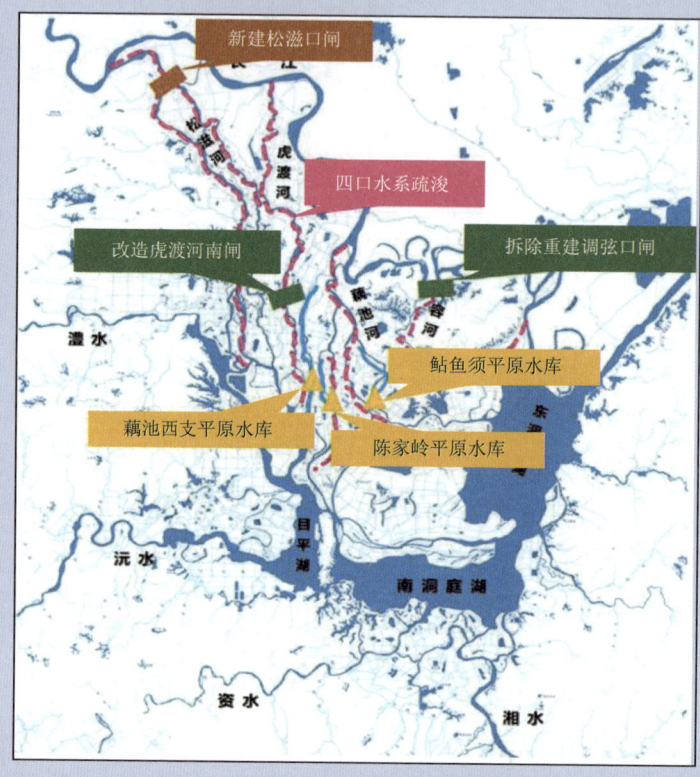

图 6.3-3　四口水系综合整治工程平面布局图

洞庭湖生态疏浚工程

洞庭湖是长江中游洪水重要的调蓄场所和国际重要湿地，是"幸福河湖""双碳"等重大战略决策实施的先行地。受自然演变特别是泥沙淤积影响，洞庭湖逐渐萎缩，湖泊面积由全盛时期的 6000 km^2 减少为现在的 2625 km^2。大量泥沙累积性淤积，导致洞庭湖调蓄能力减弱、行洪通道不畅、湿地生态衰退、水源涵养不足等问题。

为治理好"盛水的盆"、复苏洞庭湖，洞庭湖生态疏浚工程拟统筹洞庭湖盆"增蓄"、四口水系"引流"、四水尾闾"扩卡"、内湖水系"活水"

四大综合措施，疏浚河道航道1141km、湖泊930km²，疏浚总方量31亿m³，匡算总投资1373亿元，解决洞庭湖泥沙淤积问题，实现防洪、生态、补水、航运综合效益。洞庭湖生态疏浚综合规划如图6.3-4所示。

图6.3-4　洞庭湖生态疏浚综合规划

6.3.2.3　加强河湖生态需水保障

科学确定河湖控制断面和水利水电工程断面的生态流量保障目标，建设河湖生态流量监测站网，强化河湖生态流量监管，健全重要河湖生态流量监测预警和信息发布机制；以流域为单元，加强江河湖库生态调度，保障控制断面下泄水量与合理生态用水需求，重点保障新墙河、汨罗江枯水期生态基流；积极开展绿色小水电示范电站创建，稳步推进小水电绿色改造，减缓流量下泄减少、河流阻隔等产生的不利影响。

6.3.3　城乡水环境综合治理

6.3.3.1　城镇水环境综合整治

城镇水环境综合治理应有重点、有顺序，遵循水环境变化的基本规律。针对城镇生活污染治理基础设施建设存在短板、生活污水处理厂进水污染物浓度偏低、运行不正常等问题，对污水处理厂进水生化需氧量浓度低于 100mg/L 的城市、污水集中收集率低的城镇，重点推进城镇生活污水收集管网排查检测、建设或更新修复、初期雨水污染控制等工作。

全面推动乡镇污水处理厂正常运行，加快乡镇污水处理厂配套管网建设，保证正常进水负荷。截至 2024 年，洞庭湖岳阳湖区正在运行的乡镇污水处理厂有 93 个，其处理效率为 82.82%，平均月运行负荷仅为 71.33%。需严格落实乡镇污水处理收费政策和征收管理制度，保障污水处理厂正常运行费用；完善乡镇污水处理厂运行管理机制，全面提高运营管理能力。

6.3.3.2 农村水系综合整治

针对农村水系存在的淤塞萎缩、水污染严重、水生态恶化等突出问题，立足乡村河道特点和保护发展需要，结合村庄建设和产业发展，以县域为单元、河流为脉络、村庄为节点，通过实施清淤疏浚、岸坡整治、水系连通、水源涵养与水土保持等综合措施，集中连片推进，水域岸线并治，开展农村水系综合整治，逐步恢复农村河道水生态功能，建设"水美乡村"，为乡村全面振兴创造条件。

6.3.4 水土流失综合防治

重点对湘东北罗霄山北部山地水土流失重点预防区、洞庭湖平原湿地水土流失重点预防区、汨罗江至新墙河中上游水土流失重点治理区等 3 处水土流失省级重点防治区划定生态保护空间范围，限制或者禁止可能造成水土流失的生产建设活动，严格保护植物、沙壳、结皮、地衣等，禁止开垦、开发侵蚀沟沟坡和沟岸、河流两岸以及湖泊和水库周边植物保护带等可能造成水土流失的活动。实施 32 个小流域综合治理工程，基本消除剧烈水土流失现象，新增水土流失治理面积 $386km^2$；完善水土保持监测站点建设，强化对水土流失状况、治理效果和生产活动的常态化监测。

6.4 水利服务能力提升

水利服务能力是指基层水利服务体系为基层水利建设、运行、维护、管理提供全面服务的能力。全面提升水利服务能力，必须坚持政府主导、市场调节、公众参与，从法制体制机制入手，建立健全水利监管体系，全面深化重点领域改革，运用信息化手段实施水利创新驱动，持续推进水利行业能力建设，从而构建法治保障、富有效率、监管有力、创新引领、风险可控的现代化水治理体系，切实把制度优势转化为水治理效能。

6.4.1 健全水利服务体系

健全的水利服务体系关系到水利工程效益的充分发挥、农民群众利益的维护以及国家的粮食安全保障。完善水利服务体系，可以通过强化河（湖）长制、加强涉水空间管控力度、强化水资源监管、抓好水利工程建设监管、加强水利工程运行管理、加强水行政综合执法、创新管理机制等措施来实现。

6.4.1.1 强化河（湖）长制

逐步建立河（湖）长制运行工作制度，完善河（湖）长协调解决河湖管理与保护的重点难点问题机制。定期通报河湖管理保护情况，对河（湖）长制实施情况和河（湖）长履职情况进行督查。加强组织协调，督促相关部门按照职责分工履职尽责。统筹安排河湖管护经费，建立长效、稳定的河湖管护投入机制。健全河湖管护执法体系，推动河（湖）长制从"有名"向"有实"转变。

6.4.1.2 加强涉水空间管控力度

严格水域岸线等水生态空间管控，依法划定河湖管理范围。持续清理河湖"四乱"，恢复河湖行洪蓄洪空间。明确岸线分区管理和用途管控要求，落实岸线保护与利用规划约束，保障岸线资源的有效保护、合理利用和依法管理。加强河道采砂管理，合理开发利用河沙资源，保障其依法、科学、有序开采。全面监管生产建设活动造成的人为水土流失情况，完善水土保持监管制度体系，充分运用高新技术手段开展监测，实现年度水土流失动态监测全覆盖和人为水土流失监管全覆盖，及时掌握并发布岳阳市及重点区域水土流失状况和治理成效，及时发现并查处水土保持违法违规行为，有效遏制人为水土流失。

6.4.1.3 强化水资源监管

坚持以水定需、量水而行，加强需求侧管理，确定水资源开发利用上限，强化水资源刚性约束，落实水资源消耗总量和强度双控行动，推动经济社会发展布局与水资源承载能力相适应。严格用水全过程管理，强化规划和建设项目节水评价，从源头上把好节水关。完善水资源论证和取水许可制度，深入推进重点用水户特别是农业用水和工业用水大户的取用水监督管理。研究制定主要河湖控制断面生态流量监管方案。

6.4.1.4 抓好水利工程建设监管

压实项目法人、参建各方和项目主管部门责任，强化前期工作、设计变更、"四制"执行、质量与安全管理、移民安置、工程验收等环节的监管，完善水利工程质量监管体系和安全责任制，完善水利项目稽查、后评价和绩效评价制度，全面提升工程建设质量。同时进一步健全水利市场监管机制，推行"双随机、一公开"动态化监管模式，实行招投标透明化管理，全面落实电子招投标管理和远程异地评标，完善水利建设市场信用信息平台建设，加强市场主体信用评价，加强标后履约管理，引导水利建设市场良性发展。

6.4.1.5 加强水利工程运行管理

完善水利工程运行管理制度和技术标准，加强水利工程标准化规范化管理。全面开展水利工程安全鉴定，摸清工程运行现状，及早消除安全隐患，确保工程运行安全。落实蓄滞洪区管理机构，明晰管理权责，加强蓄滞洪区内社会活动监管。健全大中型水利工程运行机制，完善安全监测设施，明确工程运行维护的监督责任，定期评估工程运行情况。力促小微型水利工程产权明晰、责任明确、经费落实、管理到位，确保各类水利工程良性高效运行，持续发挥效益。切实加强水利工程确权划界工作，继续推进水利工程管养分离，探索推行水利工程物业化管理。

6.4.1.6 加强水行政综合执法

坚持依法治水，建立健全岳阳市涉水法规体系。紧紧围绕防洪安全、水资源管理、河湖保护、河道采砂和水土流失预防监督等重点领域，开展有针对性的专项集中执法活动，严厉打击各类水事违法行为，有效维护水事秩序。建立健全跨部门、跨区域水安全协调联动机制，整合执法队伍和执法资源，完善联合执法联席会商会议制度，落实地方水事纠纷调处委员会制度，健全水行政执法财政投入机制，推进水行政执法的规范化、标准化、智慧化。

6.4.1.7 创新管理机制

在水旱灾害应急管理中，缺乏科学的应急机制，具体表现为：应急抢险无专项资金，第一现场技术负责人因物资与资金使用规定等原因，现场应急处置能力受限，容易延误宝贵的抢险时间。在一般险情处置过程中，可创新管理机制、预留应急基金、减少冗杂程序、保证现场负责人的现场处置权，以提升水旱灾害防御应急管理效率。

6.4.2 深化重点领域改革

6.4.2.1 深化水利"放管服"改革

进一步简政放权，做好对现有行政许可事项的摸底清理、论证及取消或下放工作。统一标准、简化程序、完善体系，优化行政审批办理窗口流程和服务，实行城区建设项目涉水事务"清单制"管理。做好责权分工落实工作，探索实行承诺制，完善社会信用体系，大力推进权责关系的重塑、管理模式的再造、工作方式的转型，细化分阶段重点工作，在重点领域制定可量化、可考核、有时限的目标任务，以明确责任传导压力，牵引改革。

6.4.2.2 完善共商共管体制机制

探索跨部门跨行业协同管水体制创新，加强水利同发改、自然资源、应急管理、生态环境、农业、住建等部门及行业协商协作，统筹防洪、排涝、供水、水生态环境、水文化等领域，探索涉水事务协同管理新模式，共同谋划防汛抗旱、水利规划、工程建设、水资源配置、水土保持和调度管理等重大事项，提高决策执行效率，强化决策约束性。

6.4.2.3 推进汛旱并防与耕地置换

落实省委关于汛旱并防与耕地置换协同推进机制工作要求，推动水土资源高效利用，增强综合防灾减灾能力，助推岳阳市经济社会高质量发展。强化与自然资源、交通运输、农业农村、林业等多部门协同联动，建立规划管控、信息共享、项目统筹谋划、"以水定地"落实等多项工作机制，协同推进相关重大项目实施。

6.4.2.4 创新推进水价水权改革

加强计量设施建设和供水成本测算，推进农业用水总量控制和定额管理，逐步实现农业用水终端计量水价。全面落实城镇居民用水阶梯价格制度，综合推行工业及其他行业用水超计划超定额累进加价阶梯式水价制度。开展水资源使用权确权登记，进一步完善农业用水确权，科学核定各取用水户许可水量。培育发展水市场，探索开展区域间、行业间、用户间等多种形式的水权交易。

6.4.2.5 深化水利投融资机制改革

加大对农业节水灌溉、生态修复治理、水土保持与水资源保护、监测计量体系和监控预警调度平台建设等方面的投入和财政专项支持力度，建立财政投入稳定增长机制，注重发挥财政资金的杠杆作用。用足用活水利发展金融支持政策，推动水利资源资产化、资产资本化、资本多元化。明晰权责，赋权扩能，提升水利资产价值。通过地方性法规、行政等手段，赋予水利资产流转、入股、抵押、担保和收费等多种权能。搭建水利资产交易平台，推动水利资产交易规范、便捷、高效开展。加强与金融机构的深度合作，充分发挥好市场机制作用，通过政策性银行信贷、惠农贴息、PPP等多种途径，积极吸纳金融贷款和社会资本投入水利建设和运营管理。

6.4.3 推进智慧水利建设

6.4.3.1 完善涉水信息动态感知体系

推进水文、水质、地下水位、水土保持、河流险工险段堤防、重点水利工程、水域岸线监测站网建设，全面提升水灾害、水资源、水生态、水环境等水利重要事件、行为和现象的动态感知能力。加强无人机、遥控船、高清视频监控等新型监测手段及GNSS、险工险段三维建模等遥感监测手段的应用，建立多源、多尺度的信息体系，提升信息感知精度、自动化程度以及实地分析能力。重点推进水旱灾害防御先进技术手段、装备应用，逐步破解防汛抗旱人力物力投入大的困局。

6.4.3.2 完善高速互联水利信息网

依据岳阳市水利局已有水利信息网建设，开展水利信息网通信能力提升建设，优化顶层设计，整合共享互联网接入，充分考虑面向下一代网络和扩容需求，扩大网络覆盖范围、扩充网络带宽，进一步建成基于IPv6

的新一代水利信息网，支持相关水行政主管部门、上下级水利企事业单位、多管理平台（已建的河长制管理系统、防汛云平台、水文信息查询系统和山洪灾害预警系统等）的网络高速互联互通。同时构建网络安全体系，加强水利网络安全态势感知、监测预警、风险评估、事件处置，强化重要数据安全监管，确保水利网络安全和数据安全。

6.4.3.3 整合水利数据平台，加强数据共享

按照水利部数字孪生流域建设的"需求牵引、应用至上、数字赋能、提升能力"的要求，在水利一张图基础上升级扩展，完善数据类型、范围、质量，优化数据融合、分析计算等功能。以数字孪生洞庭湖建设为契机，推动信息的省市县三级共享，能加强全省范围内的信息交流与合作，为洞庭湖区水旱灾害防御、水利工程建设与运行管理、河湖管理与监管、水资源管理等能力提升及区域发展等提供全面、准确的数据支持。融合本级已建水文信息查询系统、河长制管理系统、防汛云平台、工程安全监控系统及山洪灾害预警系统等软件系统，保障水利数据长期、有效、高质量的持续更新维护，建立数据资源共享服务与综合利用服务，实现相关政府职能部门和业务管理部门应用系统之间的数据交换共享，为涉水管理单位、科研单位提供数据使用服务，提高数据资源的使用价值。构建安全监测感知支撑体系，依托数据平台，监测如形变数据、位移数据、水位监测、渗流监测及图像监测等，为安全监测感知体系提供必要的数据支撑，帮助及时发现和解决工程安全问题。

6.4.3.4 优化水利综合决策支持系统

统筹整合目前已建信息系统资源，重点面向水旱灾害防御调度、河（湖）长制管理、智慧灌区管理、水利工程建设与运行管理等业务模块，更加深入的运用数据开展水利综合决策，构建岳阳市水利协同创新的智能应用体系。通过融合多维水动力模型、淹没分析模型和水库群调度模型，提升水旱灾害防御调度的监测预警与决策能力；利用遥感、无人机等技术，实现河（湖）长制管理的动态监测与智慧化服务；建立灌区水雨情、墒情等数据采集与远程控制系统，优化水资源配置与用水效率；推进BIM技术应用，打通水利工程全生命周期数据壁垒，实现安全运行监控与智能巡查，提升险情识别与运维效率；最终通过数据共享与协同，形成即

时响应的调度方案与控制命令，全面提升水利综合决策的科学性与效率。

6.4.4　打造特色水利文化

岳阳江湖形胜，拥有长江163km黄金岸线和50%的洞庭湖水域面积，既是省域副中心城市，又是名副其实的水利大市，水文化资源得天独厚。挖掘水文化资源，把弘扬水文化与日常水利工作结合起来，讲好水故事，擦亮水名片，可以彰显岳阳水文化的独特魅力，为水利高质量发展提供精神动力。

打造岳阳特色水利文化，要统筹考虑水利基础设施的功能性、景观性、文化性，鼓励将水文化融入水利工程建设中并保护相关自然生态风貌，让水利工程设施成为靓丽的风景；合理利用水利景区内风景资源，尊重和保护自然文化遗存，挖掘和弘扬地方文化特色，塑造特色景观，重点提升华容华一水库、湘阴燎原水库、临湘黄盖湖风景区等三个省级水利风景区的景观品质；依托具有良好风景资源与环境条件的水域或水利工程，打造国家级和省级水利风景区，助力区域高质量发展。

7
展 望

7 展望

洞庭湖生态经济区是国家级经济区及国家战略发展的重要区域，该区域连接了东部沿海地区和中西部地区，是长江开放经济带和沿海开放经济带接合部，具有重要的战略地位。水安全是洞庭湖生态经济区发展的底线。岳阳地处洞庭湖生态经济区的核心腹地，保障好洞庭湖区水安全，对于维护长江流域的生态安全、推动区域经济发展、保障国家粮食安全等方面都具有重要意义。

洞庭湖水情复杂，在强人类活动影响下江湖关系变化剧烈，水安全形势也随之发生了重大变化。三峡及长江上游控制性工程建成以来从根本上改善了长江中游-洞庭湖重点区域防洪形势，多年来通过实施工程措施、加大管理力度，区域涉水综合保障能力有了明显提升，而长江-洞庭湖关系仍在不断演变中，洞庭湖仍将面临枯水期水资源短缺、超额洪水调蓄压力大等问题。不断变化的江湖关系外部条件及不断提高的经济社会发展内在需求都决定了围绕江湖演变影响与应对措施不是一蹴而就的，而是一个长期而不断深入的过程。

未来，为保障洞庭湖区水安全，应进一步从系统治理角度开展以下方面努力：

（1）持续动态监测和研究长江-洞庭湖关系变化，掌握其发展规律，与科研院所、高校合作加强水利科技创新，进行江湖治理研究和实践探索。

（2）坚持"江湖两利、蓄泄兼筹"原则，加快实施堤防"防"、蓄滞洪区"蓄"、河道整治"泄"、上游建库"拦"等综合措施，完善应急抢护机制，全面夯实防洪安全。

（3）挖潜增效，严格水资源节水管理，积极拓展水源保障、着力增加河湖综合调蓄能力，研究与实施跨区域水资源调配方案，确保水资源的可持续安全供给，稳固洞庭粮仓基础。

（4）全面落实河（湖）长制，开展水生态环境保护和修复，推进江湖协同治理与生态修复，提升洞庭湖湿地生态系统的服务功能，筑牢长江中游重要生态安全屏障。进一步挖掘区域丰富的自然景观和历史文化资源，创建"洞庭"水文化主题名片，推动生态与文化融合发展。

（5）推进智慧水利建设。综合水利感知信息、业务运行信息等多种数据来源，建立岳阳市水利大数据底板，重点面向水旱灾害防御调度、河（湖）长制管理、智慧灌区管理等业务，构建协同创新的智能应用体系，实现水灾害防御、水资源管理、水生态修复和水环境治理的数字化、精细化和智能化升级。

附录1 岳阳市防汛抢险典型案例

一、险情类型介绍

洞庭湖区的防洪工程以堤坝为主体，这些工程在抵御洪水过程中发挥了关键作用。然而，由于洞庭湖堤坝工程建成于19世纪50年代，多是土石结构、砂石基础，在高洪水位的浸泡、冲刷及渗透压力作用下，容易出现各种险情。岳阳市为洞庭湖区防洪的主战场，也是险情集中发生地。多年的防洪抢险实践表明，险情的发生并非偶然，多由隐患演变而来。堤坝的工程基础部位隐患主要包括砂基、软基、空洞和建筑物等；堤身部位隐患则包括裂缝、生物洞、新老搭接处等。根据历年防汛抢险总结，土石堤坝险情可归纳为以下10种类型：①渗水险情（散浸）；②管涌、流土险情；③漏洞险情；④滑坡（脱坡）险情；⑤跌窝险情；⑥崩岸险情；⑦裂缝险情；⑧风浪险情；⑨漫溢险情；⑩穿堤建筑物险情。这些险情若不及时处理，均可能导致堤坝垮塌，其中管涌、散浸、堤身滑坡、涵闸泵建筑物损坏、风浪破坏、漏洞等6种险情尤为普遍；决口险情鲜少发生，但损失极大。2016年、2017年和2020年特大洪水期间，岳阳市堤防险情统计情况见表F.1。

表 F.1 2016年、2017年和2020年岳阳市堤防险情统计表

编号	险情类型	2016年 数量/处	2016年 占比/%	2017年 数量/处	2017年 占比/%	2020年 数量/处	2020年 占比/%
1	管涌	30	22.4	62	34.4	101	49.0
2	散浸	31	23.1	68	37.8	52	25.2
3	滑坡	17	12.7	15	8.3	15	7.3
4	建筑物（涵闸泵站）	18	13.4	11	6.1	12	5.8
5	风浪	4	3.0	4	2.2	13	6.3
6	漏洞	8	6.0	10	5.6	9	4.4
7	裂缝	3	2.2	3	1.7	2	1.0

续表

编号	险情类型	2016年 数量/处	2016年 占比/%	2017年 数量/处	2017年 占比/%	2020年 数量/处	2020年 占比/%
8	崩岸	5	3.7	1	0.6	1	0.5
9	漫溢	6	4.5	3	1.7	1	0.5
10	跌窝	4	3.0	1	0.6		
11	决口	4	3.0				
12	其他	4	3.0	2	1.1		
	总计	134	100	180	100	206	100

在防汛抢险过程中，由于每处险情所在区域的地质条件各异，准确分析和区分险情并非易事。险情的处理方法并非固定的，而是需要综合考虑多种因素。例如，渗水险情虽表现为渗水，但因堤身土质、险情结构、部位及大小不同，其性质也存在差异。因此，抢险人员需熟练掌握抢险技术，在了解工程险情特点的基础上分析险情成因，准确判断并及时处理。堤坝常见险情的特点及普遍原因如下：

（1）渗水险情（散浸）。在汛期或高水位持续的情况下，堤坝前的水向堤坝内渗透，形成上干下湿的两部分，干湿部分的分界线，称浸润线。如果渗入堤内的水分较多，浸润线以下即堤坝背水坡土体有水渗出的现象，称为渗水。渗水也称散浸，是常见的险情之一。当水位上升，堤脚渗水加大并带有浑水渗出，或背水面出现大面积散浸、发软、鼓包的现象。

（2）管涌、流土险情。在渗流作用下，土体细颗粒会沿骨架颗粒形成的孔隙被水流冲刷带走，这种现象称为管涌，也称翻沙鼓水。管涌一般发生在砂性土中，表现为细颗粒被水流带走，涌水口径大小不一，孔隙周围常形成隆起的沙环。流土则多发生在黏性土或非黏性土中，表现为土体颗粒整体移动并流失。在非黏性土中，土体翻滚最终被渗水托起，俗称"海底浸、砂沸"；在黏性土中，其表现为土块隆起、膨胀、浮动、断裂，俗称"牛皮胀"。管涌出口若在堤内坡，水流呈射出状，流量约为 $0.01\sim0.1m^3/s$；若在堤内脚保护带，水流则如泉水上涌，口径可达 $1\sim2m$，水柱高度可达 $0.3\sim1m$，甚至更高。管涌险情发展迅速，若不及时抢治，可能在几小时至十几小时内导致决堤垮坝。据记录，洞庭湖区1954年以后的20多次万亩以上堤垸溃决，80%是由管涌所致。

（3）漏洞险情。当渗流集中时，会形成横贯堤坝或穿透基础的渗流孔洞，这种现象称为漏洞险情。若漏洞出水浑浊，或由清变浑，或时清时浑，表明漏洞正在迅速扩大，堤坝可能塌陷，存在溃决危险。一旦发生漏洞险情，必须高度重视并迅速进行抢堵。

（4）滑坡（脱坡）险情。当滑动面上部呈圆弧形，坡脚附近地面被推挤外移导致隆起，或沿地基软弱夹层滑动，称为滑坡。当堤坝内部沿软弱层开裂，并逐渐发展成纵向裂缝，使土体失稳的现象，称为脱坡。滑坡和脱坡是堤坝抗洪中的常见严重险情之一，通常是散浸或裂缝等险情的恶性发展。当堤坝背水坡散浸严重且未及时处理，可能在散浸堤段的堤顶或内坡（背水坡）出现向堤脚下挫的弧形裂缝。随着土壤结构破坏，堤坡整块向下滑动，有时还会推动坡脚土层一起滑动。按滑动规模和范围，滑坡可分为两种：一是堤身与基础一起滑动，滑动面错落较深，呈圆弧形，滑动土体较大，坡脚附近地面常被推挤外移导致隆起；二是堤坝自身局部滑动，滑动面较浅，范围较小，通常沿某一软层滑动，开始时多为纵向裂缝。脱坡险情能在短时间内削弱堤坝断面，严重者可达1/3以上，使堤坝失去御洪能力，因此脱坡是一种十分危急的险情。堤坝滑坡按滑动部位不同，又可分为内脱坡（背水面滑坡）和外脱坡（临水面滑坡）两种。

（5）跌窝险情。在洪水期或大雨时，堤坝可能出现局部塌陷的险情，称为跌窝。陷坑的形状多样，有的口大底浅，呈盆形；有的口小底深，呈井形。

（6）崩岸险情。由土石组成的河岸或湖岸，因受水流冲刷，在重力作用下土石失去稳定，沿岸坡产生崩落、崩塌和滑坡等现象，称为崩岸。这种现象多因河势变化或水位快速下降引起，临江（河）滩岸坍塌分为条崩和窝崩两种。

（7）裂缝险情。堤身裂缝分为顺堤裂缝、横堤裂缝和纵横交错裂缝，也可分为表层裂缝和深层裂缝。裂缝还可能贯穿堤身。裂缝的存在和发展，可导致漏洞、滑坡等险情。堤顶或堤坡发生裂缝，与堤身垂直的称横缝，与堤身平行的称纵缝。横向裂缝：走向与堤坝轴线垂直或斜交，常出现在堤坝部并伸入堤内一定深度，严重的可发展到堤坡，甚至贯通上、下游造成集中渗漏。纵向裂缝：走向与堤坝轴线平行或接近平行，多出现在堤顶部或堤坡上部。

（8）风浪险情。风浪险情指临水坡在风浪连续冲击下，堤坡土料被水流冲击淘刷遭受破坏的现象。轻者将临水坡冲刷成陡坎，造成坍塌险情；重者使堤身遭受严重破坏，以至溃决。

（9）漫溢险情。当洪水漫溢出堤顶部时，称为漫溢险情。当水位上升较快，根据预报有可能超过堤顶时，应迅速加高堤坝，以免堤坝漫顶溃决。通常情况下，土堤不允许堤身过水，一旦发生漫溢的重大险情，将很快引起堤坝溃决。因此，在汛期应采取紧急措施防止漫溢的发生。1998年汛期，长江和嫩江、松花江流域的很多堤段都发生了洪水位超越堤顶高程的重大险情，不得不紧急抢筑子堰，依靠子堰挡水。

（10）穿堤建筑物险情。堤防上的涵闸、管道等穿堤建筑物常见的险情有：①建筑物与土堤接合部严重渗水或漏水；②开敞式涵闸滑动失稳；③闸基严重渗漏或管涌；④建筑物上、下游冲刷或坍塌；⑤建筑物裂缝或管道断裂等；⑥闸门启闭设施障碍等。

二、抢险实例介绍

案例1 屈原管理区东大堤管涌抢险案例

2016年7月10日10时40分，巡查发现屈原东大堤4+200离堤脚120m处一稻田内发现管涌险情，出水量为0.1m^3/s，且带泥砂。险情发生时外河水位为34.64m，内外水头差5.64m，由于内外水头差加大，导致渗透平衡破坏，致使上部淤泥质粉质砂土液化，产生管涌。

抢险采取如下措施：

（1）临时道路铺筑。11时20分，沿岸边至出险点用砂石袋铺筑长20m左右的便道。

（2）筑围井。11时40分，沿出险点筑圆形围井，围径6m，围高0.6m。

（3）围井内清淤。12时，清除围井内杂物及淤泥约0.4m深，并找准出水点，在出水口插入一面小红旗。

（4）填砂石反滤料。12 时 30 分，在围井内依次铺填砂石反滤料：粗砂厚 0.2m，瓜米石 0.2m，小卵石 0.2m，大卵石 0.2m。13 时 10 分，险情得到有效控制，管涌处冒清水。

（5）铺盖袋装卵石。13 时 20 分，为防止管涌后移，从围井处铺盖 4 层 20m×20m 袋装卵石。14 时 20 分，抢险完工，打扫战场。

（6）备料。抢险完毕后，剩余粗砂 2～3m³、瓜米石 2～3 方、小卵石 2～3 方、大卵石 5～6 方，堆放在离险点 40m 堆料平台上备用。

（7）搭棚守护。从堤防防守屋处架线 150m，架 2 个 100W 白炽灯，在险点搭设 1 个防守棚，由河市镇派 6 名专人分三班 24 小时守护，观察险情变化，如出现突发情况立即报告指挥部办公室。

围井内清淤

填砂石反滤料

案例 2　松柏垸漏洞灌浆防汛案例

2016 年 7 月 8 日 10 时许，巡查人员在例行巡查时，发现大堤平台上有一摊水渍，距大堤内坡脚约 3m，并有汩汩水流往外冒，类似管涌现象，周边约 18m² 范围泥土松软。第二天（7 月 9 日），巡查守护人员发现，在距上次出险 5m 的地方，平台上又有渗水现象。再次进行开挖，又发现一处集中渗水洞。该洞口比上一个更大，洞口有手臂粗细，洞深 2m 多（用竹竿测试）。经分析确定由于白蚁的侵害，大堤从外坡至内坡形成了渗水通道，随着水位的上升，水流从垸外顺着通道流入垸内，导致险情发生。

采取措施如下：

在发现漏洞的大堤堤顶上下游各 20m 范围内进行充填灌浆。灌浆分两排，排距 1m，孔距 2m，钻孔深度为伸入大堤堤基 0.5m，制浆材料为水泥。开始灌浆后不久就有水泥浆液从导渗沟流出，说明水泥浆液已经进入了漏洞，除险方案取得初步效果。为了减少浆液流失，使灌浆达到效果，在浆液中加入了速凝剂，第一孔水泥灌注量达到了 6t。经过连续 4 天的工作，随着灌浆时间的延长，导渗沟中的漏水流量越来越小。第一排灌完后，导渗沟尾端已无渗水流出。为了保证除险的效果，进行了第二排加强灌浆。共完成进尺 462m，灌注水泥约 60t。

漏洞现场情况

抢护效果成果图

案例 3　岭北垸沙田撇洪河堤复杂险情应急处置案例

2017 年 6 月受区间降雨和上游来水影响，岭北垸镜明河内外水位迅猛上涨，6 月 29 日至 7 月 2 日，水位从 33.80m 涨至 38.07m，超保证水位 2.07m，超 1998 年历史最高水位 0.72m。据统计，6 月 30 日撇洪河堤身管涌频发，仅在 34+904～37+123 处就发生管涌 15 处，管径均为 0.08m；7 月 1 日撇洪河管涌更加严重，发现 12 处管涌和 12 处土眼翻砂涌砂，有的漏洞涌砂量达 2.0m^3，大堤多处出现跌窝。至 7 月 5 日，险情进一步加剧，累计发生管涌 44 处、跌窝 6 处、内脱坡 2 处、土眼 22 处等 74 处各类险情。

采取措施如下：

一是迅速查明险情发生原因。堤身地基未进行处理，在汛前高水位时，渗透压力增加，堤基为粉细砂、砂性土夹层，被渗透水流带出，形成管涌；堤身存在白蚁侵害，形成了渗漏通道，出现跌窝；堤身高度不够，外河水位超保证水位 2.07m，易发生漫溢险情；大堤堤身填料质量不均匀，碾压密实度不够，高洪水位情况下，含水量增多，土体抗剪能力降低，内坡易发生滑坡险情。二是分类综合抢护。管涌险情抢护，采取以涌口为中心，砂卵石围堰，高于涌口 0.5m；临水侧采用黏土闭浸。跌窝采取清干窝内积水及带水松土，并采取黏土换填；背水侧采用砂卵石做戗台。漫溢险情采取全线做子堤的办法；内脱坡采取裂缝上部削坡减载，对裂缝进行翻筑压实，砂卵石做内戗台。

柳林江大堤1+100～1+400管涌群抢险　　　　堤脚砂石袋压脚

案例4　湘阴县城西垸北闸渗漏险情抢护案例

2016年7月15日8时30分，湘阴县城西垸北闸值守人员发现垸内涵闸进口段出现少量浑水，当时湘江外河水位为33.66m。12时50分，技术人员进入涵管内查看，发现从外河向垸内方向的涵管第二节伸缩缝处底板出现不均匀沉降，挫口高差达3cm；伸缩缝侧墙橡皮破损涌水冒砂，水流四溅，且管内积砂约1m³；防洪闸门无渗漏现象。15时50分潜水员在涵闸出口处探查，发现在出口处右侧混凝土护坦与土体搭接处，有一个面积约3m²、深0.8m的跌窝。

采取措施如下：

（1）外围黏土闭浸。潜水员在水下先用黏土填筑跌窝，然后再用袋装黏土覆盖。

（2）筑坝蓄水减压。在垸内涵闸进口段沿控制闸修筑围堰，抬高水位，减小内外水头差，减小渗流量。决定修筑袋装沙石围堰，围堰沿涵管出口段呈"∩"状修筑，围堰顶高29.2m，顶宽0.8m。用双排沙石袋叠墙并在迎水面包裹彩条布防渗，涵闸两侧围堰则直接用砂石袋叠码起来在迎水面包裹彩条布防渗。

（3）注水。用水泵从渠道内抽水注入围堰，至7月16日9时50分，围堰内水位升至28.9m，抬高水位3.5m（原渠道水位25.4m），经观察，涵管停止冒浑水。至7月28日防汛结束，涵管均未再冒出浑水，险情得到完全控制。

北闸抢险背河月堤法应用

北闸抢险现场

案例5　临湘幸福水库涵闸除险案例

2016年7月4日8时至5日8时临湘市长塘站降雨量102.3mm。幸福水库水位74m，超汛限水位0.2m，溢洪道正在溢洪。7月5日6时50分，水库防汛巡查员报告：幸福水库出水涵闸出现大量涌水，流量达1.5m³/s，比平时大3倍以上。根据现场出水流量、浊度、水温及日常管理运行情况初步确定为卧管消力池穿孔。2016年7月5日11时，潜水员下水查明，进一步确认险情为卧管消力池进水口闸板破裂造成。

采取措施如下：

在浮标定位的地方抛投包扎好的沙石袋和土袋，采用沙袋封堵。潜水员下水确定闸口位置并在水面投放浮标定位，先用Φ16钢筋制作钢筋笼（1.2m×1.2m），由潜水员送至闸口，再用棉絮填入钢筋笼。尝试改用渔网装砂袋，采用冲锋舟、机船定位，利用水的吸力自动寻找消力池方位。将400m长、体积接近1.5m³的渔网卷成一团，丢下去后出水量开始下降，出水流量大约降至1m³/s。第二次投下后水量大减，出水量降到0.3m³/s。当天晚上12时险情得到有效控制。

冲锋舟、机船定位投掷渔网装沙袋及空库后闸口处的沙袋

案例 6　新华垸溃堤堵口案例

2016 年 7 月 3 日 16 时华容河超警戒水位，8 日起超保证水位，10 日 8 时，华容河水位达 35.15m。7 月 10 日 9 时 30 分，巡查人员发现华容河右支左岸治河渡镇南堤红旗闸堤段 27+000 处发生渗漏险情，闸身附近发生管涌险情，有一股含泥沙浑水涌出。随后险情迅速恶化，约 10 时，出现堤身开裂、沉降，10 时 40 分左右堤身下滑并溃口，于 10 时 57 分溃决。溃口 47m 长，溃口下游形成深 6m、宽 25m、长 41m 冲刷坑。

采取措施如下：

7 月 10 日，用装载量为 20～30t 的装载卡车装满大石块连同车辆一起驶入溃口略靠上游水流与堤脚交界处，达到锁住土堤不再被水流冲刷的目的，俗称"裹头"。从 17 时多开始至 23 时，溃口两侧共投入 13 辆装满块石的装载车，两侧用挖机各抛投约 20 车块石至水下，"裹头"基本形成。11 日 4 时开始抛大尺寸自制钢构笼、大块石、混凝土预制块件等物件。11 日白天由于加强了交通疏导，并调集了大量的大型混凝土预制块件、块石，在"裹头"形成以后，采取立堵进占施工方法，经过约 35 小时的连续奋战，龙口终于在 7 月 12 日 8 时 15 分合龙。大粒径的石头放到下游稳固当排水，上游构筑防渗体，不断加高溃口处堤防，7 月 19 日上午溃口完全封堵。

红旗闸险情发生初始图　　　　　新华垸溃口封堵图

案例7　长江天字一号崩岸抢险

2023年11月8日，华容县水利局在长江岸线日常巡查中，发现天字一号27+690～27+790段突发窝崩险情，崩岸线长约100m，崩宽约37m，水面以上形成近10m高的陡坎。11月16日，原崩岸处崩宽延伸至40m，崩岸线长扩展至110m。经现场实测，27+680～27+790段（1♯窝崩）岸坡及坡脚已全部崩陷。2023年11月21日下午，在27+680～27+790窝崩险工段的上游约125m处，再次发生了约35m长的崩岸险情，崩岸桩号为27+520～27+555（2♯窝崩）。

险情发生位置

处理前后对比图

原因分析：

一是崩岸处为凸岸，迎流顶冲；二是三峡工程蓄水后，监利河弯乌龟洲出口下游铺子湾至天字一号主流过渡段深泓线摆动加剧，主流逐渐由中偏左转向右侧，深泓贴岸，坡脚遭受长期中低水位淘刷，坡脚淘空失稳；三是该段河床主要由粉细砂和细沙构成，稳定性较差。

为确保有效治理河床刷深导致的水下陡坡、原有护脚失稳、水下护坡崩失、枯水平台崩失等险情，综合考虑与已建护坡护脚工程措施有效衔接，采取如下抢险措施：

（1）水下抛石固脚按抢险段（27+490～27+840）长350m，影响段（27+100～27+490、27+840～28+000两段）长550m，分区抛石一区、抛石二区、抛石三区实施。①抛石一区为接坡石区，位于枯水平台，根据现状枯水平台宽度按 $3m^3/m$ 控制。②抛石二区：窝崩险工抢险段（27+490～27+840）范围内的最薄处抛石厚度控制在1.5m，原有坡比不足1∶2.5的按1∶2.5还坡；窝崩影响段（27+100～27+490、27+840～28+000）范围内的最薄处抛石厚度控制在1.0m，上游窝崩影响段原有坡比不足1∶2的按1∶2还坡，下游窝崩影响段原有坡比不足1∶2.5的按1∶2.5还坡。③抛石三区：抛石三区为防冲备填石区，位于抛石二区末端。抢险段（27+490～27+840）按 $15m^3/m$ 控制；影响段（27+100～27+490、27+840～28+000）按 $10m^3/m$ 控制。

（2）重建水上护坡工程采用退线布置。马道27.00m高程以下采用原有六方块混凝土预制块设计方案进行重建，27.00m高程以上采用联锁砖护坡重建。工程于2023年12月4日开工建设，至2024年4月25日完工。

案例8　瓦湾村管涌群含翻砂鼓水观察点（K55+处）案例

长江干堤瓦湾段堤基地层结构主要为第四系河流堆积物，主要为粉质壤土，表层一般为粉质黏土、粉土、软塑-可塑，下层为粉细砂，地下水主要赋存于该层，多为空隙承压水。每年汛期长江水位达到33m左右时，均会发生管涌险情。2020年从7月9日起陆续发现55处以上的管涌，由于及时发现，及时处理，所有管涌都不是很大。

瓦湾区域管涌认识分析如下：

（1）本区域地表黏土覆盖层比较薄，黏土覆盖层下为60m以上的强透水砂层。所有的管涌均出现在沟渠内部。沟渠附近的庄稼地含水量很高，表层有大量的水流入沟内。

（2）长江主河道虽不在大堤脚，但堤前的滩地形成了近100m宽的河道，并形成弯道环流，对凹岸（大堤）冲刷严重。外河水通过透水层直接到垸内，导致瓦湾区域水压力大，出现多处管涌。

（3）大堤内侧有减压井，减压井于2002年修建，至2020年期间一直未进行维护。汛期高水位期间，减压井内基本没有水。由此，减压井需维修。

（4）因安保工程在大堤64+788～65+288区间筑有15m防渗墙。有防渗墙区域坝脚及二级平台较干燥，无防渗墙区域坝脚及二级平台土壤含水量很高。筑有防渗墙区域管涌发生在200m处，并且出水量不大。无防渗墙区域管涌在100～200m范围内都有，在同一渠系中普遍先在远处出现，后出现在堤脚附近。

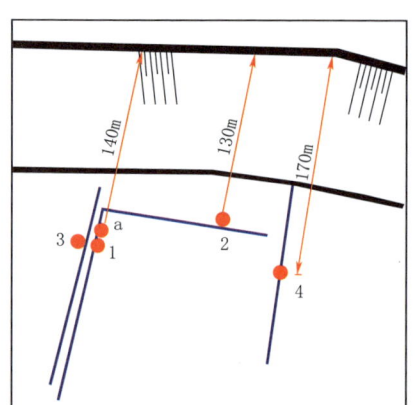
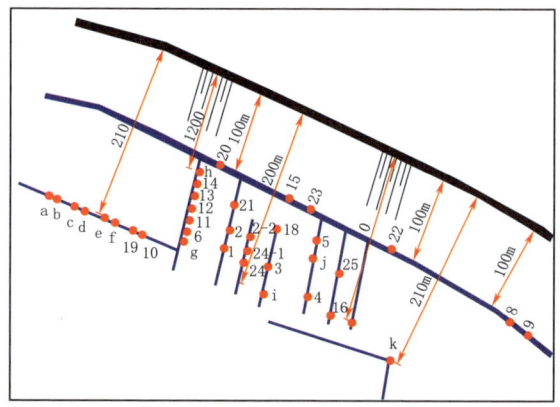

瓦湾村管涌群部分位置示意图

附录 2 岳阳市湖区重点堤垸基本情况明细表

行政区/数量	垸名	类别	户数/万	人口/万	总面积/万亩	耕地面积/万亩	一线防洪大堤/km 总长	江堤	河堤	湖堤	间堤	渍堤	险堤长度/km 风险	当冲	浸漏	两水夹堤	涵管	控制站	堤顶高程/m	防汛工作水位 警戒	保证	历史最高水位 时间	水位/m
岳阳市/7处	合计		14.33	51.19	136.38	61.77	254.82	0	229.85	25	99.649	134.01	51.42	57.61	70.1	13.42	173						
湘阴县/5处	岭北	重点	1.42	5.58	11.25	5.78	23.65		23.655		11.024	25.5	1.2	1.7	5.3	0.8	18	窑山头	38	34.5	36	2017-07-03	37.49
	沙田	重点	0.7	2.81	4.31	2.12	9.43		9.43		6.4		2.24	3.81	0.6	2.22	10	铁角咀	38	34.5	36	1998-06-27	37.35
	湘滨	重点	1.93	8.25	18.6	8.76	33.35		33.35		33.37	14.7	9.43	9.1	6	1.3	21	东河坝	38	34	36	1996-07-21	37.46
	南湖	重点	1.3	5.45	14.7	5.81	33.19		28.19	5	9.13	25.8	13.05	3.7	9.4	1.4	20	毛角口	39	35	36.5	1996-07-21	38.38
	湘滨	重点	1.88	10.3	17.4	10.9	50.65		30.65	20	9.125	11	25.5	18.7	30	7.7	29	和平闸	37.5	34	36	1996-07-21	37
	小计		7.23	32.39	66.26	33.37	150.27	0	125.28	25	69.049	77	51.42	37.01	51.3	13.42	98						
华容县/2处	永固	重点	0.6	2	5.35	3.6	21.75		21.75					3.6	2.5		15	梅田湖	40.3	36.5	38	1998-08-18	38.85
	护城	重点	6.5	16.8	64.77	24.8	82.8		82.82		30.6	57.01		17	16.3		60	宋家咀	40.2	36.5	38	1998-08-19	38.26
																		北景港	38.7	35.5	37	1998-08-19	37.68
																		六门闸内	37.1	34.5	35.5	1998-07-29	35.88
	小计		7.1	18.8	70.12	28.4	104.55	0	104.57	0	30.6	57.01	0	20.6	18.8	0	75						

附录3 岳阳市湖区蓄洪堤垸基本情况明细表

行政区/数量	垸名	类别	户数/万	人口/万	总面积/万亩	耕地面积/万亩	一线防洪大堤/km 总长	一线防洪大堤/km 江堤	一线防洪大堤/km 河堤	一线防洪大堤/km 湖堤	间堤/km	渍堤/km	险堤长度/km 风险	险堤长度/km 当冲	险堤长度/km 浸漏	险堤长度/km 两水夹堤	涵管	控制站	堤顶高程/m	防汛工作水位/m 警戒	防汛工作水位/m 保证	历史最高水位 时间	历史最高水位 水位/m
岳阳市/18处	合计		24.2	105.5	303.8	127.4	472.0	91.1	261.0	119.9	153.7	269.3	163.9	65.2	99.6	14.6	229						
	城西	蓄洪	1.69	7.4	16.26	8.83	51.76		39.76	12		20	11.9	13.65	14.2	0.6	27	浩河口	38.6	34	35.5	2017-07-02	37.01
湘阴县/4处	义合金鸡	蓄洪	0.32	1.67	2.98	1.48	10.59		10.59		14.7	2.56	6.47	3.07	2	0.67	4	沙坪	37.3	34	35.5	1996-07-21	36.7
	北湖	蓄洪	0.8	3.2	7.25	3.73	10.79		6.4	4.39	6.6	24.51	10.79	1.4	2.2	0.3	6	许家台	37.5	34	35.5	1996-07-21	36.37
	三汊港	蓄洪	0.39	2.71	4.5	3.51	5.16	0	5.16		6.71	10.51	3.6	3.6	0.3	2.8	5	水闸	38	34	35.5	1996-07-21	36.5
	小计		3.2	14.98	30.99	17.55	78.3	32.0	56.75	21.55	28.01	57.58	32.76	21.72	18.7	4.37	42						
临湘市/1处	江南	蓄洪	1.3	5.8	28.5	11.4	32.0	32.0			14.3	13.9	3.6	14.3	3.5		8	新洲脑	36.5	32	33.5	1998-08-20	34.78
华容县/7处	集成安合	蓄洪	1.6	6.82	18.5	8.91	54.3		54.3		11.3	14.9		11.5	5.4		28	梅田湖	38.8	36.5	38	1998-08-18	38.85
	新华	蓄洪	0.68	2.7	6.6	3.4	33.9		33.9					1.5	8.9		21	六门闸内	37	33.5	35	1998-07-29	35.88
	隆西	蓄洪	1.21	3.84	9.33	3.92	11.315		4.685	6.63	21.6		6.63	1.5	0.5	0.2	5	六门闸外	37	33.5	35	1998-08-20	36.2

250

附录3　岳阳市湖区蓄洪堤垸基本情况明细表

续表

行政区/数量	垸名	类别	户数/万	人口/万	总面积/万亩	耕地面积/万亩	一线防洪大堤/km 总长	江堤	河堤	湖堤	间堤/km	溃堤/km	险堤长度/km 风险	当冲	浸漏	两水夹堤	涵管	控制站	堤顶高程/m	防汛工作水位/m 警戒	保证	历史最高水位 时间	水位/m
华容县/7处	团山新洲	蓄洪	0.7	2.83	9.2	4.3	20.735	8.095		12.64	6.6		12.64		1.8	0.1	8	六门闸外	37	33.5	35	1998-08-20	36.2
	团洲	蓄洪	0.6	2.53	7.52	4.24	20.8		5.6	15.2		7	15.2	0.3	5		7	六门闸外	37	33.5	35	1998-08-20	36.2
	新生	蓄洪	0.81	4.24	14.2	5.63	11.2		11.2		15.3	19.3		3.2			8	注滋口	37.2	34	35.5	1998-08-20	36.38
	新太	蓄洪	2.1	7.48	7.25	4.39	18.5	18.5			10.6	8.3		1.2	6.7	1.3	29	六门闸内	37.5	33.5	35	1998-08	35.88
	小计		7.7	30.44	72.6	34.79	170.75	136.28		34.47	65.4	49.5	34.47	19.2	28.3	1.6	106						
云溪区/1处	陆城	蓄洪	2.29	8.71	37.2	5.17	15.1	15.1			1.5		3.2	3.2	14.1	0	7	新闸	37.2	32.5	34	1998-08-20	34.95
君山区/4处	建设	蓄洪	1.2	6.37	25.6	10.84	18.473	18.288		0.185			4.924				10	临江闸	39	34.5	36	1998-08-20	37.09
	君山	蓄洪	2.14	8.9	36.3	9.01	35.333	22.825		12.508	2.525	27.97	16.928	3.3	13.8	0.5	10	南闸	37	33.5	35	1998-08-20	36.14
	钱粮湖	蓄洪	2.91	10.14	32.1	20.15	65.176	49.991	15.185	37.218	26.71	55.09	48.231	0.5	10.2	4.1	25	六门闸	36.2	33.5	35	1998-08-21	36.21
	建新	蓄洪	1.1		7.8	4	18.9	2.9		16	4.75	3.5	15.8	3.8	11	4.6	8	新港子	36.5	33.5	35	1998-08-20	36.32
	小计		6.25	26.51	101.8	44	137.88	44.013	49.991	43.878	44.493	58.18	85.883		35	4	53						
屈原区/1处	屈原	蓄洪	3.5	12	32.7	14.5	38	0	18	20	0	35	4	3	0	4	11	青港	38	33.5	35.5	1996-07-02	36.14

附录4 岳阳市湖区一般堤垸基本情况明细表

行政区/数量	垸名	类别	户数/万	人口/万	总面积/万亩	耕地面积/万亩	一线防洪大堤/km 总长	江堤	河堤	湖堤	间堤/km	溃堤/km	险堤长度/km 风险	当冲	浸漏	两水夹堤	涵管	控制站	堤顶高程/m	防汛工作水位/m 警戒	保证	历史最高水位/m 时间	水位/m
岳阳市/15处	合计		31.7	130.4	143.0	49.8	192.5	50.9	95.0	46.7	45.6	159.9	31.6	9.3	35.3	13.7	180						
湘阴县/1处	东湖	一般	3.96	15.89	5.28	1.5	21.96	0	21.96	0	0	3.47	0	0	1.1	3.12	20	城关	37	34	35.5	1996-07-21	36.66
汨罗市/4处	磊石	一般	0.12	0.58	2.88	1.58	10.11		1.5	8.61	2.56	9	6.6	0.8	3.2	1	5	长山	37.5	33.5	35.5	1996-07-21	35.96
	罗江	一般	1.18	5.86	3.34	1.66	23.35		23.35		1.7	3	2.1	2	9.8		29	红花闸	38.5	35	36.5	1983-07	37.95
	双楚	一般	0.21	0.84	1.21	0.93	9.35		9.35				5.6	0.6	3		13	牛巷口	38	34.5	36	1983-07	36.22
	湖溪	一般	2.1	9	3.68	0.64	10.8		10.8					0.4	3.5	0.3	14	南渡垟	37.5	35	36.5	1983-07	36.9
	小计		3.61	16.28	11.11	4.81	53.61	0	45	8.61	4.26	12	14.3	3.8	19.5	1.3	61						
岳阳县/3处	麻塘	一般	0.8	2.75	3.92	3.35	12		12		1.6	4.05	4		0.8	2.8	6	中闸	37.4	33.5	35	1998-08-20	36.12
	中洲	一般	2.1	8.23	13.2	9.2	10.4		10.4		9.01	5.8	6.7	0.2	0.3	3.5	5	鹿角	38	33.5	35	1998-08-20	36.14
	三合	一般	0.2	0.89	1.71	0.97	11		11				10.7	1.75	0.05		15	朝天闸	37	33.5	35	1998-08-21	36.2
	小计		3.1	11.87	18.83	13.52	33.4	0	11	22.4	10.61	9.85		1.95	1.15	6.3	26						

附录4　岳阳市湖区一般堤垸基本情况明细表

续表

行政区/数量	垸名	类别	户数/万	人口/万	总面积/万亩	耕地面积/万亩	一线防洪大堤/km				间堤/km	溃堤/km	险堤长度/km				涵管	控制站	堤顶高程/m	防汛工作水位/m		历史最高水位	
							总长	江堤	河堤	湖堤			风险	当冲	浸漏	两水夹堤				警戒	保证	时间	水位/m
临湘市/2处	黄盖湖	一般	0.3	1.2	5.1	2.9	6.0	6.0				12.8	3.6		1.4		2	铁山咀	36.5	31.5	33	1998-08-20	34.11
	黄盖湖区内垸	一般	1.2	5.8	21.3	6.6						79.3						黄盖湖	36.5	28	29.5	2010-07-16	30.14
	小计																						
华容县/2处	民生	一般	1.8	8.61	41.7	12.68	32.7	32.7			20.5	27.5	3.6		1.4		13	塔市驿	40	36	37.5	1998-08-17	38.56
	人民	一般	0.34	1.42	2.79	2.32	17		17		1.1	6		0.5			18	六门闸内	38.8	33.5	35	1998-07-29	35.88
	小计																						
云溪区/1处	永济	一般	1.5	7.0	26.4	9.5	6.0	6.0			0.0	92.1	3	0.0	1.4	0.0	2.0						
	小计		2.45	9.29	30.3	3.33	12.18	12.18		8.776	9.1	8.97	3		10.7	0.3	11	新港	37.8	32.5	34	1998-08-20	34.95
岳阳楼区/2处	南湖	一般	5	20	4.41	1.95										1.18	11	南湖闸	37	33	35	1998-08-20	36.04
	东湖	一般	10	40	2.19	0.25										1.5	18	东湖闸	37	33	35	1998-08-21	35.94
	小计		15	60	6.6	2.2	15.693	15.693	0	6.917	0	0	0	0	0	2.68	29						

注　黄盖湖区内垸25处（一般单退垸5处）。

附录5　岳阳市湖区单退堤垸基本情况明细表

行政区/数量	垸名	类别	户数/万	人口/万	总面积/万亩	耕地面积/万亩	一线防洪大堤/km 总长	江堤	河堤	湖堤	间堤/km	溃堤/km	险堤长度/km 风险	当冲	浸漏	两水夹堤	涵管	控制站	堤顶高程/m	防汛工作水位/m 警戒	保证	历史最高水位 时间	水位/m
岳阳市/18处	合计		3.55	12.95	17.6297	10.0427	77.48	0	71.92	5.56	12.91	52.24	15.75	6.35	20.76	2.45	75						
	青潭垸	单退	0.08	0.18	2.16	1.08	11		11								4	樟树港	36	33.5	34.5	1996-07-21	40
湘阴县/3处	樟树港	单退	0.15	0.51	0.78	0.29	4.54		4.54			13.85	0.4		0.1	0.2	3	闸口	39	34.5	36	2017-07-03	37.49
	洋沙湖	单退	1.3	5.2	7	2.95	2.85		2.85		1.7	28.99	1	1	1	0.5	8		37	34	35.5	1996-07-21	36.7
	小计		1.53	5.89	9.94	4.32	18.39		18.39	0	1.7	42.84	1.4	1	1.1	0.7	15						
	松柏	单退	0.23	1.13	1.16	0.85	11.4		11.4			9.4	2.25	0.15	0.3	0.35	8	宝塔坝	37.5	34.5	36	1998-07	36.12
汨罗市/3处	双河坝	单退	0.28	0.90	1.07	0.73	1		1							1	2	双河闸	37.5	34.5	36	1996-07	35.96
	幸福垸	单退	0.09	0.37	0.12	0.07	2.8		2.8				2.8	1	1.8	1.35	1	幸福闸	35.9	34.5	35.5	1983-07	36.1
	小计		0.6	2.4	2.35	1.65	15.2		15.2	0	0	9.4	5.05	1.15	2.1		11						

附录 5 岳阳市湖区单退堤垸基本情况明细表

续表

行政区/数量	垸名	类别	户数/万	人口/万	总面积/万亩	耕地面积/万亩	一线防洪大堤/km 总长	江堤	河堤	湖堤	间堤/km	险堤长度/km 溃堤	风险	当冲	浸漏	两水夹堤	涵管	控制站	堤顶高程/m	防汛工作水位/m 警戒	保证	历史最高水位 时间	水位/m
岳阳县/12 处	六合	单退	0.45	1.25	1.23	1.01	6.74	6.74			5.4		0.3		1.1	0.3	8	欧家咀	36.5	33.5	35	1998-08-22	36.23
	七星	单退	0.05	0.15	0.28	0.18	5	5						1	0.3		2	机埠处	37	33.5	35	1998-08-23	36.25
	新河	单退	0.05	0.16	0.15	0.13	1.35	1.35			1.55		0.2		0.2		3	排水闸	37	33.5	35	1998-08-24	36.23
	万石湖	单退	0.24	0.98	1.06	0.93	0.54			0.54	0.3						2	排水闸	37	33.5	35	1998-08-21	36.13
	四新	单退	0.03	0.12	0.21	0.12	1.05	1.05			0.7			0.6	0.14		2	中闸	36.5	33.5	35	1998-08-21	36.23
	大毛家	单退	0.45	1.45	1.04	0.75	5.02			5.02	0.5		2	2	5.02		2	堤委会	37	33.5	35	1998-08-21	36.23
	小毛家	单退	拟纳入县城城市防洪				2.58	2.58									3	排水闸	37.5	33.5	35	1998-08-21	36.24
	五星	单退	7 户	15 人	0.2357	0.1657	2.3	2.3			0.5		3.8	0.5	2.3		10	排水闸	37	33.5	35	1998-08-21	36.23
	燎原	单退	4 户	10 人	0.334	0.257	4.3	4.3			0.1		3		3.8		8	堤委会	37	33.5	35	1998-08-21	36.23
	万福	单退	0.04	0.15	0.29	0.17	3.47	3.47			0.5			0.1	3	0.1	3	堤委会	37	33.5	35	1998-08-21	36.24
	杨柳	单退	0.07	0.22	0.36	0.22	5.2	5.2			0.26				0.5		4	堤委会	36.5	33.5	35	1998-08-21	36.23
	古港	单退	0.04	0.18	0.15	0.14	6.34	6.34			1.4				1		2	电排闸	36	35.5	35	1998-08-21	36.23
小计			1.42	4.66	5.3397	4.0727	43.89	38.33	0	5.56	11.21	0	9.3	4.2	17.56	0.4	49	古洪闸					

255

附录6 岳阳市大中型水库基本情况汇总表

水库名称	地理位置	集雨面积/km²	其中外引	总库容/万 m³	坝型	坝顶高程/m	主坝坝高/m	主坝坝长/m	设计洪水标准[重现期]/年	校核洪水位/m	设计洪水位/m	正常蓄水位/m	防洪限制水位/m	主要泄洪建筑物形式	最大泄洪流量/(m³/s)
全市大型1座、中型23座															
岳阳县（3座）				123487											
铁山水库	公田镇	493（外引28）		63500	心墙坝	96	44.5	208	100	94.35	93.38	92.2	91.2	闸孔式	1670
岳坊水库	步仙乡	53.1		3380	心墙坝	141	43	410.7	100	140.37	138.41	136	136	岸坡式	362
大坳水库	饶村乡	83.6		1425	重力坝	112.1	36	128.75	50	110.8	110.3	109.8	107.8	岸坡式	768.6
华容县（3座）															
北汊水库	南山乡	17.5		1450	均质坝	34	11	1455	50	32.45	32	30.5	30.5	岸坡式	20
华一水库	三封寺镇	13.72		1185	心墙坝	64.18	21.5	544	100	62.38	62.03	61.18	60.8	岸坡式	41.76
东山水库	东山镇	14.49（外引1.2）		1067	斜墙坝	73.8	26	627	100	71.56	71.21	70.2	68.5	岸坡式	87.8
经开区（2座）															
金凤水库	金凤桥管理处	2		1172	心墙坝	72.96	30.9	340	100	70.73	70.53	70	70	隧洞式	6
兰桥水库	西塘镇	13.75		1121	心墙坝	77.3	26	115	100	74.86	74.41	73.24	73.24	岸坡式	49.8
临湘市（3座）															
龙源水库	羊楼司镇	80		9613	心墙坝	181.5	56.5	668	100	179.82	177.95	174.25	173	岸坡式	523
团湾水库	詹桥镇	80		5037	心墙坝	199.8	56	140	100	198.3	197.37	195	195	岸坡式	328.8
忠防水库	忠防镇	172		2163	心墙坝	94.1	26.6	582	100	89.74	88.18	87.2	86.5	岸坡式	694.3

附录6 岳阳市大中型水库基本情况汇总表

续表

水库名称	地理位置	集雨面积/km²	其中外引	总库容/万m³	大坝参数					设计洪水标准[重现期]/年	特征水位				泄洪设施	
					坝型	坝顶高程/m	主坝坝高/m	主坝坝长/m			校核洪水位/m	设计洪水位/m	正常蓄水位/m	防洪限制水位/m	主要泄洪建筑物形式	最大泄洪流量/(m³/s)
汨罗市（3座）																
兰家洞水库	八景乡	48.85		6420	斜墙坝	113.5	43	190	100	107.88	107.23	105.5	105.5	闸孔式	241
向家洞水库	智峰乡	28		2529	均质坝	107.6	35	110	100	105.5	104.58	102.8	102.8	闸孔式	77.4
汨罗水库	古塘镇	15.4		1210	均质坝	62.63	19.86	604	100	58.92	58.75	57.68	57.68	岸坡式	35.9
平江县（7座）																
黄金洞水库	黄金洞乡	120		9600	心墙坝	231	61.5	208	100	230	228.77	225	223	岸坡式	636
大江洞水库	南江镇	32.39（外引12.6）		3440	心墙坝	381.8	61.7	170	100	378.85	378.5	377.2	375.2	岸坡式	363.7
白水水库	福寿山镇	30.37（外引12.2）		1960	心墙坝	309.8	50	152	100	305.63	305.09	303.4	303.4	岸坡式	115.5
九峰水库	岑川镇	17.62		1255	均质坝	131.8	31.8	100	100	129.72	129.25	128	128	坝身式	136.6
徐家洞水库	加义镇	23.4（外引6.5）		1149.2	拱坝	426	53.5	190	50	424.84	424.12	423.6	423.6	岸坡式	162.2
秋湖水库	安定镇	21.8		1061	均质坝	148.2	34	334	100	146.19	145.7	144.17	144.17	岸坡式	210.5
黄金堰水库	长寿镇	149		628	重力坝	156.49	28.38	86.6	50	153.03	152.29	151.11	151.11	闸孔式	547
湘阴县（2座）																
獴美水库	东塘镇	14.27		1029	均质坝	55.72	18	508	100	53.42	52.96	52.6	51.5	闸孔式	39.2
嫩原水库	界头铺镇	16（外引11）		1024.8	均质坝	81.23	21.6	819	100	79.72	79.52	78.83	78	岸坡式	19.6
云溪区（1座）																
双花水库	云溪乡	13.9（外引4.4）		1068	心墙坝	122.35	39.85	187	100	122.21	121.8	120.5	118	岸坡式	88

附录 7 岳阳市大中型灌区基本情况统计表

序号	灌区名称	灌区规模	地区	县	灌区范围	主要水源工程	取水方式	设计灌溉面积/亩	耕地灌溉面积/亩	管理单位名称
大型灌区/1 处										
1	铁山灌区	大型	岳阳市	岳阳县	荣家湾街道、麻塘街道、黄沙街镇、新墙镇、柏祥镇、筻口镇、公田镇、张谷英镇、新开镇、步仙乡、杨林街镇、长湖乡	铁山水库	自流	854100	687019	岳阳市铁山供水工程事务中心
			岳阳市	岳阳楼区	西塘镇、康王乡					
			岳阳市	汨罗市	桃林寺镇、屈子祠镇、白塘镇			854100	687019	
			岳阳市	临湘市	桃林镇、白羊田镇、长塘镇					
重点中型灌区/23 处								2308821	2076598	
1	华洪运河灌区	中型	岳阳市	君山区	许市镇、采桑湖镇、广兴洲镇、建新农场	团湖；长江补水	自流；提水	206180	206180	岳阳市君山区建设局水利管理委员会、岳阳市君山区建设西院水利管理委员会、岳阳市君山区钱北垸水委会
2	石山矶灌区	中型	岳阳市	华容县	章华镇、鲇鱼须镇、万庾镇	石山矶低闸；石山矶电排、涔湖电排；董家铺电排	自流；提水	160723	160723	华容县石山矶电力排灌站

附录7 岳阳市大中型灌区基本情况统计表

续表

序号	灌区名称	灌区规模	地区	县	灌区范围	主要水源工程	取水方式	设计灌溉面积/亩	耕地灌溉面积/亩	管理单位名称
3	屈原灌区	中型	岳阳市	屈原管理区	河市镇、凤凰乡、营田镇	湘江、汨罗江	自流	180000	157668	屈原管理区电力排灌总站
4	龙源水库灌区	中型	岳阳市	临湘市	羊楼司镇、五里牌街道、长安街道、云湖街道、聂市镇、忠防镇、路口镇	龙源水库	自流	178000	178000	临湘市龙源水资源保护中心
5	撇洪河灌区	中型	岳阳市	云溪区	路口镇、长岭街道、陆城镇、云溪镇	曹峰水库、枧冲水库；鸭栏闸；白泥湖泵站	提水、自流	74500	44200	岳阳市云溪区江堤管理委员会
6	钱粮烷灌区	中型	岳阳市	君山区	钱粮湖镇、良心堡镇	良心堡水库、七星湖、东北湖	自流	132680	106100	岳阳市君山区钱粮水委会
7	君山烷灌区	中型	岳阳市	君山区	柳林洲镇	长沟子电灌、濠河	提水	68964	43800	岳阳市君山区君山水利管理委员会
8	岳坊灌区	中型	岳阳市	岳阳县	步仙镇、柏祥镇	岳坊水库	自流	58200	28874	岳坊水库服务所
9	大坳灌区	中型	岳阳市	岳阳县	张谷英镇、杨林街镇、步仙镇、柏祥镇	大坳水库	自流	55000	8657	大坳水库服务所
10	沙河灌区	中型	岳阳市	华容县	梅田湖镇	沙河水库	自流	125191	125191	华容县沙河水库管理所
11	幸福灌区	中型	岳阳市	华容县	注滋口镇	注西闸、幸福闸、北堤机埠、新洲机埠	自流	107250	107250	华容县注滋口镇水利事务中心
12	北汊水库灌区	中型	岳阳市	华容县	北景港镇、新河乡、禹山镇	北汊水库、花兰管电排	提水	90000	90000	华容县北汊水库管理所

附录7 岳阳市大中型灌区基本情况统计表

续表

序号	灌区名称	灌区规模	地区	县	灌区范围	主要水源工程	取水方式	设计灌溉面积/亩	耕地灌溉面积/亩	管理单位名称
13	花兰窖灌区	中型	岳阳市	华容县	北景港镇、新河乡、禹山镇	花兰窖电排	提水	89647	89647	华容县花兰窖电力排灌站
14	团洲灌区	中型	岳阳市	华容县	团洲乡	团南电排；团闸、团西低闸、团福胜闸	自流	56053	48807	华容县团洲乡水利事务中心
15	向兰灌区	中型	岳阳市	汨罗市	长乐镇、大荆镇、三江镇、罗江镇、屈子祠镇、桃林寺镇	兰家洞水库、向家洞水库	自流	134766	134766	汨罗市兰家洞水库管理所
16	江南垸灌区	中型	岳阳市	临湘市	江南镇、聂市镇	冶湖、泪田湖、小脚湖、小泥湖、陈家湖	自流	75000	60153	江南镇农业综合服务中心
17	团湾水库灌区	中型	岳阳市	临湘市	詹桥镇、忠防镇、云湖街道	团湾水库	自流	51540	36383	临湘市团湾水资源保护中心
18	新泉灌区	中型	岳阳市	湘阴县	新泉镇	泵站	提水	113202	113202	湘阴县湘资水利管理委员会
19	城西灌区	中型	岳阳市	湘阴县	鹤龙湖镇	泵站	提水	91956	85600	湘阴县城西院水利管理委员会
20	南湖灌区	中型	岳阳市	湘阴县	南湖洲镇	泵站	提水	84555	76083	湘阴县南湖院水利管理委员会
21	湘滨灌区	中型	岳阳市	湘阴县	湘滨镇	泵站	提水	65774	65774	湘阴县湘滨院水利管理委员会
22	岭北灌区	中型	岳阳市	湘阴县	岭北镇	泵站	提水	53240	53240	湘阴县岭北院水利管理委员会

附录7　岳阳市大中型灌区基本情况统计表

续表

序号	灌区名称	灌区规模	地区	县	灌区范围	主要水源工程	取水方式	设计灌溉面积/亩	耕地灌溉面积/亩	管理单位名称
23	黄金洞灌区	中型	岳阳市	平江县	长寿镇	黄金洞水库	自流	56400	56400	平江县黄金堤水库管理所
一般中型灌区/47处								928852	819388	
1	陆城垸白泥湖灌区	中型	岳阳市	云溪区	陆城镇	彭家湾闸；彭家湾泵站	自流、提水	26800	19900	岳阳市云溪区新设电排管理总站
2	中洲垸灌区	中型	岳阳市	岳阳县	中洲乡	大明湖	自流	38200	31100	中洲乡水务工作站
3	汨罗江灌区	中型	岳阳市	汨罗市	罗江镇、屈子祠镇	狮子口泵站、埠滩泵站	提水	15000	14845	汨罗市罗江农业综合服务中心
4	双花水库灌区	中型	岳阳市	云溪区	云溪街道	双花水库、清溪水库	自流	14000	11280	岳阳市云溪区双花水库管理所
5	南津港电灌站灌区	中型	岳阳市	岳阳楼区	康王乡	河湖泵站	自流	13208	1988	岳阳楼区水利局
6	蓄水湖灌区	中型	岳阳市	岳阳县	麻塘街道	河湖引水闸	自流	23000	9276	麻塘街道水利工作站
7	百花台水库灌区	中型	岳阳市	岳阳县	公田镇	百花台水库	自流	10050	3201	公田镇农业综合服务中心
8	新华垸灌区	中型	岳阳市	华容县	洽河渡镇	血湖沟机埠、上高机埠、湘沟湾机埠等6处机埠	提水	43600	39202	洽河渡镇水利事务中心
9	东湖插旗灌区	中型	岳阳市	华容县	插旗镇	河湖泵站	提水	37437	37437	华容县插旗镇水利事务中心
10	大荆湖灌区	中型	岳阳市	华容县	东山镇	大荆湖水库	自流	33536	29131	华容县东山镇水利事务中心

附录7 岳阳市大中型灌区基本情况统计表

续表

序号	灌区名称	灌区规模	地区	县	灌区范围	主要水源工程	取水方式	设计灌溉面积/亩	耕地灌溉面积/亩	管理单位名称
11	沉塌湖灌区	中型	岳阳市	华容县	东山镇	沉塌湖水库	自流	25983	25983	华容县东山镇水利事务中心
12	金鸿河灌区	中型	岳阳市	华容县	梅田湖镇	张家湾机埠闸、骗子拐机埠闸	提水	25320	23138	华容县梅田湖镇水利事务中心
13	华一水库灌区	中型	岳阳市	华容县	三封寺镇、章华镇	华一水库	自流	25000	23384	华容县华一水库管理所
14	东山水库灌区	中型	岳阳市	华容县	东山镇	东山水库	自流	23000	20210	华容县东山水库管理所
15	华容县关山水库灌区	中型	岳阳市	华容县	东山镇	关山水库	自流	14000	14000	华容县东山镇水利事务中心
16	新生垸灌区	中型	岳阳市	华容县	禹山镇	新生垸水库	自流	11881	10358	华容县禹山镇水利事务中心
17	告丰灌区	中型	岳阳市	华容县	梅田湖镇	告丰大闸、告丰机埠	自流	11000	11000	华容县梅田湖镇水利事务中心
18	东湖南山灌区	中型	岳阳市	华容县	禹山镇	东湖	自流	10788	7681	华容县禹山镇水利事务中心
19	板桥湖灌区	中型	岳阳市	华容县	章华镇	板桥湖水库	自流	10636	10636	华容县章华镇水利事务中心
20	车轱山灌区	中型	岳阳市	华容县	三封寺镇	宏图闸、毛家湾机埠、车轱山机埠、涂家档机埠等3处	自流	10100	10100	华容县三封寺镇水利事务中心

续表

序号	灌区名称	灌区规模	地区	县	灌区范围	主要水源工程	取水方式	设计灌溉面积/亩	耕地灌溉面积/亩	管理单位名称
21	杨林寨灌区	中型	岳阳市	湘阴县	杨林寨乡	泵站	提水	31663	26675	湘阴县杨林寨乡水利站
22	赛美灌区	中型	岳阳市	湘阴县	东塘镇	赛美水库	自流	29300	29300	湘阴县赛美水库管理所
23	燎原灌区	中型	岳阳市	湘阴县	金龙镇	燎原水库	自流	24700	24700	湘阴县燎原水库管理所
24	范家坝灌区	中型	岳阳市	湘阴县	石塘镇	泵站	提水	22776	22776	湘阴县范家坝水利管理委员会
25	沙田灌区	中型	岳阳市	湘阴县	岭北镇	泵站	提水	20200	20200	湘阴县沙田垸水利管理委员会
26	三汊港灌区	中型	岳阳市	湘阴县	三塘镇	泵站	提水	16196	16196	湘阴县三汊港垸水利管理委员会
27	洋沙湖灌区	中型	岳阳市	湘阴县	洋沙湖镇	泵站	提水	14908	14908	湘阴县洋沙湖镇水电站
28	静河灌区	中型	岳阳市	湘阴县	静河镇	泵站	提水	12838	12838	湘阴县义合金鸡垸水利管理委员会
29	白水灌区	中型	岳阳市	平江县	福寿山镇	白水水库	自流	35300	35300	平江县白水水库管理所

263

附录7 岳阳市大中型灌区基本情况统计表

续表

序号	灌区名称	灌区规模	地区	县	灌区范围	主要水源工程	取水方式	设计灌溉面积/亩	耕地灌溉面积/亩	管理单位名称
30	徐家洞灌区	中型	岳阳市	平江县	加义镇	徐家洞水库	自流	30000	14918	平江县徐家洞水库管理所
31	秋湖灌区	中型	岳阳市	平江县	安定镇	秋湖水库	自流	19700	19700	平江县秋湖水库管理所
32	九峰灌区	中型	岳阳市	平江县	岑川镇	九峰水库	自流	15000	10801	平江县九峰水库管理所
33	伍市联合灌区	中型	岳阳市	平江县	伍市镇	栗山联合水库	自流	12500	12500	栗山联合灌区管理所
34	大江洞灌区	中型	岳阳市	平江县	南江镇	大江洞水库	自流	10500	10500	平江县大江洞水库管理所
35	青冲泵站灌区	中型	岳阳市	平江县	伍市镇	汨罗江	自流	10500	10101	平江县青冲口水轮泵站管理所
36	汨罗水库灌区	中型	岳阳市	汨罗市	古培镇、汨罗镇、归义镇	汨罗水库	自流	22117	22117	汨罗市汨罗水库管理所
37	小暑洞灌区	中型	岳阳市	汨罗市	弼时镇	白鹤洞水库、小暑洞水库、跃进水库等4座水库	自流	16955	16955	汨罗市弼时镇农业综合服务中心
38	九雁灌区	中型	岳阳市	汨罗市	汨罗镇	九雁水库、红旗水库	自流	15368	15368	汨罗市汨罗镇农业综合服务中心

附录7　岳阳市大中型灌区基本情况统计表

续表

序号	灌区名称	灌区规模	地区	县	灌区范围	主要水源工程	取水方式	设计灌溉面积/亩	耕地灌溉面积/亩	管理单位名称
39	星火灌区	中型	岳阳市	汨罗市	新市镇	星火水库	自流	13997	13997	汨罗市新市镇农业综合服务中心
40	汨罗市关山灌区	中型	岳阳市	汨罗市	古塔镇	关山水库	自流	13975	13975	汨罗市古塔镇农业综合服务中心
41	汨罗市飘峰灌区	中型	岳阳市	汨罗市	神鼎山镇	飘峰水库	自流	13000	13000	汨罗市神鼎山镇农业综合服务中心
42	桥坪灌区	中型	岳阳市	汨罗市	川山坪镇	桥坪水库、梓洞水库	自流	11792	11792	汨罗市川山坪镇农业综合服务中心
43	望塔灌区	中型	岳阳市	汨罗市	川山坪镇	望塔水库	自流	11775	11775	汨罗市川山坪镇农业综合服务中心
44	定里冲灌区	中型	岳阳市	汨罗市	弼时镇	定里冲水库、青坑水库、上游水库	自流	11210	11210	汨罗市弼时镇农业综合服务中心
45	大塘源灌区	中型	岳阳市	汨罗市	神鼎山镇	大塘源水库、神鼎水库	自流	10043	10043	汨罗市神鼎山镇农业综合服务中心
46	黄盖湖内垸灌区	中型	岳阳市	临湘市	黄盖镇、聂市镇	黄盖湖	自流	32300	28600	临湘市黄盖镇农业综合服务中心
47	忠防水库灌区	中型	岳阳市	临湘市	忠防镇、五里牌街道、云湖街道	忠防水库	自流	27400	15292	临湘市忠防水资源保护中心

附录8 岳阳市大中型水利灌排泵站基本情况表

行政区/数量	序号	泵站名称	所属乡镇	所属流域	所在堤垸	所在灌区	建设年份	工程任务	工程等别	总台数/台	设计流量/(m³/s)	装机功率/kW	管理单位	受益或控制面积/万亩	备注
(一)大型泵站：岳阳市/4座															
南湖新区/1座	1	南湖泵站	月山管理处	南湖	南湖垸		2019	排水	Ⅱ	23	500.50	32400	岳阳市水旱灾害防御事务中心	456.62	
临湘市/1座	2	铁山咀泵站	黄盖镇	鸭棚河	黄盖垸	黄盖垸内垸灌区	1991	排水	Ⅱ	7	66.5	7000	岳阳市临湘市铁山咀电排站	23.18	
湘阴县/1座	3	洋沙湖泵站	洋沙湖街道	湘江	义合金鸡垸	洋沙湖灌区	2018	排水	Ⅱ	5	180	12000	岳阳市湘阴县洋沙湖镇水利站	230.7	
华容县/1座	4	六门闸泵站	钱粮湖镇	洞庭湖			2020	排涝	Ⅱ	5	64	5000	华容县六门闸排涝泵站	30.75	
										6	190	8400		171.99	
(二)中型泵站：岳阳市/74座										450	1173.91	135005			
岳阳楼区/1座	1	东风湖泵站	洞庭街道	东风湖	东风湖垸		2022	排水	Ⅲ	4	12	1420	岳阳市水旱灾害防御事务中心	2.60	
云溪区/5座	2	象骨港泵站	松杨湖街道	长江	永济垸		1996	排水	Ⅲ	4	12.8	1800	岳阳市云溪区象骨港电排管理站	10.92	
	3	永济泵站	松杨湖街道	长江	永济垸		1970	排水	Ⅲ	4	23.68	3400	岳阳市云溪区象骨港电排管理站	10.92	
	4	土矶头泵站	陆城镇	长江	陆城垸	陆城垸白泥湖灌区	2000	排水	Ⅲ	6	37.1	5100	岳阳市云溪区电排管理总站	78.80	
	5	新设泵站	陆城镇	长江	陆城垸	陆城垸白泥湖灌区	1979	排水	Ⅲ	3	12.3	1350	岳阳市云溪区电排管理总站	78.80	

附录8 岳阳市大中型水利灌排泵站基本情况表

续表

行政区/数量	序号	泵站名称	所属乡镇	所属流域	所在堤垸	所在灌区	建设年份	工程任务	工程等别	总台数/台	设计流量/(m³/s)	装机功率/kW	管理单位	受益或控制面积/万亩	备注
屈原管理区/5座	1	磊石泵站	凤凰乡	东洞庭湖	屈原垸	屈原灌区	1976	排水	Ⅲ	4	28	3200	岳阳市屈原电力排灌总站	7.28	
	2	菁港泵站	凤凰乡	东洞庭湖	屈原垸	屈原灌区	1964	灌溉,排水	Ⅲ	8	16	1625	岳阳市屈原电力排灌总站	3.56	
	3	推山咀泵站	营田镇	东洞庭湖	屈原垸	屈原灌区	1993	排水	Ⅲ	6	15.2	1980	岳阳市屈原电力排灌总站	4.05	
	4	周家垅泵站	凤凰乡	汨罗江	屈原垸	屈原灌区	2019	排水	Ⅲ	5	17.75	2250	岳阳市屈原电力排灌总站	4.62	
	5	营田泵站	营田镇	湘江尾闾	屈原垸	屈原灌区	2024	排涝	Ⅲ	4	39.84	2240	岳阳市屈原电力排灌总站	88.61	
建新农场/3座	1	黄安湖泵站	岳阳监狱	洞庭湖	建新		1999	排涝	Ⅲ	4	10.2	1000	水利国土科	2.65	
	2	柳叶湖泵站	柳林洲镇	柳叶湖	建新垸	建新垸灌区	2010	排水	Ⅲ	6	12.56	1320	岳阳监狱水利国土科	2.20	
	3	三津渠泵站	柳林洲镇	三津渠	建新垸	建新垸灌区	2010	排水	Ⅲ	4	10.25	1260	岳阳监狱水利国土科	2.00	

附录8　岳阳市大中型水利灌排泵站基本情况表

续表

行政区/数量	序号	泵站名称	所属乡镇	所属流域	所在堤垸	所在灌区	建设年份	工程任务	工程等别	总台数/台	设计流量/(m³/s)	装机功率/kW	管理单位	受益或控制面积/万亩	备注
君山区/13座	1	穆湖铺泵站	西城街道	藕池河	君山区君山垸	君山垸灌区	1981	排水	Ⅲ	4	32	3200	岳阳市君山区君山垸电排总站	8.32	
	2	广兴洲泵站	广兴洲镇	东洞庭湖	君山区建设垸	建设垸灌区	1993	排水	Ⅲ	4	32	3200	岳阳市君山区建设垸电排总站	7.32	
	3	岳阳市长江补水(一期)工程洪水港补水泵船	许市镇	长江	君山区建设垸和钱北垸	华洪运河灌区	2019	灌溉	Ⅲ	7	19.54	2800	岳阳市水利局水旱灾害防御事务中心	95.47	
	4	层山泵站	钱粮湖镇	华容河	君山区钱粮湖垸	钱南垸灌区	1966	灌溉、排水	Ⅲ	8	10.4	1280	岳阳市君山区钱粮湖垸电排总站	4.03	
	5	牛奶铺泵站	柳林洲镇	洞庭湖	君山区君山垸	君山垸灌区	2022	排水	Ⅲ	5	21.34	2520	岳阳市君山区君山垸电排总站	2.59	
	6	友谊泵站	许市镇	洞庭湖	君山区建设垸	建设垸灌区	1976	排水	Ⅲ	6	30.8	3780	岳阳市君山区建设垸水委会	9.23	2019年5月完成改扩建
	7	灌头尖泵站	钱粮湖镇	华容河	君山区钱粮湖垸	钱南垸灌区	1979	灌溉、排水	Ⅲ	8	10.4	1280	岳阳市君山区钱粮湖垸电排总站	4.03	
	8	悦来河泵站	钱粮湖镇	东洞庭湖	君山区钱粮湖垸	洞庭湖	1990	排水	Ⅲ	4	32	3200	岳阳市君山区钱粮湖垸电排总站	10.41	

续表

附录8 岳阳市大中型水利灌排泵站基本情况表

行政区/数量	序号	泵站名称	所属乡镇	所属流域	所在堤垸	所在灌区	建设年份	工程任务	工程等别	总台数/台	设计流量/(m³/s)	装机功率/kW	管理单位	受益或控制面积/万亩	备注
君山区/13座	9	二门闸泵站	良心堡镇	东洞庭湖	君山区钱粮湖垸	钱南垸灌区	1965	灌溉、排水	Ⅲ	7	9.1	1120	岳阳市君山区钱粮湖电排总站	3.53	
	10	采桑湖泵站	采桑湖镇	东洞庭湖	君山区钱粮湖垸	华洪运河灌区	1980	灌溉、排水	Ⅲ	6	10.05	1320	岳阳市君山区钱粮湖电排总站	10.78	
	11	钱口泵站	采桑湖镇	华洪河	君山区钱粮湖垸	华洪运河灌区	1977	灌溉、排水	Ⅲ	6	9.6	1080	岳阳市君山区钱粮湖电排总站	1.20	
	12	一门闸泵站	钱粮湖镇	洞庭湖	君山区钱粮湖垸	华洪运河灌区	1966	灌排	Ⅲ	5	7.35	1100	岳阳市君山区钱粮湖电排总站	1.02	
	13	西站泵船	柳林洲镇	洞庭湖	君山垸	君山垸灌区	2023	引水	Ⅲ	4	5.11	1160	岳阳市君山垸电排总站	5.11	
华容县/16座	1	南堤拐泵站	治河渡镇	华容河北支	新华垸	新华垸灌区	1986	排水	Ⅲ	8	11.52	1480	华容县治河渡镇水利事务中心	2.35	
	2	北景港泵站	北景港镇	藕池河	护城垸	花兰窖灌区	2000	灌溉、排水	Ⅲ	6	10.8	1260	花兰窖电力排灌站	3.80	
	3	鲇市泵站	鲇鱼须镇	鲇鱼须河	护城垸	石山矶灌区	1977	灌溉、排水	Ⅲ	5	8.43	1100	石山矶电力排灌站	1.80	
	4	万庾泵站	万庾镇	华容河	护城垸	石山矶灌区	1965	灌溉、排水	Ⅲ	6	9	1110	石山矶电力排灌站	1.80	
	5	东洮河泵站	注滋口镇	东洞庭湖	团山新洲垸	幸福灌区	1990	排水	Ⅲ	8	12.64	1480	华容县注滋口镇水利事务中心	9.00	

附录8 岳阳市大中型水利灌排泵站基本情况表

续表

行政区/数量	序号	泵站名称	所属乡镇	所属流域	所在堤垸	所在灌区	建设年份	工程任务	工程等别	总台数/台	设计流量/(m³/s)	装机功率/kW	管理单位	受益或控制面积/万亩	备注
华容县/16座	6	向东泵站	注滋口镇	东洞庭湖	隆西垸	幸福灌区	1984	排水	Ⅲ	8	11.2	1600	华容县注滋口镇水利事务中心	4.23	
	7	南岳庙泵站	操军镇	藕池河东支	集成安合垸	沙河灌区	1966	灌溉,排水	Ⅲ	11	16.5	1760	华容县操军镇水利事务中心	3.70	
	8	大荆湖泵站	东山镇	长江	民生垸	大荆湖灌区	1996	排水	Ⅲ	8	12.8	1480	华容县东山镇水利事务中心	3.68	
	9	友谊泵站	东山镇	长江	民生垸	大荆湖灌区	2005	排水	Ⅲ	8	15.36	1760	华容县东山镇水利事务中心	4.90	
	10	长荆泵站	东山镇	长江	民生垸	大荆湖灌区	1966	排水	Ⅲ	6	10.92	1110	华容县东山镇水利事务中心	1.00	
	11	申家河泵站	梅田湖镇	藕池河东支	集成安合垸	沙河灌区	1973	灌溉,排水	Ⅲ	8	12	1280	华容县梅田湖镇水利事务中心	2.90	
	12	三汊河泵站	章华镇	华容河	护城垸	花兰窖灌区	1967	灌溉,排水	Ⅲ	7	12.25	1295	花兰窖电力排灌站	3.00	
	13	石山矶泵站	章华镇	华容河	护城垸	石山矶灌区	1981	排水	Ⅲ	3	22.5	2400	石山矶电力排灌站	34.60	
	14	花兰窖泵站	禹山镇	藕池河	护城垸	花兰窖灌区	1976	灌溉,排水	Ⅲ	4	31.2	3200	花兰窖电力排灌站	30.23	
	15	团北泵站	团洲乡	东洞庭湖	团洲垸	团洲灌区	2000	排水	Ⅲ	8	14	1480	华容县团洲乡水利事务中心	4.10	
	16	珠头山泵站	章华镇	华容河	护城垸	板桥湖灌区	1974	排水	Ⅲ	4	16.8	1600	华容县章华镇水利事务中心	6.447	

续表

附录 8　岳阳市大中型水利灌排泵站基本情况表

行政区/数量	序号	泵站名称	所属乡镇	所属流域	所在堤垸	所在灌区	建设年份	工程任务	工程等别	总台数/台	设计流量/(m³/s)	装机功率/kW	管理单位	受益或控制面积/万亩	备注
湘阴县/11座	1	城西泵站	城西镇	湘江	城西垸	城西灌区	1975	灌溉、排水	Ⅲ	14	19.6	2520	湘阴县鹤龙湖镇水利站	5.40	
	2	蔡家港泵站	城西镇	湘江洪道西支	城西垸	城西灌区	1999	排水	Ⅲ	4	10	1240	湘阴县鹤龙湖镇水利站	1.20	
	3	官港泵站	岭北镇	湘江	烂泥湖大圈	岭北灌区	1976	排水	Ⅲ	2	15.6	2000	湘阴县岭北镇水利站	4.30	
	4	黄泥塥泵站	岭北镇	湘江	烂泥湖大圈	岭北灌区	1975	排水	Ⅲ	4	9.92	1240	湘阴县岭北镇水利站	1.10	
	5	永兴泵站	岭北镇	湘江洪道东支	烂泥湖大圈	岭北灌区	1996	排水	Ⅲ	4	9.32	1240	湘阴县岭北镇水利站	4.30	
	6	东河坝泵站	新泉镇	资水洪道东支	烂泥湖大圈	新泉灌区	1976	排水	Ⅲ	2	15.1	2000	湘阴县新泉镇水利站	9.00	
	7	王家河泵站	湘滨镇	资水洪道东支	南湖湘滨垸	湘滨灌区	1990	灌溉、排水	Ⅲ	9	10.6	1520	湘阴县湘滨镇水利站	9.30	
	8	黄口潭泵站	南湖洲镇	资水洪道北支	南湖湘滨垸	南湖灌区	1964	灌溉、排水	Ⅲ	6	10.02	1320	湘阴县南湖洲镇水利站	2.20	
	9	许家台泵站	白泥湖乡	湘江洪道东支	白泥湖垸	范家坝灌区	1996	灌溉、排水	Ⅲ	6	10.2	1200	湘阴县石塘镇水利站	1.80	
	10	新泉寺泵站	新泉镇	湘江洪道西支	烂泥湖大圈	新泉灌区	2018	排水	Ⅲ	8	45.56	3200	湘阴县新泉水闸管理所	14.87	
	11	南湖洲中型泵站	南湖洲镇	资水洪道北支	南湖湘滨垸	南湖灌区	2023	排水	Ⅲ	4	16.32	1600	湘阴县南湖洲镇水利站	13.86	

附录8 岳阳市大中型水利灌排泵站基本情况表

续表

行政区/数量	序号	泵站名称	所属乡镇	所属流域	所在堤垸	所在灌区	建设年份	工程任务	工程等别	总台数/台	设计流量/(m³/s)	装机功率/kW	管理单位	受益或控制面积/万亩	备注
临湘市/6座	1	烟波尾泵站	江南镇	长江	江南垸	江南垸灌区	2000	排水	Ⅲ	4	11.2	1420	临湘市江南镇农业综合服务中心	70.00	
	2	合花洲泵站	江南镇	长江	江南垸	江南垸灌区	1980	排水	Ⅲ	10	14.3	1850	临湘市长江大堤养护中心	25.00	
	3	鸭栏泵站	江南镇	长江	江南垸	江南垸灌区	2003	排水	Ⅲ	3	12.3	1200	临湘市鸭栏电排站	14.57	
	4	群英泵站	黄盖镇	鸭棚河	黄盖垸	黄盖垸内垸灌区	1980	灌溉、排水	Ⅲ	6	10.4	1110	临湘市黄盖镇农业综合服务中心	34.00	
	5	冶湖电排站	江南镇	冶湖撇洪河	江南陆城垸	江南垸灌区	2024	排涝	Ⅲ	4	48.26	4800	临湘市鸭栏电排站	21.45	
	6	新洲脑电排站	江南镇	新洲脑电排渠	江南垸	江南垸灌区	1964	灌排结合	Ⅲ	5	11.4	1850	临湘市江南镇农业综合服务中心	21.45	
汨罗市/6座	1	长山泵站	白塘镇	汨罗江	磊石垸	汨罗江灌区	1975	灌溉、排水	Ⅲ	10	12.7	1625	汨罗市白塘镇人民政府	36.28	
	2	江南堤泵站	白塘镇	汨罗江	磊石垸	汨罗江灌区	2018	排水	Ⅲ	4	12	1600	汨罗市白塘镇人民政府	33.40	2024年更新改造扩容
	3	涂家套泵站	归义镇	汨罗江	湖溪垸	汨罗水车灌区	2001	排水	Ⅲ	4	14.02	1430	汨罗市城区河闸电排事务中心	0.8625	2024年改造扩容

续表

附录8 岳阳市大中型水利灌排泵站基本情况表

行政区/数量	序号	泵站名称	所属乡镇	所属流域	所在堤垸	所在灌区	建设年份	工程任务	工程等别	总台数/台	设计流量/(m³/s)	装机功率/kW	管理单位	受益或控制面积/万亩	备注
汨罗市/6座	4	百丈泵站	归义镇	汨罗江	湖溪垸	汨罗水库灌区	2003	排水	Ⅲ	4	10.72	1260	汨罗市城区河闸电排事务中心	0.6885	2024年改造扩容
	5	小桥湖泵站	归义镇	汨罗江	湖溪垸	汨罗水库灌区	1972	排水	Ⅲ	4	9.6	1000	汨罗市城区河闸电排事务中心	0.474	2024年改造扩容
	6	南阳闸泵站	屈子祠镇	汨罗江	双楚垸	汨罗江灌区	2024	排水	Ⅲ	4	10.36	1260	汨罗市白塘镇农业综合服务中心	2.691	
岳阳县/6座	1	麻塘垸北闸电排泵站	麻塘办事处	东洞庭湖	麻塘垸	蓄水湖灌区	1971	灌溉、排水	Ⅲ	4	14.96	2000	麻塘办事处水务工作站	2.22	
	2	中闸电排泵站	麻塘办事处	东洞庭湖	麻塘垸	蓄水湖灌区	1970	灌溉、排水	Ⅲ	4	7.60	1000	麻塘办事处水务工作站	1.70	
	3	中洲大电排泵站	中洲乡	东洞庭湖	中洲垸	中洲垸灌区	1999	灌溉、排水	Ⅲ	4	37.60	3200	岳阳县中洲垸修防委员会	13.00	

273

附录8 岳阳市大中型水利灌排泵站基本情况表

续表

行政区/数量	序号	泵站名称	所属乡镇	所属流域	所在堤垸	所在灌区	建设年份	工程任务	工程等别	总台数/台	设计流量/(m³/s)	装机功率/kW	管理单位	受益或控制面积/万亩	备注
岳阳县/6座	4	新北套电排泵站	中洲乡	东洞庭湖	中洲垸	中洲垸灌区	1978	灌溉,排水	Ⅲ	4	10.80	1420	岳阳县中洲堤垸服务所	3.16	
	5	南套电排泵站	中洲乡	东洞庭湖	中洲垸	中洲垸灌区	1978	排水	Ⅲ	6	16.08	2130	岳阳县中洲堤垸服务所	7.00	
	6	四新垸泵站	麻塘办事处	东洞庭湖	四新垸	东风水库灌区	2024	排水	Ⅲ	4	9.80	1000	麻塘办事处水务工作站	2.20	
平江县/3座	1	青冲村青冲泵站	伍市镇	汨罗江		青冲泵站灌区	1975	灌溉	Ⅲ	14	3.22	2366	平江县青冲口水轮泵站管理所	1.05	
	2	严家湾泵站	汉昌镇	汨罗江	老城区保护圈		2007	排水	Ⅲ	4	11.08	720	平江县城市防洪排涝管理站	1.04	
	3	童家段对嘴联合泵站	伍市镇	汨罗江		伍市联合灌区	1978	灌溉	Ⅲ	44	7.98	1304	平江县伍市镇水利站	2.394	

274

附录9 岳阳市大中型水闸基本情况表

序号	水闸名称	县市区	类型	所在河流湖泊	所在堤防桩号	功能	所处水利体系	最大过闸流量/(m³/s)	设计标准/年	水闸长度/m	水闸孔数闸	闸门形式	闸门尺寸	启闭设备型式	兴建/改造年份
	岳阳市(30)									16134.7	172				
1	黄棠水闸	平江	大型	汨罗江		发电、防洪、灌溉	汨罗江防洪体系	7753	50	144	12	平板门	12m×4.5m	卷扬机	1986
2	中黄水闸	平江	中型	汨罗江		灌溉发电	汨罗江防洪体系	300	10	40	4	平板门	6m×3m	螺杆式	1956
3	新泉寺水闸	湘阴	中型	湘江		防洪灌溉	湘江防洪体系	549	20	74	8	平板门	4m×5m	螺杆式	1953
4	洋沙湖水闸	湘阴	中型	湘江		防洪	湘江防洪体系	295	30	75	4	平板门	4m×5m	螺杆式	1964
5	青潭党泄洪闸	湘阴	中型	南洞庭湖	0+560	防洪	洞庭湖防洪体系	308	20	135	4	平板门	3.2m×3.5m	螺杆式	1978
6	鸭栏泄洪闸	临湘	中型	长江	108+950	防洪灌溉	长江防洪体系	498	10	159	4	平板门	5m×6m	螺杆式	1978
7	营田水闸	屈原	中型	南洞庭湖	一撇洪堤0+000	防洪、排涝、灌溉	屈原分蓄洪区	296	10	259	4	平板门	4.5m×4.3m	螺杆式	1961
8	华容六门闸	华容	中型	洞庭湖	湖北石首	防洪	钱粮湖分蓄洪区	304	20	56	6	平板门	3.0m×3.5m	螺杆式	1996
9	调弦口水闸	华容	中型	洞庭湖	岳阳君山	防洪灌溉	洞庭湖防洪体系	170	20	58	3	平板门	3.0m×3.2m	螺杆式	2020重建
10	东风湖水闸	岳阳楼	中型	东洞庭湖	11+865	防洪	长江防洪体系	153	20	208	1	平板门	3.4m×5.2m	螺杆式	1959

附录9 岳阳市大中型水闸基本情况表

续表

序号	水闸名称	县市区	类型	所在河流湖泊	所在堤防桩号	功能	所处水利体系	最大过闸流量/(m³/s)	设计标准/年	水闸长度/m	水闸孔数/孔	闸门形式	闸门尺寸	启闭设备型式	兴建/改造年份
11	南津港水闸	岳阳楼	中型	东洞庭湖	3+250	防洪	长江防洪体系	162	20	175	1	平板门	4.4m×5.2m	螺杆式	1965
12	岳阳县六门闸	岳阳县	中型	东洞庭湖	K0+000	防洪	洞庭湖防洪体系	550	10	121	6	平板门	4.0m×7.0m	液压式	1979
13	杨家坝水闸	汨罗	中型	洞庭湖	5+800	防洪灌溉	汨罗江防洪体系	278	20	56	6	平板门	4.0m×1.5m	无	1975
14	反修河水闸	汨罗	中型	洞庭湖	0+000	防洪灌溉	汨罗江防洪体系	132	20	54	2	平板门	5.5m×4.2m	螺杆式	1964
15	杨树坝水闸	汨罗	中型	洞庭湖	—	防洪灌溉	汨罗江防洪体系	131	20	18	3	平板门	3.5m×3.4m	1台螺杆式，2孔自动翻板	1985
16	龙须河水闸	汨罗	中型	洞庭湖	—	防洪灌溉	汨罗江防洪体系	126	20	60	4	平板门	2.8m×1.8m	无	1979
17	李公桥水闸	汨罗	中型	洞庭湖	—	防洪灌溉	汨罗江防洪体系	258	20	24	13	平板门	4m×2.5m	无	1991
18	官仲水闸	汨罗	中型	洞庭湖	—	防洪灌溉	汨罗江防洪体系	145	20	28	4	钢筋混凝土平板门	3.5m×3m	2台螺杆式，3孔自动翻板	1976

附录9　岳阳市大中型水闸基本情况表

续表

序号	水闸名称	县市区	类型	所在河流湖泊	所在堤防桩号	功能	所处水利体系	最大过闸流量/(m³/s)	设计标准/年	水闸长度/m	水闸孔数/孔	闸门形式	闸门尺寸	启闭设备型式	兴建改造年份
19	狮形山水闸	汨罗	中型	洞庭湖	—	防洪灌溉	汨罗江防洪体系	1108	20	55	8	钢筋混凝土平板门	10m×1m	无	1968
20	铁门坎牛轭潭水闸	汨罗	中型	洞庭湖	—	防洪灌溉	汨罗江防洪体系	263	20	25	11	平板门	4m×2m	无	1957
21	狮子桥水闸	汨罗	中型	洞庭湖	—	防洪灌溉	汨罗江防洪体系	145	20	28	7	平板门	3m×1.6m	无	1963
22	铜盆口水闸	汨罗	中型	洞庭湖	—	防洪灌溉	汨罗江防洪体系	183	20	30	7	平板门	3.2m×1.6m	无	1958
23	鲁师坝水闸	汨罗	中型	洞庭湖	—	防洪灌溉	汨罗江防洪体系	122	20	48	6	平板门	4m×2.5m	螺杆式	2003
24	东风水闸	汨罗	中型	洞庭湖	3+600	防洪灌溉	汨罗江防洪体系	118	20	37	4	平板门	4m×3.5m	螺杆式	1964
25	曹家坝水闸	汨罗	中型	洞庭湖	—	防洪灌溉	汨罗江防洪体系	175	20	20	7	平板门	2.8m×1.5m	无	1974
26	新市新桥水闸	汨罗	中型	洞庭湖	—	防洪灌溉	汨罗江防洪体系	375	20	20	6	平板门	2m×3.5m	无	1979
27	堰塘水闸	汨罗	中型	洞庭湖	—	防洪灌溉	汨罗江防洪体系	175	20	30	6	平板门	4m×3m	无	1960
28	西华水闸	汨罗	中型	湘江	—	防洪灌溉	湘江防洪体系	390	20	29	3	平板门	1.5m×6m	无	2018
29	杨桥坝水闸	汨罗	中型	湘江	—	防洪灌溉	湘江防洪体系	188	20	29	6	平板门	1.5m×6m	无	1960
30	双江坝水闸	汨罗	中型	洞庭湖	2+200	防洪灌溉	汨罗江防洪体系	166	20	30	7	平板门	2.8m×1.5m	无	1974

附录10　岳阳市防汛预警响应条件及响应行动

序号	预警响应条件	分级	启动程序	响应行动
1	出现下列情况之一时,进入IV级响应。 (1) 24小时降雨量100mm以上(或6小时降雨量50mm以上)且笼罩面积达到1500~2500km²(含2500km²); (2) 长江干流沿线堤垸、洞庭湖区堤垸、汨罗江干流(平江站)水位逼近警戒水位,且预报仍将继续上涨,堤防等工程出现一般险情(即将出现一般洪水时); (3) 气象部门预报岳阳部分地区将出现较强降雨过程,可能造成洪涝灾害,或发布暴雨红色预警; (4) 一县市区或一处防洪工程发生较大洪涝灾害,一次性因灾死亡(失踪)5人以上、10人以下。	IV	市防办根据天气预报、雨水情、灾险情提出启动建议,由市防指主持日常工作的副指挥长决定启动IV级响应。	(1) 防汛值班:值班人员密切关注天气变化,雨、水、险、灾等情况,适时向市防办领导报告。 (2) 防汛会商:市防办组织,由市防指主持防汛会商,由其委托市防指副指挥长主持防汛会商,将有关情况向市防指各副指挥长、市防指各成员单位,并通报市防指各成员单位。 (3) 市防指各成员单位按工作要求,并通报市防指各成员单位;必要时,由市防指组织派出工作组赶赴所联系的县市区协助指导。 (4) 应急调度:各受灾县市区根据水情、灾险情等需要调度,人力和水库工程调度。
2	出现下列情况之一时,可启动III级响应。 (1) 24小时降雨量100mm以上(或6小时降雨量50mm以上)笼罩面积达到2500~4500km²(含4500km²); (2) 长江干流沿线堤垸、洞庭湖区堤垸、汨罗江干流(平江站)水位超过警戒水位,且预报将发生较大洪水时(万亩以上堤垸将出现较大洪水险情(即将发生较大洪水时)); (3) 长江干流宜昌站水文部门预报长江宜昌站水位出现大流量,水文部门预报岳阳水位将出现警戒水位以上; (4) 主要内湖水位将出现警戒水位,且城陵矶站水位超过警戒水位,主要内湖水位超过保证水位,且预报仍将出现强降雨,堤防出现险情; (5) 湖区内涝严重,气象部门预报岳阳防汛情势严重,可能造成较大的损失; (6) 一县市区或一处防洪工程发生洪灾死亡(失踪)10人以上,30人以下。	III	市防办根据天气预报、雨水情、灾险情提出启动建议,由市防指主持日常工作的副指挥长决定启动III级响应。	(1) 防汛值班:加强值班力量,密切关注天气变化,随时向市防指领导报告重要情况。 (2) 防汛会商:市防指组织,市防指主持防汛会商,市防指副指挥长主持防汛工作的副指挥长组织相关工作部署,或由市委托市防指副指挥长及时相关工作会商、强化汛情灾情监测及相关工作,向市政府、组织专题会商,及时将有关情况报告市委、市政府领导及联系市防指领导视察灾情工作,包括部门单位工作组负责人视察及岗位到位。 (3) 市防指各成员单位按工作要求:各成员单位按工作要求报告市防办,自然资源、交通运输、应急管理、水利、农业农村、卫生健康等部门根据需要派出工作队,赴重灾区指导救灾工作,岳阳军分区、武警岳阳支队和市消防救援支队组织兵力集结待命,市级防汛物资仓库做好出库及运力准备。 (4) 应急调度:市防指根据灾险情调度调度,做好人、财、物,做好水库、水闸、物资及水库等防洪工程调度工作。

附录 10　岳阳市防汛预警响应条件及响应行动

续表

序号	预警响应条件	分级	启动程序	响应行动
3	出现下列情况之一时，可启动Ⅱ级响应。 (1) 24 小时降雨量 100mm 以上（或 6 小时降雨量 50mm 以上），笼罩面积达到 4500～7500km²（含 7500km²）； (2) 长江干流沿线堤垸和洞庭湖区堤垸水位超过警戒水位，万亩以上堤垸出现重大险情，个别万亩以上堤垸发生溃垸（即将发生大洪水时）； (3) 水利、水文大部分预报长江宜昌县站将出现 6 万～8 万（含 8 万）m³/s 的流量，且城陵矶站在警戒水位以上，长江干流沿线堤垸和洞庭湖区堤垸水位超过保证水位，并继续上涨； (4) 下游河道安全泄量，严重危及沿线城镇安全； (5) 湖区内渍出现超设计洪水，出库流量最高水位，严重，主要内湖水位超历史最高水位，气象部门预报仍将出现强降雨，内湖堤防出现严重险情； (6) 危及周边群众安全等公共安全时； (7) 一个县市区或一处防洪工程发生洪涝灾害，一次性因灾死亡（失踪）30 人以上，50 人以下。	Ⅱ	市防指办根据天气预报、雨水情、险情提出启动建议，由市防指指挥长决定启动Ⅱ级响应。	(1) 防汛值班：市防指副指挥长或市防指成员带班，按要求做好信息调度，汇总与报告信息以及启动保障等工作。 (2) 防汛会商与组织：市防指指挥长或市防指副指挥长随时根据市政委安排主持召开专题会议，市防指指挥长主持召开防汛商会议，或必要时启动异地会商，主持召开防汛商会议组织会商，分析未来天气发展趋势，未来天气变化情况，必要时启动异地会商，分析重大问题并作出相应部署；发布紧急通知。研究抗洪抢险工作的重大同题并作出相应部署；发布紧急通知，督促相关县市区防汛抗旱指挥部派出督查组赴各地督查洪抗灾工作。必要时，报请市委、市政府抗旱指挥部派出督查组赴各地督查抗洪抗灾工作。市人大常委会、市政协、抗洪救灾行动等。岳阳军分区、武警岳阳支队赶赴重灾区人民政府按照市人民政府有关规定，抗洪救灾及受灾群众生活安置。市级省防汛抗旱指挥部成员单位及时向市防指报告灾情和救灾情况，市防指定期组织召开新闻发布会。视汛期，市防指定期组织召开新闻发布会。 (3) 国电、自然资源和规划、应急管理、水利、民政、市政、交通运输、农业农村、卫生健康委等所属部门派出由领导带队队以上领导带队的工作组，及时向灾区调度，及时向灾区指导防汛抗洪救灾资金调度，财政部门做好抗洪救灾专用通道。交通运输部门通车辆免费专用通道。防汛抢险物资调度做到"以车代仓，以船代仓"，及时申请上级抢险物资支援。广播电视、新闻等部门做好宣传报道工作。通过网络、电视、广播媒体及时发布社会救助活动。 (4) 应急做人、财、物组织开展社会救助活动。市防指各成员单位按应急要求，专业抢险力量在市防指统一调度下，应急等专业抢救工作、应急救援等工作待命，应急救集结工作待命。加强水库、内湖、平垸行洪、蓄洪区等调度，做好险情抢护。受洪水威胁区域内重点工程的实施调度，特别要做好重点工程安全转移等工作。市防指通过新闻媒体对外发布应急响应公告。必要时，市防指依事态变化发布封航交通管制公告。

附录10 岳阳市防汛预警响应条件及响应行动

续表

序号	预警响应条件	分级	启动程序	响应行动
4	出现下列情况之一时，可启动I级响应。 (1) 24小时降雨量100mm以上（或6小时降雨量50mm以上）笼罩面积大于7500km²； (2) 长江干流沿线堤垸和洞庭湖区堤垸水位接近或超过历史最高实测水位； (3) 水利、水文部门预报长江宜昌站将出现8万m³/s以上的流量，且城陵矶水位在警戒水位以上； (4) 大中型水库出现超核核水位以上； (5) 大中型水库出现重大险情，并危及公共安全； (6) 数个万亩以上堤垸发生溃垸或一个重点堤垸发生溃垸； (7) 上级防汛抗旱指挥部决定启用岳阳市境内蓄洪垸蓄洪； (8) 一个县市区或一处防洪工程发生洪涝灾害，一次性因灾死亡（失踪）50人以上。有关数量表述中，"以上"含本数，"以下"不含本数。	I	市防办根据天气预报、雨水情、灾险情提出启动建议，由市防指指挥长决定启动I级响应。	(1) 防汛值班：市防指指挥长或主持日常工作的副指挥长带班，市防办全体成员坚守值班岗位。按照非常洪水值班有关要求，做好信息调度、文字综合、后勤保障等工作。必要时，从市防指相关成员单位抽调人员，充实值班力量。 (2) 防汛会商与组织：市防指指挥长或主持日常工作的副指挥长随时主持召开专题会议，指挥长或紧急时召开或应急会商商，分析洪水发展趋势、未来天气变化等情况，研究做好抢险中的重大问题并作出部署；发布紧急通知，迅速做好分蓄洪区启用准备工作，督促相关县市区防汛抗旱指挥部做好抗洪抢险工作。随时向市委、市人大常委会、市人民政府、市政协、军分区及省防指、长江防总报告相关灾情况。报请市政府及时向省政府报告岳阳市洪灾情况。市领导抗洪抗旱指导数灾工作立即赴所联系的县市区指导数灾抢险。现场督查市防指启动作组、专家组赴一线指导抢险。人员紧急防汛期、市防指适时启用、水库、内湖调度、消防救援官兵、动员民兵、预备役人员宣布全市或部分地区（流域）进入紧急防汛期，动员全社会力量全力开展抗洪数灾工作。依法对阻水严重的桥梁、引道、码头等其他跨河工程设施作出应急处置。在全市范围内调用物资、设备、交通工具和人力。决定采取占地、砍伐林木、清除水障和其他必要的紧急措施。市防指适时组织召开新闻发布会。

续表

序号	预警响应条件	分级	启动程序	响应行动
4	出现下列情况之一时，可启动 I 级响应： (1) 24 小时降雨量 100mm 以上（或 6 小时降雨量 50mm 以上）笼罩面积大于 7500km²； (2) 长江干流沿线堤垸和洞庭湖区堤垸水位接近或超过历史最高实测水位； (3) 水利、水文部门预报长江宜昌站将出现 8 万 m³/s 以上的流量，且城陵矶站在警戒水位以上； (4) 大中型水库出现超校核水位洪水，严重威胁下游城镇安全； (5) 大中型水库发生重大险情，并危及公共安全； (6) 数个万亩以上堤垸或一个重点堤垸发生溃垸； (7) 上级防汛抗旱指挥部决定启用我市境内蓄洪垸洪水； (8) 一个县市区或一处防洪工程发生洪涝灾害，一次性因灾死亡（失踪）50 人以上。有关数量表述中，"以上"含本数，"以下"不含本数。	I	市防办根据天气预报、雨水情、灾险情提出启动建议，由市防指指挥长决定启动 I 级响应。	(3) 市防指各成员单位工作要求：报请市委、市人民政府派出督查组赶各地督查防汛抗灾工作，各成员单位增派工作组赶重灾区指导救灾应急管理部门牵头，全力评估受灾工作。财政部门及时调配全市抗洪救灾应急资金。应急管理部门牵头，损失评估等工作。卫生健康部门负责灾区的治安保卫、组织开展灾区医疗救治和卫生防疫工作。公安部门负责灾区群众撤离和转移工作。交通运输部门按照市防指的命令组织征调交通运输工具，开通防汛救灾专用通道。水利、自然资源部门加强对地质灾害的现场监测和预警工作。电力部门做好保障防汛抢险、排涝救灾的电力供应工作。新闻部门做好宣传报道防汛信息，通过网络、电视、广播等媒体及时发布汛情等活动。市红十字会等单位、社会团体积极开展社会救助等活动。 (4) 应急响应调度：市防指根据灾情、险情等严重程度和相关规定，做好人、财、物的调度。岳阳军分区、市武警支队、市消防救援支队请求兵力或装备支援。市防指根据抗险、险情发展，适时向上级请求抢险救生设备支援。市防指根据汛情，加强防汛，分蓄洪区等的抢护和救生器材调运力度，加强水库、内湖，分蓄洪区等的抢护救生，全力做好重点工程的安全转移调度，重大险威胁区域人员的实时调度，必要时请求省防指协调做好三峡水库和长江干流分蓄洪工作的综合调度。

参 考 文 献

[1] 王苏民,窦鸿身. 中国湖泊志 [M]. 北京:科学出版社,1998.
[2] 郭海晋,陈玺. 长江上游径流持续偏枯地区贡献度及成因研究 [J]. 水资源研究, 2017,6(4):309-316.
[3] 许建伟,彭保发,郭蓉芳,等. 1960—2018年洞庭湖生态经济区极端气温和降水事件的变化规律 [J]. 气象科技进展,2020,10(3):89-95.
[4] 湖南省洞庭湖水利事务中心. 湖南省洞庭湖区水利工作手册 [M]. 武汉:长江出版社,2023.
[5] 高耶,谢永宏,邹冬生,等. 近40年洞庭湖区内湖水面面积变化及其驱动因素 [J]. 湖泊科学,2019,31(3):755-765.
[6] 安洋洋. 基于多源数据的岳阳市洪涝灾害风险评估研究 [D]. 北京:中国地质大学,2021.
[7] 高俊峰,张琛,姜加虎,等. 洞庭湖的冲淤变化和空间分布 [J]. 地理学报,2001,56(3):269-277.
[8] 熊明,许全喜,朱玲玲,等. 长江中游江-河-湖泥沙输移及其对人类活动的响应 [M]. 北京:科学出版社,2022.
[9] 李景保,何霞,杨波,等. 长江中游荆南三口断流时间演变特征及其影响机制 [J]. 自然资源学报,2016,31(10):1713-1725.
[10] 朱勇辉,郭小虎,柴泽清. 长江与洞庭湖冲淤变化及其对防洪、水资源利用的影响与对策建议 [J]. 长江技术经济,2023,7(5):85-93.
[11] 柴元方,邓金运,杨云平,等. 长江中游荆江河段同流量—水位演化特征及驱动成因 [J]. 地理学报,2021,76(1):101-113.
[12] 成金海,向荣,邱晓峰,等. 三峡水库运行初期坝下近坝段河道冲刷对河床糙率影响分析 [J]. 水利水电快报,2012,33(7):59-63.
[13] 宋平,方春明,黎昔春,等. 洞庭湖泥沙输移和淤积分布特性研究 [J]. 长江科学院院报,2014,31(6):130-134.
[14] HU C,ZHANG S. Strategies for Water Security and Aquatic Ecosystem Restoration in the Yangtze River Economic Belt [J]. Chinese Journal of Engineering Science, 2022,24(1):166.
[15] 江文,江焘. 三峡工程在长江防洪体系中的关键作用 [J]. 黄冈师范学院学报, 2021,41(6):15-18.
[16] 张云昌. 三峡水库蓄水20年回顾与展望 [J]. 中国水利,2023(19):5-9.
[17] 贾昆明. 三峡工程应对突发洪水危机的过程研究——以三峡工程2020年防洪为例 [J]. 中国资源综合利用,2021,39(4):56-59.
[18] 贺秋华,余姝辰,邹娟,等. 三峡水库运行后洞庭湖洪涝灾害遥感研究 [J]. 地理

空间信息，2019，17（1）：8-10，128.
[19] 袁瑞强，章良玉，龙西亭. 洞庭湖上游平原浅层地下水的铁锰污染 [J]. 水文，2021，41（5）：97-102.
[20] 赵子豪，袁静，田泽斌，等. 洞庭湖出入湖氮磷通量特征及滞留效应研究 [J]. 水资源与水工程学报，2023，34（3）：74-82.
[21] 岳阳市人民政府. 洞庭湖岳阳湖区总磷达标攻坚方案 [R]. 北京：中国环境科学研究院，2023.
[22] 廖伏初，何望，黄向荣，等. 洞庭湖渔业资源现状及其变化 [J]. 水生生物学报，2002，26（6）：623-627.
[23] 谢永宏，王克林，任勃，等. 洞庭湖生态环境的演变、问题及保护措施 [J]. 农业现代化研究，2007（6）：677-681.
[24] 聂芳蓉. 洞庭湖——演变、治理与综合开发 [M]. 长沙：湖南人民出版社，2013.
[25] 沈新平，赵文刚，刘晓群，等. 城陵矶防洪蓄洪控制水位抬高研究 [J]. 中国防汛抗旱，2022，32（8）：61-65.
[26] 湖南省统计局，国家统计局湖南调查总队. 湖南统计年鉴（2023）[M]. 北京：中国统计出版社，2024.